"十三五"职业教育国家规划教材

民用建筑设计与构造

（第 3 版）

主　编　何培斌　栗新然
副主编　李秋娜　潘　娟　黎　明
参　编　刘　璐　刘　案　叶颖娟　王闪闪
　　　　魏嵩勤　王若丁　彭　闯

北京理工大学出版社
BEIJING INSTITUTE OF TECHNOLOGY PRESS

内容提要

本书为"十三五"职业教育国家规划教材。全书立足于当前建筑业、房地产业转型升级对一般中小型民用建筑的设计及构造的要求，按照民用建筑设计的过程、顺序和方法编写。主要内容包括建筑的起源和发展、建筑防火与安全疏散、建筑平面设计、建筑剖面设计、建筑体型及立面设计、民用建筑构造概论、基础和地下室、墙体、楼地面、楼梯和电梯、屋顶、门窗、变形缝、低碳住宅与外墙保温、装配式建筑简介等。每章由"学习要点、小结及复习思考题"构成。全书具有实际案例多、内容丰富、实训操作性强等特点，旨在帮助读者尽快掌握一般中小型民用建筑的基本设计、构成、组合方式及构造方法的基本要点和设计方法。

本书可作为高等职业教育土木建筑大类各专业学生教学用书，也可作为高等院校本、专科土木类、建筑类及工程管理类等其他相近专业的参考教材，还可供土木建筑类中等专业学校及相关企业土建类专业技术人员培训及自学一般中小型民用建筑设计与构造知识用。

版权专有　侵权必究

图书在版编目(CIP)数据

民用建筑设计与构造/何培斌，栗新然主编．—3版．—北京：北京理工大学出版社，2023.2重印

ISBN 978-7-5682-7331-2

Ⅰ．①民… Ⅱ．①何… ②栗… Ⅲ．①民用建筑－建筑设计－高等学校－教材 ②民用建筑－建筑结构－高等学校－教材 Ⅳ．①TU24

中国版本图书馆 CIP 数据核字(2019)第 165633 号

出版发行 / 北京理工大学出版社有限责任公司	
社　　址 / 北京市海淀区中关村南大街 5 号	
邮　　编 / 100081	
电　　话 / (010)68914775(总编室)	
(010)82562903(教材售后服务热线)	
(010)68944723(其他图书服务热线)	
网　　址 / http：//www.bitpress.com.cn	
经　　销 / 全国各地新华书店	
印　　刷 / 北京紫瑞利印刷有限公司	
开　　本 / 787 毫米×1092 毫米　1/16	责任编辑 / 李玉昌
印　　张 / 21	文案编辑 / 李玉昌
字　　数 / 577 千字	责任校对 / 周瑞红
版　　次 / 2023 年 2 月第 3 版第 6 次印刷	责任印制 / 边心超
定　　价 / 49.90 元	

图书出现印装质量问题，请拨打售后服务热线，本社负责调换

第 3 版前言

住房是民生之要。党的二十大报告指出:"增进民生福祉,提高人民生活品质""必须坚持在发展中保障和改善民生,鼓励共同奋斗创造美好生活,不断实现人民对美好生活的向往"。近十年来,建筑业在国民经济中的比重不断提高,其支柱产业地位更加牢固,对整个国民经济发展的推动作用日益突出。"实施科教兴国战略,强化现代化建设人才支撑"也是党的二十大报告提出的工作指引。建筑业的稳步持续发展,同样离不开建筑技能人才的培养。

2010 年 8 月,由重庆建筑科技职业学院(原重庆房地产职业学院)何培斌主编的《民用建筑设计与构造》第 1 版出版,作为高等职业院校土木建筑大类专业系列教材之一,由于注重高等职业教育规律,突出职业技能实训,到 2013 年 9 月已进行了 6 次印刷,销售 12000 余册。2014 年 8 月,《民用建筑设计与构造》第 2 版出版,教材获评"十二五"职业教育国家规划教材,累计印刷 5 次,共计销售 13 500 余册。2019 年 7 月,《民用建筑设计与构造》第 3 版出版,教材入选"十三五"职业教育国家规划教材,并获得用书院校一致好评!

本次教材修订,是根据教材各使用院校意见反馈、结合编者使用本教材授课情况,并通过学院教师与企业编写人员反复沟通、调研的基础上进行的。教材修订过程中,仍然坚持以应用为目的,以"必需、够用"为度的原则,根据 2022 年 1 月住房和城乡建设部发布的《住房和城乡建设部关于印发"十四五"建筑业发展规划的通知》对建筑业转型升级的最新要求以及高等职业技术教育土木建筑大类专业的特点,突出科学性、时代性、工程实践性。

修订后教材具有以下特点:

1. 校企合作编写完成

学院和企业编写人员都是双师型教师、注册建筑师、高级工程师。在教材修订过程中,共同开发本课程的教学资源。除教材上二维码微课资源外,本教材还配套有课程标准、教学周历、授课计划、电子教案、教学课件、习题答案、模拟试题及答案等,方便教学使用。

2. 内容组织与时俱进

所引用的设计参考数据、设计要求都来自国家最新颁布的相关规范和标准。

3. 注重课程思政引领

通过引进富有时代特色的工程建筑施工图实例,使学生在学习过程中,体会到我国建筑业的蓬勃发展,增强专业自信心,培养学生谦虚谨慎的职业素养,提高创新意识,培养实践能力,做到学以致用,解决实际工程中遇到的问题。

4. 注重"岗课赛证融合"

教材修订,在内容的选择和组织上做到图文并茂,融合进全国大学生先进成图技术与产品信息建模创新大赛、职业院校技能大赛(高职组)建筑工程识图赛项比赛和建筑工程识图职业技能等级证书的部分知识点。通过赛题和考证中一个个案例的学习,培养学生谦虚谨慎、脚踏实地、敢担当、能吃苦、肯奋斗的品格。

本书由重庆建筑科技职业学院何培斌、栗新然担任主编,重庆建筑科技职业学院李秋娜、潘娟,重庆博鼎建筑设计有限公司黎明担任副主编,重庆建筑科技职业学院刘璐、刘案、叶颖娟、王闪闪、彭闯,重庆机电职业技术大学魏嵩勤、重庆工商大学王若丁参与了本书的编写工作。具体编写分工如下：何培斌编写第 1 章，黎明编写第 2 章，叶颖娟编写第 3 章，李秋娜编写第 4 章、第 15 章，王若丁编写第 5 章，潘娟编写第 6 章、第 12 章，栗新然编写第 7 章、第 10 章，魏嵩勤编写第 8 章，王闪闪编写第 9 章，刘案编写第 11 章，彭闯编写第 13 章，刘璐编写第 14 章。

  本书在编写过程中，参考了一些有关的书籍，在此谨向编者表示衷心的感谢，参考文献列于书末。由于编者水平有限，本书可能有不少疏漏、谬误之处，敬请批评指正！

编 者

第 2 版前言

2010 年 8 月由重庆房地产职业学院何培斌主编的《民用建筑设计与构造》第 1 版出版，并作为高等职业院校土建类、房地产类专业系列教材之一。该书出版三年多以来，由于注重高等职业教育规律，突出职业技能实训，到 2013 年 9 月已进行了 6 次印刷。

随着高等职业教育的发展，本书编者在第 2 版编写过程中，吸取了各使用本教材院校的反馈意见及总结自身的使用情况，同时根据《教育部关于推进高等职业教育改革创新引领职业教育科学发展的若干意见》（教职成〔2011〕12 号）精神，按照"高等职业教育必须准确把握定位和发展方向，自觉承担起服务经济发展方式转变和现代产业体系建设的时代责任，主动适应区域经济社会发展需要，培养数量充足、结构合理的高端技能型专门人才，在促进就业、改善民生方面以及在全面建设小康社会的历史进程中发挥不可替代的作用"的指导思想，以区域产业发展对人才的需求为依据，在深化工学结合、校企合作、顶岗实习的人才培养模式改革，实现专业与行业（企业）岗位对接，实现专业课程内容与职业标准对接的前提下，编者与企业有关人员合作共同开发该课程的教学资源，推行"任务驱动、项目导向"等教、学、做一体的教学模式。本书是从突出实践能力的培养，增强学生的职业能力这一目标出发，本着"以应用为目的，以必需、够用为度"的原则编写的。本书立足当前建筑业、房地产业对民用建筑的基本设计及构造要求，按照民用建筑的设计过程，将教学及实训内容分解成 14 个任务，通过对这 14 个任务的学习及实训来完成对一个特例的民用建筑的建筑施工图设计。

本书第 2 版的主要特点如下：
1. 保持第 1 版"注重高等职业教育规律，突出职业技能实训"的特点；
2. 按"任务驱动、项目导向"等教、学、做一体的教学模式构成教材体例，每项任务开始都有"任务要点"，后有"小结"及相应的实训项目供学生做课程设计和构造设计实训，加强学生的动手能力；
3. 与时俱进，所有引用的设计规范都采用国家颁布的最新规范，以适应现行建筑市场及行业的要求；
4. 注重吸取当前建筑领域最新成果，为学生推介富有时代特色的工程建筑施工图实例。

本书由重庆房地产职业学院何培斌担任主编；重庆房地产职业学院姚纪、吴立楷、蔡樱、重庆博鼎建筑设计有限公司黎明担任副主编；重庆房地产职业学院张尽沙、栗新然、李承静、杨洋、田宽、刘璐、张成成参与编写。具体编写分工如下：何培斌编写任务 1、任务 3、任务 14；姚纪编写任务 4；吴立楷编写任务 5；蔡樱编写任务 12；黎明编写任务 2；张尽沙编写任务 8；栗新然编写任务 10；李承静编写任务 9；杨洋编写任务 7；田宽编写任务 11；刘璐编写任务 6；张成成编写任务 13。

本书在编写过程中，参考了一些有关的书籍，在此谨向编者表示衷心的感谢，参考文献列于书末。由于编者水平有限，本书可能有不少的疏漏、谬误之处，敬请批评指正！

编 者

第1版前言

本书是按照《教育部关于全面提高高等职业教育教学质量的若干意见》（教高〔2006〕16号）精神以及教育部对高等职业学院土建类、房地产类专业培养目标的要求而编写的，是高等职业学院土建类、房地产类专业系列教材之一。本书主要作为高等职业学院土建类、房地产类专业学生学习民用建筑的基本设计、构成、组合方式和构造方法的教材使用，还可作为高等院校本、专科房地产类各专业、工程管理专业以及其他相近专业的参考教材，也可供其他类型的学校，如职工大学、函授大学、电视大学、中等专业学校的有关专业选用，同时又可以作为有关土建工程技术人员学习民用建筑的基本设计方法和构造方法用书。

作为系列教材，本书的编者在编写过程中，根据高等职业学院房地产类专业的特点，注重工学结合，从突出实践能力的培养，增强学生的职业能力这一目标出发，本着"以应用为目的，以必需、够用为度"的原则编写，其主要特点如下：

1. 增加信息量，利用大量的实例和图片，介绍建筑的发展历程、代表人物和代表性的建筑，以及设计的基本原理等，增加本书的可读性。

2. 强调实用性知识，在设计原理部分除讲述基本原理外，还重点讲述了最新的防火规范的主要条文。

3. 强调知识的实践和应用，增加实践性教学内容。主要章节后都有相应的实训项目供学生做课程设计以及构造设计，提高学生动手能力。

4. 每个任务前有"任务要点"，后有"小结"及"复习思考题"，便于课前预习、课后复习和自学。

此外，本书在编写中还特别注重：坚持学以致用、少而精的教学原则，突出科学性、时代性、工程实践性的编写原则，注重汲取工程技术界的最新成果，首次在教材中增加低碳建筑的概念，并为学生推介富有时代特色的工程建筑施工图实例。

本书在编写过程中，参考了一些有关的书籍，向其编者表示衷心的感谢，参考文献列于书末。

编 者

目　录

第1章　建筑的起源和发展 …………… 1
1.1　中国建筑的起源和发展 …………… 1
 1.1.1　原始社会 ……………………… 1
 1.1.2　奴隶社会 ……………………… 2
 1.1.3　封建社会 ……………………… 3
 1.1.4　中国现代建筑(1949年
    至今) …………………………… 10
1.2　国外建筑的起源和发展 …………… 13
 1.2.1　原始社会 ……………………… 14
 1.2.2　奴隶社会 ……………………… 14
 1.2.3　封建社会 ……………………… 17
 1.2.4　18—19世纪西欧及美国
    建筑 …………………………… 20
 1.2.5　前现代主义时期建筑(19世纪
    末——第一次世界大战战后
    初期) ………………………… 22
 1.2.6　现代主义建筑(第一次世界大
    战后——第二次世界大战
    结束) ………………………… 23
1.3　民用建筑的分类与分级 …………… 27
 1.3.1　民用建筑的分类 ……………… 27
 1.3.2　建筑的等级划分 ……………… 28
1.4　建筑的基本构成要素和建筑
  方针 ………………………………… 29
 1.4.1　建筑的基本构成要素 ………… 29
 1.4.2　建筑方针 ……………………… 30
1.5　建筑设计的内容及过程 …………… 30
 1.5.1　建筑设计的内容 ……………… 30
 1.5.2　建筑设计的过程和设计
    阶段 …………………………… 31
1.6　建筑设计的要求和依据 …………… 33
 1.6.1　建筑设计的要求 ……………… 33
 1.6.2　建筑设计的依据 ……………… 34

第2章　建筑防火与安全疏散 ………… 40
2.1　建筑火灾的概念 …………………… 40
 2.1.1　建筑物起火的原因和燃烧
    条件 …………………………… 40
 2.1.2　建筑火灾的特点 ……………… 41
2.2　火灾的发展过程和蔓延途径 ……… 41
 2.2.1　火灾发展的过程 ……………… 41
 2.2.2　建筑火灾的蔓延途径 ………… 42
2.3　防火分区的意义和原则 …………… 44
 2.3.1　防火分区的重要性 …………… 44
 2.3.2　防火分区的原则 ……………… 44
 2.3.3　防火分区设计实例 …………… 45
2.4　安全疏散 …………………………… 45
 2.4.1　安全疏散路线 ………………… 45
 2.4.2　安全疏散距离 ………………… 46
 2.4.3　疏散设施设计 ………………… 47
2.5　建筑的防烟和排烟 ………………… 51
 2.5.1　烟的危害 ……………………… 51
 2.5.2　防烟分区的划分 ……………… 51
 2.5.3　排烟方式 ……………………… 51
 2.5.4　防火设计要点 ………………… 53
2.6　建筑总平面防火设计 ……………… 53
 2.6.1　影响防火间距的因素及确定
    防火间距的原则 ……………… 53
 2.6.2　消防扑救 ……………………… 54

第3章　建筑平面设计 ………………… 56
3.1　建筑平面设计简介 ………………… 56
3.2　使用部分的平面设计 ……………… 56
 3.2.1　使用房间的分类和设计
    要求 …………………………… 56
 3.2.2　使用房间的面积、形状和
    尺寸 …………………………… 57
 3.2.3　门窗在房间平面中的布置 …… 63

3.2.4 辅助房间的平面设计 ……… 68
3.3 交通联系部分的平面设计 ……… 71
　　3.3.1 过道(走廊) ……………… 71
　　3.3.2 楼梯和坡道 ……………… 74
　　3.3.3 门厅、过厅和出入口 …… 77
3.4 建筑平面的组合设计 …………… 80
　　3.4.1 建筑平面的功能分析和组合方式 ……………………… 81
　　3.4.2 建筑平面组合和结构布置的关系 ……………………… 92
3.5 总平面设计 ……………………… 97
　　3.5.1 建筑基地的功能分区与建筑基地环境 ………………… 97
　　3.5.2 确定各单体建筑的位置和形状 ………………………… 99
　　3.5.3 道路交通的布置 …………… 101
　　3.5.4 环境绿化 …………………… 101

第4章 建筑剖面设计 ………………… 103
4.1 房屋各部分高度的确定 ………… 104
　　4.1.1 房间的高度和剖面形状的确定 ………………………… 104
　　4.1.2 房屋各部分高度的确定 …… 113
4.2 建筑层数的确定和剖面的组合方式 ………………………………… 114
　　4.2.1 建筑层数的确定 …………… 114
　　4.2.2 建筑剖面的组合方式 ……… 114
4.3 建筑空间的组合和利用 ………… 117
　　4.3.1 建筑空间的组合 …………… 118
　　4.3.2 建筑空间的利用 …………… 120

第5章 建筑体型及立面设计 ………… 126
5.1 建筑体型及立面设计的要求 …… 126
　　5.1.1 反映建筑功能要求和建筑类型的特征 ………………… 126
　　5.1.2 结合材料、结构和施工技术的特点 …………………… 128
　　5.1.3 贯彻建筑标准和相应的经济指标 ……………………… 130
　　5.1.4 符合城市规划要求并与基地环境相结合 ……………… 130
　　5.1.5 符合建筑造型和立面构图的一些规律 ………………… 131
5.2 建筑体型的组合 ………………… 131
　　5.2.1 完整均衡、比例适当 ……… 133
　　5.2.2 主次分明、交接明确 ……… 133
　　5.2.3 体型简洁、环境协调 ……… 135
5.3 建筑立面设计 …………………… 137
　　5.3.1 立面的比例尺度 …………… 137
　　5.3.2 立面的虚实、凹凸对比 …… 139
　　5.3.3 立面线条处理 ……………… 140
　　5.3.4 立面色彩、质感处理 ……… 142
　　5.3.5 立面的重点与细部处理 …… 142

第6章 民用建筑构造概论 …………… 145
6.1 概述 ……………………………… 145
　　6.1.1 建筑构造研究的对象和任务 …………………………… 145
　　6.1.2 建筑物的组成及各组成部分的作用 …………………… 145
6.2 建筑物的结构类型 ……………… 146
6.3 影响建筑构造的因素 …………… 148
　　6.3.1 外界环境的影响 …………… 148
　　6.3.2 建筑技术条件的影响 ……… 149
　　6.3.3 建筑标准的影响 …………… 149
6.4 建筑构造设计原则 ……………… 149
　　6.4.1 必须满足建筑使用功能要求 …………………………… 149
　　6.4.2 必须有利于结构安全 ……… 149
　　6.4.3 必须适应建筑工业化和建筑施工的需要 ……………… 149
　　6.4.4 必须讲求建筑经济的综合效益 ………………………… 149
　　6.4.5 必须注意美观 ……………… 150

第7章 基础和地下室 ………………… 151
7.1 基础分类及构造 ………………… 152
　　7.1.1 按构造方式分类 …………… 152
　　7.1.2 按所用材料及受力特点分类 …………………………… 154
7.2 基础埋深 ………………………… 155
　　7.2.1 地基土层构造对基础埋深的

    影响 ……………………… 155
  7.2.2 地下水水位的影响 …… 156
  7.2.3 土的冻结深度的影响 …… 156
  7.2.4 相邻建筑物基础埋深的
    影响 ……………………… 156
  7.2.5 连接不同埋深基础的
    影响 ……………………… 156
  7.2.6 其他因素对基础埋深的
    影响 ……………………… 156
 7.3 地下室的防潮及防水构造 …… 156
  7.3.1 地下室的类型 ………… 156
  7.3.2 地下室的防潮与防水
    构造 ……………………… 157

第8章 墙体 ……………………………… 161
 8.1 墙体类型及设计要求 ………… 161
  8.1.1 墙体的作用 …………… 161
  8.1.2 墙体的类型 …………… 161
  8.1.3 墙体的设计要求 ……… 162
 8.2 块材墙构造 …………………… 164
  8.2.1 墙体材料 ……………… 164
  8.2.2 组砌方式 ……………… 166
  8.2.3 墙体尺度 ……………… 169
  8.2.4 墙身的细部构造 ……… 169
 8.3 隔墙构造 ……………………… 178
  8.3.1 块材隔墙 ……………… 179
  8.3.2 轻骨架隔墙 …………… 180
  8.3.3 板材隔墙 ……………… 182
 8.4 幕墙 …………………………… 183
  8.4.1 玻璃幕墙 ……………… 183
  8.4.2 金属幕墙 ……………… 187
  8.4.3 石材幕墙 ……………… 188
 8.5 墙面装修 ……………………… 189
  8.5.1 墙面装修的作用及分类 … 189
  8.5.2 墙面装修构造 ………… 189

第9章 楼地面 …………………………… 194
 9.1 楼地层的类型及设计要求 …… 194
  9.1.1 楼地层的类型及组成 … 194
  9.1.2 楼地层设计要求 ……… 198
 9.2 钢筋混凝土楼板构造 ………… 198
  9.2.1 现浇整体式钢筋混凝土
    楼板 ……………………… 198
  9.2.2 预制装配式钢筋混凝
    土楼板 …………………… 201
  9.2.3 装配整体式钢筋混凝
    土楼板 …………………… 201
 9.3 地面构造 ……………………… 201
  9.3.1 地面的设计要求 ……… 201
  9.3.2 地面类型的选择 ……… 202
 9.4 楼地面装修构造 ……………… 203
 9.5 顶棚装修构造 ………………… 204
 9.6 阳台与雨篷构造 ……………… 205
  9.6.1 阳台 …………………… 205
  9.6.2 雨篷 …………………… 206

第10章 楼梯和电梯 …………………… 209
 10.1 楼梯的类型及设计要求 …… 209
  10.1.1 楼梯的类型 ………… 209
  10.1.2 楼梯的设计要求 …… 211
  10.1.3 楼梯的组成 ………… 211
  10.1.4 楼梯的坡度 ………… 212
  10.1.5 楼梯的尺寸 ………… 213
 10.2 楼梯细部构造 ……………… 216
  10.2.1 踏步面层及防滑处理 … 216
  10.2.2 栏杆、栏板和扶手
    构造 ……………………… 217
 10.3 钢筋混凝土楼梯构造 ……… 220
  10.3.1 现浇式钢筋混凝土楼梯 … 221
  10.3.2 装配式钢筋混凝土楼梯 … 223
 10.4 台阶与坡道构造 …………… 223
  10.4.1 台阶 ………………… 223
  10.4.2 普通坡道 …………… 225
  10.4.3 车用坡道 …………… 226
 10.5 有高差无障碍设计的构造 … 226
  10.5.1 概念 ………………… 226
  10.5.2 楼梯 ………………… 226
  10.5.3 坡道 ………………… 228
  10.5.4 导盲块的设置 ……… 228
 10.6 电梯与自动扶梯简介 ……… 228
  10.6.1 电梯 ………………… 228
  10.6.2 自动扶梯 …………… 231

第11章 屋顶 234
11.1 屋顶的类型及设计要求 234
11.1.1 屋顶的类型 234
11.1.2 屋顶的设计要求 235
11.1.3 屋面防水的"导"与"堵" 236
11.1.4 屋面防水等级 236
11.2 平屋顶构造 236
11.2.1 平屋顶组成 236
11.2.2 平屋顶的排水 237
11.2.3 刚性防水屋面 240
11.2.4 柔性防水屋面 245
11.2.5 油料防水和粉剂防水屋面 251
11.3 坡屋顶构造 253
11.4 屋顶保温与隔热构造 254
11.4.1 屋顶的保温 254
11.4.2 屋顶的隔热和降温 259

第12章 门窗 264
12.1 门窗的作用、类型及设计要求 264
12.1.1 门窗的作用 264
12.1.2 门窗的类型 264
12.1.3 门窗的设计要求 267
12.2 木门窗构造 267
12.2.1 木窗构造 267
12.2.2 木门构造 268
12.3 金属门窗构造 273
12.3.1 钢门窗 273
12.3.2 铝合金门窗 276
12.4 塑钢门窗构造 277
12.4.1 塑钢门窗的特点 277
12.4.2 塑钢门窗的构造及安装 277
12.5 特殊门窗构造 278
12.5.1 防火门 278
12.5.2 保温门和隔声门 279
12.5.3 隔声窗 279

第13章 变形缝 280
13.1 变形缝的类型 280
13.2 伸缩缝构造 280
13.2.1 伸缩缝的设置 280
13.2.2 伸缩缝的构造 282
13.3 沉降缝构造 286
13.3.1 沉降缝的设置 286
13.3.2 沉降缝的构造 286
13.4 防震缝构造 288
13.4.1 防震缝的设置 288
13.4.2 防震缝的构造 289

第14章 低碳住宅与外墙保温 291
14.1 低碳住宅的建设模式 291
14.2 低碳住宅的发展趋势 297
14.3 低碳节能的重要措施 299
14.3.1 外墙外保温系统的组成与应用 299
14.3.2 外墙外保温系统的材料、性能要求与施工要求 300
14.3.3 外墙外保温系统的检验与构造要求 303
14.3.4 外保温复合墙体的设计与施工 306
14.3.5 外墙内保温 306
14.3.6 楼地面 307
14.3.7 屋面 307
14.3.8 门、窗、幕墙 307
14.3.9 建筑遮阳 308

第15章 装配式建筑简介 309
15.1 建筑工业化 309
15.2 装配式建筑 309
15.2.1 装配式建筑的概念 309
15.2.2 装配式建筑的分类 311
15.3 国内外装配式建筑的发展 316
15.3.1 国外装配式建筑的发展 316
15.3.2 国内装配式建筑的发展 321

参考文献 326

第1章 建筑的起源和发展

认识建筑的概念，建筑的起源和发展，建筑的分类与分级，建筑设计的内容与过程以及建筑设计的要求和依据。

建筑作为动词意指工程技术与建筑艺术的综合创作，它包括了各种土木工程的建筑活动。建筑作为名词泛指一切建筑物和构筑物，是人类为了满足生活与生产劳动的需要，利用所掌握的技术手段与物质生产资料，在科学规律与美学法则的指导下，通过对空间的限定、组织而形成的社会生活环境。

1.1 中国建筑的起源和发展

建筑物最初是人类为了遮蔽风雨和防备野兽侵袭的需要而产生的。当初，人们利用树枝、石块等一些容易获得的天然材料，粗略加工，盖起了树枝棚、石屋等原始建筑物(图1-1)。

图1-1 原始建筑物

作为人类文化的一个重要组成部分，我国的建筑(尤其是古代建筑)，具有卓越的技术与艺术成就和鲜明独特的风格特征。在世界建筑史上，它以其独特而完整的艺术体系而占有重要的地位和辉煌的篇章；它以自身绚丽多彩的光芒，展现在世界文明群星璀璨的星空中。同世界其他民族相似，我国的古代建筑也经历了原始社会、奴隶社会和封建社会三个时期。

1.1.1 原始社会

从现在起，追溯到大约六七千年以前新石器时代的氏族公社时期，为了适应人口增长和生产劳动的需要，我们祖先最终搬下树来，走出洞窟，用木架和泥草模仿天然洞穴，建成了简单的穴居和浅穴居，并在此基础上逐步发展成为地面上的木骨泥墙或干阑式房屋及原始村落。长江下游的浙江余姚河姆渡村遗址、仰韶文化时期(母系氏族)的西安半坡村遗址(图1-2)，以及其后的龙山文化时期(父系氏族)的西安客省庄遗址等，都是我国古代原始社会时期较有代表性的建筑遗址。在此期间，建筑技术上的典型成就包括木结构技术上的榫卯结构、较为整齐成熟且与外墙分工明确的木构架、墙面及地面的白灰抹面、少量土坯砖的应用等。

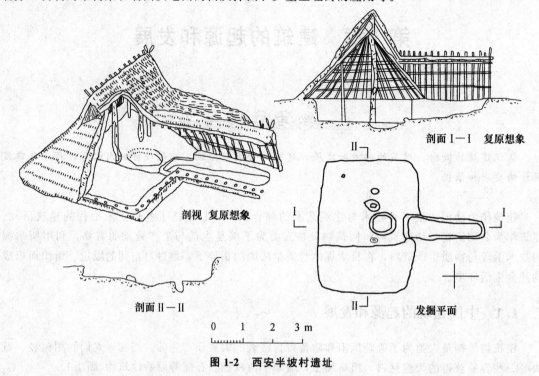

图 1-2　西安半坡村遗址

1.1.2　奴隶社会

大约在公元前 21 世纪至公元前 16 世纪，我国历史上出现了第一个奴隶制王朝——夏朝，其中心大约在今河南嵩山和山西夏县一带，由于缺乏准确的文字依据和完整而有说服力的考古发现，此间的文化（包括建筑文化）成就尚属探索中的一个谜，但铜制工具已开始使用是毋庸置疑的。

从夏朝开始，经过商朝、西周和春秋，中国古代奴隶社会跨越了大约 1 600 多年的历史阶段，而青铜文化是这一历史时期的代表文化。

商朝是奴隶社会大发展的时期，青铜工艺已相当成熟，手工业的专业分工明显，建筑技术得到明显提高。从河南偃师二里头商朝宫殿遗址中，已能看出中国古典建筑"三段式"（即高台建筑）的雏形并由此产生了用"土木"代表建筑工程的概念（图 1-3）。当时，人们对铁的性能已有所认识。

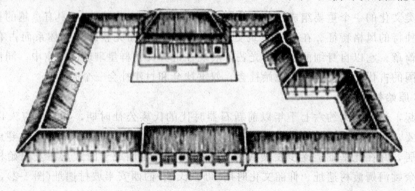

图 1-3　二里头商朝宫殿遗址

从周朝开始,在今黄河流域的陕西岐山凤雏村出现了我国迄今为止已知最早的四合院,长江中下游则仍以干阑式建筑为主。建筑上的重大贡献是瓦的发明及由此而引发了屋面构造的改变,出现了简单的屋面排水系统等。

春秋时期,铁工具及建筑用的瓦材被普遍采用。"高台建筑"用于诸侯宫殿,促进了夯土技术的日益成熟;木结构构件的加工制造工艺日臻完美。历史上神话般的传奇人物公输班(鲁班)即是这个时期在手工业不断发展的形势下所涌现出的技术高超的匠师代表。

1.1.3 封建社会

从公元前475年—公元1840年的2 300多年的时间里,我国经历了漫长的封建社会时期,这一时期是形成我国古典建筑的主要阶段。

从战国时期起(公元前475年—公元221年),随着铁工具的普遍使用,建筑技术更上一层楼。木构架从结构技术到施工质量均明显提高,砖石结构在地下建筑(陵墓)中得到发展,城市规模不断扩大,高台建筑更加发达。到公元221年秦始皇统一中国后,建立了统一而中央集权的封建王朝——秦朝。秦朝虽然只存在了短短的14年,但由于其大力改革政治、经济及文化,统一了文字、法令、货币和度量衡,再聚集原战国时期的六国之人力、物力,大兴土木,修建了规模空前的宫殿、陵墓、长城和水利工程。著名的阿房宫(图1-4)、骊山陵、兵马俑、都江堰(图1-5)等,都是当时的产物。它们在人类建筑技术与艺术之苑中,堪称一朵朵流光溢彩的奇葩。

图1-4 阿房宫复原重建

图1-5 都江堰

中国古代建筑在公元前206年—公元220年政治强盛、经济发达的汉代经历了第一次发展和进步的高潮。高台建筑兴盛不衰，"三段式"中屋顶的形式多样化，带来了后人称颂的"第五立面"。木构架发展成为较成熟的三种形式，即抬梁（叠架）式（图1-6）、穿斗（立贴）式（图1-7）、干阑（井干）式（图1-8）。斗拱普遍而成组地使用，且使用目的十分明确（防雨而出挑）（图1-9）；砖石和拱、券结构在地下建筑中得到了突飞猛进的发展；造园艺术逐步演变成较成熟的"自然式"山水风景园林。

图1-6　抬梁（叠架）式

另外，石材的加工技术和雕刻工艺随金属工具的进步而有显著的提高。总之，中国古代建筑作为世界建筑艺术之林中一个独特的体系，在汉朝时就已基本形成。

图1-7　穿斗（立贴）式

微课：穿斗式

微课：抬梁式

图1-8　干阑（井干）式

图1-9　斗拱

公元220年—公元589年是我国历史上的魏晋南北朝（三国、两晋、南北朝）时期。在此期间，黄河流域烽火连年、狼烟四起，民用建筑的发展几近停滞。但随着道教的兴起与佛教的传入，宗教建筑如寺、塔、石窟以及精美的雕刻与壁画得到了较大的发展，相应地还带动了木刻技术水平的发展。时局相对平静的长江流域伴随着外来文化的交流、融汇，在建筑上尤其是在园林技术方面，也取得了较大的进步。另外，胡人进入中原带来的高家具，也在客观上影响了居室净高的大小。到隋朝时期（公元581年—公

图1-10　安济桥

元618年),建筑业已开始使用图纸。工匠李春建造了结构形式比欧洲早700年的安济桥(图1-10),隋朝的都城大兴城(即后来的唐代长安城)、隋朝东都洛阳、大运河及长城等均在隋朝时期得以修建或扩建。

唐朝(公元618年—公元907年)是我国封建社会政治、经济、文化发展的巅峰时期,也是我国古代建筑发展的第二个高峰期,唐代都城长安(图1-11)之宏大繁荣,在当时社会乃至全世界,都是绝无仅有的。据载,长安城当时人口不止百万,比同时期的罗马大20倍以上。长安城宫廷——大明宫,除去太液池以北的内苑地带不计,也比后来的明朝故宫紫禁城的总面积大三倍多。

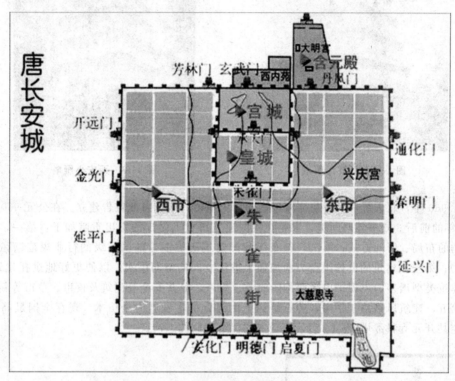

图1-11 唐代都城长安

唐代建筑在中国历史上的影响是十分重大的,其建筑成就和特点主要有以下几点:

(1)规划严整,规模宏大。前面提到的唐代长安城在规划方面表现为城市平面布局方正、中轴明确、前市后朝,其南北轴线大街(朱雀大街)宽达120 m,东西干道更是宽达200 m;城市的次要道路也有48 m之宽;全城共有108坊,西市供胡商,东市供一般贸易。唐代建筑规模宏大的典例当属大明宫。

(2)群体处理渐趋成熟。唐代建筑不仅懂得利用地形,(大明宫)轴线展开和(乾陵)陪衬等手法,还懂得了主次分明的原理和前导空间的运用,后来的明清建筑从此获益匪浅。

(3)木结构建筑解决了大体量和大面积的技术问题,并已定型化和模数化,斗拱等形式更为成熟。大明宫当中的含元殿跨度达10 m,而著名的山西五台山华光寺以建筑、雕塑、字画和书法而号称四绝,其中建筑上的表现除斗拱等模数化外,其挑檐深度也达3~4 m。

(4)设计及施工技术水平提高。设计与施工的技术人员具有非常全面的专业技术素质。

(5)砖石建筑有进一步的发展。其主要应用表现在宗教建筑——佛塔中,如著名的西安大雁塔(图1-12)、小雁塔(图1-13)、河南登封嵩岳寺塔等。此间,砖塔在形式上已开始出现仿木结构的现象。

(6)艺术加工表现为真实和成熟。今人对唐代建筑的艺术风格概括为"唐风"——恢宏壮观、舒展平远、简洁豪放、率真朴实、无刻意的装饰和艺术上的矫揉造作。

图1-12 西安大雁塔

图1-13 西安小雁塔

公元960年，北宋统一了黄河流域以南的广大地区，宋朝自此宣告建立。在公元960年—公元1279年的前后300多年时间里，宋朝在我国建筑历史上做出的突出贡献如下：第一，改变了城市结构的布局、管理方式；第二，颁布了我国建筑历史上首部国家级的行业规范《营造法式》（图1-14）；第三，建筑的群体组合方面加强了进深方向的空间层次，以便更好地烘托建筑主体；第四，建筑类型增多，出现了史无前例的商业、娱乐、公共安全等建筑及夜市、草市等新型商业场所；第五，建筑风格趋于华丽，砖石结构上由部分仿木发展为全仿木。现存全国最高（84 m）的河北定县开元寺料敌塔（图1-15），便是宋朝留给我们的遗产。

图1-14 《营造法式》

图1-15 河北定县开元寺料敌塔

公元1279年—公元1368年，元朝建立以后，喇嘛教建筑开始兴盛。

明朝（公元1368年—公元1644年）建立后，一系列有效措施使社会经济迅速复苏与发展，到明朝中期,已出现了资本主义的萌芽。建筑上有砖普及;琉璃质量提高;木结构得到简化且定型化;形体成熟;私园发达;官式建筑的装修、彩绘定型化;家具举世闻名七个方面的显著进步。

清朝(公元1644年—公元1911年)是我国历史上最后一个封建王朝。清朝建筑多承明风,这一趋势在1840年鸦片战争前尤其明显,当属例外的有:园林盛极一时;喇嘛教建筑兴盛,如顺治二年始建了布达拉宫;住宅形式多样化;简化官式建筑的单体,提高群体组合与装修水平;1734年(雍正十二年),我国建筑史上第二部行业规范——工部《工程做法》问世。因此,清朝建筑是我国继唐宋以后封建社会中最后的一个建筑高潮。

1840年以后,随着中国社会进入半殖民地半封建社会,中国古代建筑在与外来建筑文化融汇的过程中出现了一些畸变,作为古典建筑向现代建筑过渡的产物,当时的建筑形式大致有殖民式、中国固有式等。

数千年中国人民的智慧和时间的历练,使我国的建筑逐渐形成了一种热情而成熟、独特而深刻的建筑体系。无论是在城市规划、建筑群体组合、自然式山水风景园林、民用居住建筑方面,还是在建筑空间处理、艺术与结构的和谐统一、建筑设计的方法、施工技术等方面,都为全人类的建筑文化做出了巨大、卓越的贡献。在我们进行有中国特色的现代化建设的今天,这些属于我们民族的宝贵经验和优秀文化遗产仍然值得参考、借鉴和发扬光大。

中国古代建筑的主要成就有以下几项。

1. 北京故宫(紫禁城)

北京故宫是明清两代的皇宫,又称紫禁城(图1-16)。由于君为天子,天子的宫殿如同天帝居住的"紫宫"禁地,故名紫禁城。故宫始建于明永乐四年(1406年),永乐十八年(1420年)建成,历经明清两个朝代24个皇帝。故宫规模宏大,占地72万 m^2 ,东西宽750 m,南北长960 m,建筑面积15万多 m^2 ,有房屋9 999间半,是世界上最大最完整的古代宫殿建筑群。为了突出帝王至高无上的权威,故宫有一条贯穿宫城南北的中轴线,在这条中轴线上,按照"前朝后寝"的古制,布置着帝王发号施令,象征政权中心的三大殿(太和殿、中和殿、保和殿)和帝后居住的后三宫(乾清宫、交泰殿、坤宁宫)。在其内廷部分(乾清门以北),左右各形成一条以太上皇居住的宫殿(宁寿宫)和以太妃居住的宫殿(慈寿宫)为中心的次要轴线,这两条次要轴线又以外朝以太和门为中心,与左边的文华殿,右边的武英殿相呼应。两条次要轴线和中央轴线之间,有斋宫及养心殿,其后即为嫔妃居住的东西六宫。出于防御的需要,这些宫殿建筑的外围筑有高达10 m的宫墙,四角有角楼,外有护城河。

图1-16 北京故宫

2. 佛光寺大殿

佛光寺大殿(图 1-17)建于大中十一年(公元 857 年)。佛光寺是一座中型寺院,坐东向西,大殿在寺的最后即最东的高地上,高出前部地面 12~13 m。大殿为中型殿堂,面阔七间,通长为 34 m;进深四间,宽为 17.66 m;殿内有一圈内柱,后部设"扇面墙",三面包围着佛坛,坛上有唐代雕塑。屋顶为单檐庑殿,屋坡舒缓大度,檐下有雄大而疏朗的斗拱,简洁明朗,体现出一种雍容庄重、气度不凡、健康爽朗的格调,展示了大唐建筑的艺术风采。柱高与开间的比例略呈方形,斗拱高度约为柱高的 1/2。粗壮的柱身、宏大的斗拱再加上深远的出檐,都给人以雄健有力的感觉。唐代是中国建筑的发展高峰,也是佛教建筑大兴盛的时代,但由于木结构建筑不易保存,留存至今的唐代木结构建筑也是中国最早的木构殿堂只有两座,都在山西五台山,佛光寺大殿是其中一座。

图 1-17 佛光寺大殿

3. 万里长城

万里长城源于春秋战国时期(图 1-18),东起山海关,西至嘉峪关,横贯河北、北京、内蒙古、山西、陕西、宁夏、甘肃七个省、市、自治区,全长约为 6 700 km,约 13 300 华里,故被国人称为"万里长城"。

图 1-18 万里长城

4. 山西应县木塔(佛宫寺释迦塔)

位于山西省的佛宫寺释迦塔,俗称山西应县木塔(图 1-19)。该塔从公元 1056 年的辽代开始修建,140 年后整体增修完毕。木塔建造在 4 m 高的台基上,塔高近 70 m,底层直径为 30 m。整个木塔共用了红松木料 3 000 m²,重约 3 000 t。应县木塔的结构,大胆继承了汉(公元前 206 年—

公元220年)、唐(公元618年—公元907年)以来富有民族特点的重楼形式,整个设计科学严密、构造完美。木塔呈平面八角形,从外观看上去是5层,但每层间又夹设了暗层,实际共有9层。据史书记载,在木塔建成近300年的时候,当地曾发生过6.5级大地震,余震连续7天,木塔旁的房屋全部倾倒,只有木塔岿然不动。近些年,在应县附近发生的大地震都波及木塔,木塔整体摇动,风铃全部震响,木塔却没有受到影响。应县木塔作为世界上保存最完整、结构最奇巧、外形最壮观的古代高层木塔,充分反映了中国古代工匠们在结构组成、力学平衡及抗震、防雷等方面所创造的伟大成就。

图 1-19　山西应县木塔

5. 布达拉宫

公元631年(藏历铁兔年)由吐蕃松赞干布兴建的布达拉宫(图1-20),占地总面积为36万余 m^2,建筑总面积13万 m^2,主楼高为117 m,看似13层,实际9层。其中宫殿、灵塔殿、佛殿、经堂、僧舍、庭院等一应俱全,是当今世界上海拔最高、规模最大的宫殿式建筑群。

图 1-20　布达拉宫

布达拉宫依山垒砌,群楼重叠、殿宇嵯峨、气势雄伟,有横空出世、气贯苍穹之势,坚实敦厚的花岗石墙体、松茸平展的白玛草墙领、金碧辉煌的金顶,具有强烈装饰效果的巨大鎏金宝瓶、幢和经幡,交相辉映,红、白、黄三种色彩的鲜明对比,分部合筑、层层套接的建筑型体,都体现了藏族古建筑迷人的特色。布达拉宫是藏式建筑的杰出代表,也是中华民族古建筑的精华之作。

6. 颐和园

颐和园(图 1-21),原名清漪园,始建于清乾隆帝十五年(公元 1750 年),是利用昆明湖、万寿山为基址,以杭州西湖风景为蓝本,汲取江南园林的某些设计手法和意境而建成的一座大型天然山水园,占地约 290 公顷,历时 15 年竣工,是清代北京著名的"三山五园"("五园"是指香山静宜园、玉泉山静明园、万寿山清漪园、圆明园、畅春园)中最后建成的一座。颐和园是我国现存规模最大,保存最完整的皇家园林,为中国四大名园(另三座为承德的避暑山庄、苏州的拙政园、苏州的留园)之一,被誉为皇家园林博物馆。

图 1-21　颐和园

7. 民居建筑

中国民居有许多种(图 1-22)。按平面形式可分为九种以上,其中横长方形住宅是民居的基本形式,中间为明间,左右对称,以三间最普遍。四合院住宅在我国分布很广,北京最为典型。窑洞式穴居分布在我国少雨的黄土高原地区,有单独的沿崖窑洞、土坯或砖石的拱式土窑洞,以及天井地坑院落式窑洞,还有少数民族种类繁多的蒙古包以及藏族、朝鲜族、维吾尔族、西南少数民族和福建、广东的客家民居形式。

1.1.4　中国现代建筑(1949 年至今)

中华人民共和国成立后,中国建筑进入了新的历史时期。大规模、有计划的国民经济建设推动了建筑业的蓬勃发展,中国现代建筑在数量、规模、类型、地域分布、现代化水平等方面都展现出崭新的姿态。

1. 重庆人民大礼堂

重庆人民大礼堂于 1951 年 6 月破土兴建,1954 年 4 月竣工。整栋建筑由大礼堂和东、南、北楼四大部分组成。占地总面积为 6.6 万 m^2,其中礼堂占地 1.85 万 m^2。礼堂建筑高度为 65 m,大厅净空高度为 55 m,内径为 46.33 m,圆形大厅四周环绕五层挑楼,可容纳 4 200 余人。其主要特点就是采用中轴线对称的传统办法,配以柱廊式的双翼,并以塔楼收尾。体现了中国古建筑宏伟壮观、明显的轴线关系、比例匀称的主要特点,是重庆独具特色的标志建筑物之一(图 1-23)。

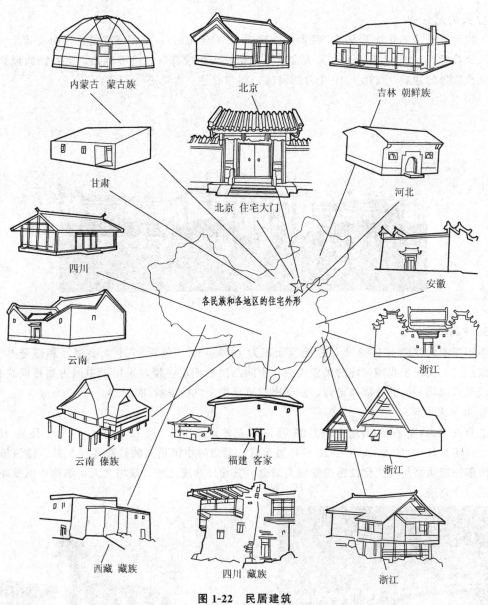

图 1-22 民居建筑

图 1-23 重庆人民大礼堂

2. 人民大会堂

人民大会堂位于北京天安门广场西侧，建于 1958 年 10 月，是一座规模宏伟的公共建筑，包括万人大礼堂、5 000 人宴会厅和人大常委办公楼三个组成部分。造型雄伟，富有民族风格。从设计到高质量的建成，仅用了 10 个月的时间，在当时是一大奇迹(图 1-24)。

图 1-24　人民大会堂

3. 中国美术馆

中国美术馆建成于 1962 年，总建筑面积为 16 000 m^2，包括 17 个大小展厅和部分办公楼。在建筑形式上采用了我国传统的民族风格，中间凸出的四层主楼，采用了中国古典楼阁式屋顶，配以浅米黄陶质面砖的外墙和花饰，使整座建筑显得庄重而华丽(图 1-25)。

4. 北京火车站

北京火车站(图 1-26)占地面积为 25 万 m^2，总建筑面积为 8 万 m^2。于 1959 年 1 月 20 日开工兴建，当年 9 月 10 日竣工，9 月 15 日开通运营，是当时中国最大的铁路客运车站。建筑雄伟壮丽，浓郁民族风格与现代化设施设备完美结合，其建设速度之快、规模之大，堪称中国铁路建设史上的一个奇迹。

图 1-25　中国美术馆

图 1-26　北京火车站

进入 20 世纪 80 年代，中国开始了全面的改革开放，随着中外文化和思想的交流，建筑作品的创作出现了空前的繁荣。引进国外设计，广泛介绍国外建筑理论等，进一步活跃了建筑学术思想和建筑创作活动，其最显著的标志就是建筑多元化的崛起。这是中国建筑思想开始摆脱狭隘、封闭的单一模式，逐步趋向开放、兼收并蓄，中国现代建筑开始迈上多元风格的发展道路。在民族风格上，也从更广泛的角度去认识传统，从空间构成、序列组织、群体布局、室内设计、庭院意匠等形式上，多侧面、多层次、多方位地探索寻求，创造了一些具有浓郁的民族特色、本土特色的建筑形象(图 1-27～图 1-32)。

图 1-27　毛主席纪念堂

图 1-28　上海博物馆

图 1-29　鸟巢

图 1-30　水立方

图 1-31　深圳地王大厦

图 1-32　上海中心建筑群

1.2　国外建筑的起源和发展

　　国外建筑在建筑空间处理、艺术与结构、建筑设计的方法、施工技术等方面有其独特的艺术魅力。追溯其发展过程,从它的造型特点、所处时代来了解和学习这些建筑的设计风格与手法。

1.2.1 原始社会

与中国的原始社会一样,建筑物最初是人类为了遮蔽风雨和防备野兽侵袭的需要而产生的。当初人们利用树枝、石块这样一些容易获得的天然材料,粗略加工,盖起了树枝棚、石屋等原始建筑物,另外,由于原始人对自然界、太阳的崇拜,这个时期还出现了不少宗教和纪念性的建筑(构筑)物,最著名的是英格兰西南部索尔兹伯里巨石阵(图1-33)。

图1-33 索尔兹伯里巨石阵

1.2.2 奴隶社会

(1)古埃及建筑。

1)方尖碑。方尖碑(图1-34)是古埃及崇拜太阳的纪念碑,常成对的竖立在神庙的入口处。其断面呈正方形,上小下大,顶部为金字塔形,常镀合金。高度不等,已知最高者达50余m,一般细长比为9∶1~10∶1,用整块的花岗石制成,碑身刻有象形文字的阴刻图案。

2)金字塔。金字塔(图1-35)是古埃及法老的陵墓,造型多为正四方锥体,像汉字的"金",所以称作"金字塔"。最著名的胡夫金字塔,是吉萨金字塔群中最大的,形体呈立方锥形,四面正向方位。塔原高为146.4 m,现为137 m,底边各长230.6 m,占地5.3 hm^2,用230余万块平均需约2.5 t的石块干砌而成。这座灰白色的人工大山,以蔚蓝天空为背景,屹立在一望无际的黄色沙漠上,是千百万奴隶在极其原始的条件下的劳动与智慧的结晶。

图1-34 方尖碑

图1-35 吉萨金字塔群

3)太阳神庙。古埃及新生王国时期,太阳神庙(图1-36)代替陵墓成为皇帝崇拜的纪念性建筑物,占了最重要的地位。庙宇有两个艺术重点:一个是大门,群众性的宗教仪式在它前面举行,力求富丽堂皇,与宗教仪式的戏剧性相适应;另一个是大殿内部,皇帝在这里接受少数人的朝拜,力求幽暗而威严,与仪典的神秘性相适应。

(2)古西亚建筑。古西亚建筑是指公元前3500年—公元前500年时期,由幼发拉底河和底格里斯河所孕育的美索不达米亚平原的建筑,如位于乌尔的观象台(图1-37),著名的萨尔贡王宫、波斯波利斯王宫、空中花园等。古西亚的建筑成就还在于创造了以土为基础原料的结构体系和装饰方法。古西亚建筑发展了券、拱和穹窿构造。随后又创造了装饰墙面的面砖和彩色琉璃砖,这些使建筑的材料、构造和造型艺术有机结合的成就,对后面的拜占庭和伊斯兰教建筑产生很大的影响。

图 1-36 太阳神庙图

图 1-37 乌尔观象台

(3)古希腊建筑。古希腊是西方文明的发源地,尤其是在建筑方面,可以说是欧洲建筑的起点。因此,在西方古典建筑发展历史中,古希腊时期是最重要的建筑发展时期之一。

古希腊最有代表性的建筑有克里特岛克诺索斯国王王宫、迈西尼卫城狮子门、德尔斐的阿波罗圣地、雅典卫城(图 1-38)、帕提农神庙(图 1-39)、伊瑞克提翁神庙、奖杯亭、阿索斯中心广场。

图 1-38 雅典卫城

图 1-39 帕提农神庙

公元前 5 世纪中叶,在希波战争中,希腊人以高昂的英雄主义精神战败了波斯的侵略,作为全希腊的盟主,雅典进行了大规模的建设。建设的重点在卫城,在这种情况下,雅典卫城达到了古希腊圣地建筑群、庙宇、柱式和雕刻的最高水平。

(4)古罗马建筑。古罗马的建筑艺术是古希腊建筑艺术的继承和发展。古罗马的建筑不仅借助更为先进的技术手段,发展了古希腊艺术的辉煌成就,而且也将古希腊建筑艺术风格的和谐、完美、崇高的特点,在新的社会、文化背景下,从"神殿"转入世俗,赋予这种风格以崭新的美学趣味和相应的形式特点。建筑的基本原则应当是讲求规例、配置、匀称、均衡、合宜以及经济。在建筑理论方面,军事工程师维特鲁威著写的《建筑十书》,是一本全面反映古罗马时期建筑成就的著作,奠定了欧洲建筑科学的基本体系。

古罗马重要建筑物的名称:君士坦丁凯旋门、恺撒广场、奥古斯都广场、图拉真广场、罗马大角斗场、罗马万神庙、卡拉卡拉浴场、戴克利提乌姆公共浴场、庞贝城潘萨府邸、庞贝城银婚府邸、巴拉丁山宫殿、阿德良离宫、戴克利提乌姆离宫等。

1)君士坦丁凯旋门。君士坦丁凯旋门(图1-40)建于公元312年,为庆祝君士坦丁大帝于公元312年彻底战胜他的强敌马克森提,并统一帝国而建。这是一座三个拱门的凯旋门,高为21 m,面阔为25.7 m,进深为7.4 m。由于它调整了高与阔的比例,横跨在道路中央,显得形体巨大。凯旋门的里里外外充满了各种浮雕,气派非凡,很大部分构件是从过去的一些纪念性建筑,如图拉真广场建筑上的横饰带、哈德良广场上一系列盾形浮雕以及马克·奥尔略皇帝纪念碑上的八块镶板,拆除过来的。它是一座宏伟壮观的凯旋门,尤其是它上面所保存的罗马帝国各个重要时期的雕刻,是一部生动的罗马雕刻史诗。

2)罗马大角斗场。罗马大角斗场(图1-41)又称为罗马斗兽场,由弗拉维安王朝的三个皇帝建造。这个用石头建起的罗马斗兽场长为188 m,宽为156 m,高为57 m。从外部看,罗马斗兽场是由一系列3层的环形拱廊组成,最高的第4层为顶阁。这3层拱廊中的石柱根据经典的标准分别设计(由地面开始,多利安式样、爱奥尼亚式样和科林斯式样)。罗马斗兽场能容纳的观众大约为5万人,共有3层座位(下层、中层及上层),顶层还有一个只能站着的看台,这是给地位最低下的社会成员(女人、奴隶和穷人)准备的。但即使在其他层,座位也是按照社会地位和职业状况安排的:皇室成员和守望圣火的贞女们拥有特殊包厢,身着白色红边长袍的元老们坐在同一层的"唱诗席"中,然后依此是武士和平民。不同职业的人也有特殊的席位,如士兵、作家、学者和教师,以及国外的高僧等。观众们从第一层的80个拱门入口处进入罗马斗兽场,另有160个出口遍布于每一层的各级座位,被称为吐口,观众可以通过它们涌进和涌出,混乱和失控的人群因此能够被快速的疏散,据说这里只需十分钟就可以被清空。

图1-40 君士坦丁凯旋门

图1-41 古罗马角斗场

3)罗马万神庙。罗马万神庙(图1-42)采用了穹顶覆盖的单一空间集中式构图,它也是罗马穹顶技术的最高代表。万神庙平面为圆形,穹顶直径达43.3 m,顶端高度也是43.3 m。按照当时的观念,穹顶象征天宇。穹顶中央开了一个直径为8.9 m的圆洞,寓意着神的世界和人的世界的某种联系。从圆洞进来柔和漫射光，照亮空阔的内部，有一种宗教的宁谧气息。这是现代结构出现以前世界上跨度最大的空间结构建筑。

图 1-42　罗马万神庙

4)卡拉卡拉浴场。卡拉卡拉浴场(图 1-43)是由卡拉卡拉皇帝于公元 200 年左右下令建造的，是世上最大的浴场之一，卡拉卡拉浴场长为 375 m，宽为 363 m，两侧的后半向外凸出一个半圆形，里面有厅堂，大约是演讲厅，旁边有休息厅，可容纳 1 600 人。在巨大的圆屋顶下，设有游泳池、桑拿池和冷水池，周围布满珍奇的植物、精致的雕刻和巧夺天工的镶嵌图案。温水浴厅是所有浴室中最大的，长为 55.8 m，宽为 24.1 m，拱顶高度为 38.1 m。大温水浴厅用 3 个十字拱覆盖，十字拱的重量集中在 8 个墩子上，墩子外侧有一道短墙抵御侧推力，短墙之间再跨上筒形拱，增强了整体刚性，又扩大了大厅。这个大温水浴厅的规模和结构平衡体系的完善，在古罗马建筑中也是非常杰出的。

图 1-43　卡拉卡拉浴场

1.2.3　封建社会

(1)拜占庭建筑。拜占庭原为希腊的殖民城市，公元 330 年，罗马皇帝君士坦丁一世迁都于此，改名为君士坦丁堡。拜占庭建筑的特点，主要有四个方面：一是屋顶造型，普遍使用"穹窿顶"；二是整体造型中心突出。在一般的拜占庭建筑中，建筑构图的中心，往往十分突出，那体量既高又大的圆穹顶，往往成为整座建筑的构图中心，围绕这一中心部件，周围又常常有序地设置一些与之协调的小部件；三是创造了把穹顶支承在独立方柱上的结构方法和与之相应的集中式建筑形制。其典型作法是在方形平面的四边发券，在四个券之间砌筑以对角线为直径的穹顶，仿佛一个完整的穹顶在四边被发券切割而成，它的重量完全由四个券承担，从而使内部空间获得了极大的自由。水平切口和四个发券之间所余下的四个角上的球面三角形部分，称为帆拱。它是拜占庭建筑的主要成就之一；四是在色彩的使用上，既注意变化，又注意统一，使建筑内部空间与外部立面显得灿烂夺目。

圣索菲亚大教堂(图 1-44)长为 94 m，宽为 72 m，主穹窿直径为 31 m。主穹窿的南北方向由复杂的拱门、穹隅等结构支撑；东西两侧是两个与它等直径的半穹窿，它们相互邻接，跨越中殿上部。整个建筑体系有着宏伟的纪念碑效果。

(2)"罗马风"建筑。公元 9 世纪左右，欧洲正式进入封建社会。这时的建筑除基督教堂外，还有封建城堡与教会修道院等。其规模远不及古罗马建筑，设计施工也较粗糙，但建筑材料大多来自古罗马废墟，建筑艺术上继承了古罗马的半圆形拱券结构，形式上又略有古罗马的风格，故称为罗马风建筑。它所创造的扶壁，肋骨拱与束柱在结构与形式上都对后来的建筑影响很大。

比萨大教堂(图 1-45)始建于 1063 年。教堂平面呈长方的拉丁十字形，长为 95 m，纵向四排 68 根科林斯式圆柱。纵深的中堂与宽阔的耳堂相交处为一椭圆形拱顶所覆盖，中堂用轻巧的列柱支撑着木架结构的屋顶。大教堂正立面高约为 32 m，底层入口处有三扇大铜门，上有描写圣母和耶稣生平事迹的各种雕像。大门上方是几层连列券柱廊，以带细长圆柱的精美拱圈为标准，逐层堆叠为长方形、梯形和三角形，布满整个大门正面。教堂外墙是用红白相间的大理石砌成，色彩鲜明，具有独特的视觉效果。

图 1-44　圣索菲亚大教堂

图 1-45　比萨大教堂

(3)"哥特式"建筑。12～15 世纪，哥特式建筑就是欧洲封建城市经济占主导地位时期的建筑。这时期的建筑仍以教堂为主，建筑风格完全脱离了古罗马的影响，而是以尖券(来自东方)、尖形肋骨拱顶、坡度很大的两坡屋面和教堂中的钟楼、扶壁、束柱、花空棂等为其特点，以法国为中心。

巴黎圣母院(图 1-46)位于巴黎塞纳河城岛的东端，始建于 1163 年，是巴黎大主教莫里斯·德·苏利决定兴建的，整座教堂在 1345 年才全部建成，历时 180 多年。它的正面有一对钟塔，主入口的上部设有巨大的玫瑰窗。在中庭的上方有一个高达百米的尖塔。所有的柱子都挺拔修长，与上部尖尖的拱券连成一气。中庭又窄又高又长。从外面仰望教堂，那高峻的形体加上顶部耸立的钟塔和尖塔，使人感到一种向蓝天升腾的雄姿。该教堂以其哥特式的建筑风格，祭坛、回廊、门窗等处的雕刻和绘画艺术，以及堂内所藏的 13～17 世纪的大量艺术珍品而闻名于世。

(4)文艺复兴建筑。文艺复兴建筑是欧洲建筑史上继哥特式建筑之后出现的一种建筑风格。是 15～19 世纪流行于欧洲的建筑风格，有时也包括巴洛克建筑和古典主义建筑，起源于意大利佛罗伦萨。在理论上以文艺复兴思潮为基础；在造型上排斥象征神权至上的哥特建筑风格，提倡复兴古罗马时期的建筑形式，特别是古典柱式比例，半圆形拱券，以穹窿为中心的建筑形体等。

图 1-46　巴黎圣母院

1）圣彼得大教堂。圣彼得大教堂（图 1-47）是现在世界上最大的教堂，总面积为 2.3 万 m^2，主体建筑高为 45.4 m，长约为 211 m，最多可容纳近 6 万人同时祈祷。教堂最早是建于公元 324 年。16 世纪，教皇朱利奥二世决定重建圣彼得大教堂，并于 1506 年破土动工。在长达 120 年的重建过程中，意大利最优秀的建筑师布拉曼特、米开朗基罗、德拉·波尔塔和卡洛·马泰尔相继主持过设计和施工，直到 1626 年 11 月 18 日才正式宣告落成。圣彼得大教堂不仅是一座富丽堂皇的建筑圣殿，它所拥有多达百件的艺术珍品，更被视为无价之宝。

图 1-47　圣彼得大教堂

2）卢浮宫。卢浮宫（图 1-48）又译罗浮宫，是世界上最古老、最大、最著名的博物馆之一。位于法国巴黎市中心的塞纳河北岸（右岸），始建于 1204 年，历经 700 多年扩建、重修达到今天的规模。卢浮宫占地面积（含草坪）约为 45 hm^2，建筑物占地面积为 4.8 hm^2，全长为 680 m。它的整体建筑呈"U"形，分为新、老两部分，老的建于路易十四时期，新的建于拿破仑时代。宫前的金字塔形玻璃入口，由华人建筑大师贝聿铭设计。同时，卢浮宫也是法国历史上最悠久的王宫。

图 1-48 卢浮宫

1.2.4 18—19 世纪西欧及美国建筑

1. 美国国会大厦

美国国会大厦(图 1-49)始建于 1793 年,南北长为 214 m,东西宽为 107 m,高为 88 m,占地为 1.6 hm^2,有 540 个房间和 658 扇窗户。整个建筑呈乳白色,除极小一部分用砂岩砌建外,其余用的全是精美的大理石。

2. 雄狮凯旋门

1805 年 12 月 2 日,法国皇帝拿破仑一世在奥斯特利茨战役中大败奥俄联军,为庆祝胜利,他决定在戴高乐广场(当时称星形广场,1970 年为纪念去世的法国总统戴高乐改称现名)修建凯旋门,以纪念自己凯旋。雄狮凯旋门(图 1-50)由法国著名建筑师查尔格林设计,于 1806 年动工,1830 年 7 月 29 日竣工。

图 1-49 美国国会大厦

图 1-50 雄狮凯旋门

3. 英国国会大厦

英国国会大厦(图 1-51)建在泰晤士河畔一个近于梯形的地段上,面向泰晤士河。各个部分之间分段相连,形成许多内院,大厦内的主要厅堂都在建筑物的中间。整个建筑物中西南角的维多利亚塔最高,高达 103 m,另外,97 m 高的钟楼也很引人注目,上有著名的"大笨钟"。

4. 巴黎歌剧院

巴黎歌剧院(图 1-52)建于 1861—1874 年。立面构图骨架是鲁佛尔宫东廊的样式,但加上了巴洛克装饰。整个建筑长为 173 m，宽为 125 m，建筑总面积为 11 237 m²。剧院有着全世界最大的舞台，可同时容纳 450 名演员。剧院里有 2 200 个座位，演出大厅的悬挂式分枝吊灯重约为 8 t。其富丽堂皇的休息大厅里面装潢豪华，四壁和廊柱布满巴洛克式的雕塑、挂灯、绘画。它的艺术氛围十分浓郁，是观众休息、社交的理想场所。

5. 水晶宫

水晶宫(图 1-53)是英国工业革命时期的代表性建筑。建筑面积约为 7.4 万 m²，宽为 408 英尺(约 124.4 m)，长为 1 851 英尺(约 564 m)，共 5 跨，高三层，由英国园艺师 J·帕克斯顿按照当时建造的植物园温室和铁路站棚的方式设计，大部分为铁结构，外墙和屋面均为玻璃，整个建筑通体透明，宽敞明亮，故被誉为"水晶宫"。它的意义是低成本、高效率，开创了建筑形式的新纪元。

图 1-51　英国国会大厦

图 1-52　巴黎歌剧院

图 1-53　水晶宫

6. 埃菲尔铁塔

埃菲尔铁塔(图 1-54)由法国工程师古斯塔夫·埃菲尔设计建造，高为 328 m，采用高架铁结构，突破了古代建筑高度，使用了新的设备水力升降机。新结构和新设备体现了资本主义初期工业生产的强大威力，是 1889 年世界博览会的标志建筑。

1.2.5 前现代主义时期建筑(19世纪末——第一次世界大战战后初期)

1. 工艺美术运动

工艺美术运动是19世纪中叶后出现在英国的美术流派。它反对新兴的机器制品，在建筑上，它主张用浪漫的"田园风格"来抵制机器大工业对人类艺术的破坏，同时，也力求摆脱古典建筑形式的束缚。其代表作是魏布设计的莫里斯的住宅——红屋(图1-55)：平面根据需要布置成L形，用本地产的红砖建造，不加粉饰体现材料本身的质感。

图1-54 埃菲尔铁塔

图1-55 莫里斯的住宅——红屋

2. 芝加哥学派

19世纪后期，芝加哥出现了一个主要从事高层商业建筑的建筑师和建筑工程师的群体，后来被称作"芝加哥学派"。路易·沙利文是"芝加哥学派"中最著名的建筑师。他提出了"形式随从功能"的设计思想及高层办公建筑的五个原则，作品有芝加哥百货公司大厦(图1-56)。

3. 爱因斯坦天文台

门德尔松在爱因斯坦天文台(图1-57)的设计中抓住相对论是一次科学上的伟大突破，它的理论很深奥，对于一般人来说，它既新奇又神秘这一印象，把它作为建筑表现的主题。他用混凝土和砖塑造了一座混混沌沌的多少有些线型的体形，上面开出一些形状不规则的窗洞，墙面上还有一些莫名其妙的突起。整个建筑造型奇特，难以言状，表现出一种神秘莫测的气氛。

图1-56 芝加哥百货公司大厦

图1-57 爱因斯坦天文台

1.2.6 现代主义建筑（第一次世界大战战后——第二次世界大战结束）

(1)现代主义建筑的主要代表人物。

1)格罗皮乌斯。瓦尔特·格罗皮乌斯(Walter Gropius,1883—1969)是德国现代建筑师和建筑教育家,现代主义建筑学派的倡导人和奠基人之一,公立包豪斯(Bauhaus)学校的创办人。格罗皮乌斯力图探索艺术与技术的新统一,倡导利用机械化大量生产建筑构件和预制装配的建筑方法,还提出一整套关于房屋设计标准化和预制装配的理论和办法。格罗皮乌斯发起组织现代建筑协会,传播现代主义建筑理论,对现代建筑理论的发展起到一定作用,代表作是1965年完成的《新建筑学与包豪斯》,主要建筑作品有包豪斯校舍(图1-58)等。

图 1-58 包豪斯校舍

2)勒·柯布西耶。勒·柯布西耶(Le Corbusier,1887—1965),原名为Charles Edouard Jeannert-Gris,是20世纪最重要的建筑师之一,是现代建筑运动的激进分子和主将。其主要建筑作品有郎香教堂(图1-59)、印度昌迪加尔法院(图1-60)等。

图 1-59 郎香教堂　　　　　　图 1-60 印度昌迪加尔法院

3)路德维希·密斯·凡·德罗。路德维希·密斯·凡·德罗(Ludwig Mies van der Rohe,1886—1969)生于德国亚琛,过世于美国芝加哥,原名为玛丽亚·路德维希·密夏埃尔·密斯(Maria Ludwig Michael Mies),德国建筑师,也是最著名的现代主义建筑大师之一。密斯最著名的现代建筑宣言莫过于"少就是多"(Less is more)。而他本人也在自己新世纪的建筑实践中实践着自己的建筑哲学。后来20世纪风靡世界的"玻璃盒子"源于密斯的理念以及终其一生对于玻璃与钢在建筑中使用的研究。主要建筑作品有巴塞罗那博览会德国馆、伊利诺斯工学院建筑系馆(图1-61)、西格拉姆大楼等。

4)赖特。弗兰克·劳埃德·赖特(Frank Lloyd Wright,1869—1959)是上世纪美国的一位最重要的建筑师,是有机建筑的代表人,在世界上享有盛誉。赖特对现代建筑有很大的影响,但是他的建筑思想和欧洲新建筑运动的代表人物有明显的差别,走的是一条独特的道路。赖特对现代大城市持批判态度,很少设计大城市里的摩天楼。对于建筑工业化不感兴趣,他一生中设计的最多的建筑类型是别墅和小住宅。赖特的主要作品有东京帝国饭店、流水别墅(图1-62)、约翰逊蜡烛公司总部、西塔里埃森、古根海姆美术馆(图1-63)、普赖斯大厦、唯一教堂、佛罗里达南方学院教堂等。

(2)20世纪建筑流派的主要代表作。

1)纽约世界贸易中心。纽约世界贸易中心(World Trade Center,1973年—2001年9月11日)(图1-64),简称世贸中心,原为美国纽约的地标之一,原址位于美国的纽约州纽约市曼哈顿岛西南端,西临哈德逊河,由美籍日裔建筑师雅玛萨基(Minoru Yamasaki,山崎实)设计,建于1962—1976年。占地6.5公顷,由两座110层(另有6层地下室)、高为411.5 m的塔式摩天楼和4幢办公楼及一座旅馆组成。摩天楼平面为正方形,边长为63 m,每幢摩天楼面积为46.6万m^2。纽约世界贸易中心在2001年9月11日的"9·11"恐怖袭击事件中坍塌。

图1-61 伊利诺斯工学院建筑系馆

图1-62 流水别墅

图1-63 古根海姆美术馆

图1-64 纽约世界贸易中心

2)悉尼歌剧院。悉尼歌剧院(图1-65)整个建筑占地为1.84 hm^2,长为183 m,宽为118 m,高为67 m。悉尼歌剧院是从20世纪50年代开始构思兴建,1955年起公开搜集世界各地的设计作品,至1956年共有32个国家233个作品参选,后来丹麦建筑师约恩·乌松的设计中选,共耗时16年、斥资1 200万澳币完成建造,最后在1973年10月20日正式开幕。

图 1-65　悉尼歌剧院

3）巴西议会大厦。巴西议会大厦（图1-66）矗立在巴西首都巴西利亚市的核心三权广场上，建于1958—1960年，设计人是巴西建筑师O·尼迈耶（Oscar Niemeyer）。整幢大厦水平、垂直的体形对比强烈，而用一仰一覆两个半球体调和、对比，丰富建筑轮廓，构图新颖醒目。在巴西灿烂的阳光下，它就像是一曲恢宏的乐章，自由自在地歌唱着，使人震撼，令人陶醉。巴西利亚城总体规划由纵、横两条轴线所组成，主要行政、公共建筑均沿纵轴布置，轴线下端为"三权广场"、国民议会及办公楼、总统办公楼、最高法院等象征国家权力的建筑。由于配合默契巧妙，建筑单体、群体乃至整个城市浑然融合为一体。1987年，联合国教科文组织将巴西利亚这座建都不到30年的城市列为世界文化遗产，这是世界对巴西现代建筑设计的最高评价，作为巴西利亚最重要的公共建筑，巴西议会大厦也随之名扬天下。

图 1-66　巴西议会大厦

4）代代木国立室内综合体育馆。日本建筑大师丹下健三设计的代代木国立室内综合体育馆（图1-67）是20世纪60年代技术进步的象征，它脱离了传统的结构和造型，被誉为划时代的作品。代代木国立室内综合体育馆的整体构成、内部空间以及结构形式，展示出丹下健三杰出的创造力、想象力和对日本文化的独到理解，它是由奥林匹克运动会游泳比赛馆、室内球技馆及其他设施组成的大型综合体育设施。采用高张力缆索为主体的悬索屋顶结构，创造出带有紧张感、灵动感的大型内部空间。

5）吉隆坡石油双塔。吉隆坡石油双塔（图1-68）由世界著名的建筑大师西泽配利设计。又称双子大厦，位于吉隆坡市中心美芝律，高88层。巍峨壮观，气势雄壮，是马来西亚的骄傲，以

451.9 m 的高度打破了美国芝加哥希尔斯大楼保持了 22 年的最高纪录。这个工程于 1993 年 12 月 27 日动工，1996 年 2 月 13 日正式封顶，1997 年建成使用。在第 40~41 层之间有一座天桥，方便楼与楼之间的来往。从吉隆坡市内各处都很容易见到这座大厦。大厦非常壮观，就像两座高高的尖塔刺破长空。

图 1-67 代代木国立室内综合体育馆

图 1-68 吉隆坡石油双塔

6) 迪拜塔。迪拜塔（图 1-69、图 1-70）又称哈利法塔、迪拜大厦或比斯迪拜塔，位于阿拉伯联合酋长国迪拜。项目由美国芝加哥公司的美国建筑师阿德里安·史密斯（Adrian Smith）设计。于 2004 年 9 月 21 日动工，2010 年 1 月 4 日竣工，162 层，总高 828 m，是目前世界第一高楼与人工构造物，造价达 15 亿美元。

图 1-69 迪拜塔（施工中）

图 1-70 迪拜塔（竣工后）

1.3 民用建筑的分类与分级

1.3.1 民用建筑的分类

(1)按建筑的使用性质分类。建筑物按照它们的使用性质,通常可以分为生产性建筑,即工业建筑、农业建筑;非生产性建筑,即民用建筑。

民用建筑根据建筑物的使用功能,又可以分为居住建筑和公共建筑两大类。

1)居住建筑。居住建筑是供人们生活起居用的建筑物,它们有住宅、公寓、宿舍等。

在居住建筑中,住宅建设是改善和提高广大人民生活水平的一个重要方面,住宅建筑需要的量大、面广,国家对住宅建设的投资,在基本建设的总投资中占有很大比例,建造住宅所需的材料,建筑设计和施工的工作量,也都很大。为了加速实现我国现代化建设和尽快提高人民生活水平的需要,住宅建设应考虑设计标准化、构件工厂化、施工机械化等方面的要求。由于我国幅员广大,地区条件也有很大差别,在推行住宅建筑工业化的同时,也要因地制宜、就地取材,充分利用当地现有各种有利条件,建造功能合理、环境宜人的居住建筑。

2)公共建筑。公共建筑是供人们进行各项社会活动的建筑物,公共建筑按使用功能的特点,可以分为以下一些建筑类型:

①生活服务性建筑:食堂、菜场、浴室、服务站等;
②文教建筑:学校、图书馆等;
③托幼建筑:托儿所、幼儿园等;
④科研建筑:研究所、科学实验楼等;
⑤医疗建筑:医院、门诊所、疗养院等;
⑥商业建筑:商店、商场等;
⑦行政办公建筑:各种办公楼等;
⑧交通建筑:车站、水上客运站、航空港、地铁站等;
⑨通信广播建筑:邮电所、广播台、电视塔等;
⑩体育建筑:体育馆、体育场、游泳池等;
⑪观演建筑:电影院、剧院、杂技场等;
⑫展览建筑:展览馆、博物馆等;
⑬旅馆建筑:各类旅馆、宾馆等;
⑭园林建筑:公园、动物园、植物园等;
⑮纪念性建筑:纪念堂、纪念碑等。

(2)按建筑规模与数量分类。

1)大量性建筑:如住宅、中小学校。

2)大型性建筑:如体育馆、影剧院、车站、码头、空港等。

(3)按层数、建筑的类型分类。根据《民用建筑设计统一标准》(GB 50352—2019)中第3.1.2条规定:

1)建筑高度不大于27.0 m的住宅建筑、建筑高度不大于24.0 m的公共建筑及建筑高度大于24.0 m的单层公共建筑为低层或多层民用建筑。

2)建筑高度大于27.0 m的住宅建筑和建筑高度大于24.0 m的非单层公共建筑且高度不大于100.0 m的,为高层民用建筑。

3)建筑高度大于100 m的为超高层建筑。

(4)按结构形式分类。另外,建筑还可按其结构形式的不同而分为木结构、砖木结构、砖混结构、钢筋混凝土结构及钢结构等类型。

1.3.2 建筑的等级划分

民用建筑的等级，一般常用耐久等级和耐火等级来确定。

根据《民用建筑设计统一标准》(GB 50352—2019)中第3.2.1条规定：建筑的耐久等级按表1-1来划分。

若按耐火性分级，根据《建筑设计防火规范(2018年版)》(GB 50016—2014)中第5.1.2条规定：普通民用建筑可分为四级，其相应建筑各主要承重构件的耐火极限和燃烧性能见表1-2。高层民用建筑相应构件的耐火极限与燃烧性能可分为两级。

表1-1 按使用性质和耐久性规定的建筑物等级

类别	设计使用年限/年	示例
1	5	临时性建筑
2	25	易于替换结构构件的建筑
3	50	普通建筑和构筑物
4	100	纪念性建筑和特别重要的建筑

表1-2 建筑物构件的燃烧性能和耐火极限   h

构件名称		耐火等级			
		一级	二级	三级	四级
墙	防火墙	不燃性 3.00	不燃性 3.00	不燃性 3.00	不燃性 3.00
	承重墙	不燃性 3.00	不燃性 2.50	不燃性 2.00	难燃性 0.50
	非承重外墙	不燃性 1.00	不燃性 1.00	不燃性 0.50	可燃性
	楼梯间和前室的墙 电梯井的墙 住宅建筑单元之间 的墙和分户墙	不燃性 2.00	不燃性 2.00	不燃性 1.50	难燃性 0.50
	疏散走道两侧的隔墙	不燃性 1.00	不燃性 1.00	不燃性 0.50	难燃性 0.25
	房间隔墙	不燃性 0.75	不燃性 0.50	难燃性 0.50	难燃性 0.25
柱		不燃性 3.00	不燃性 2.50	不燃性 2.00	难燃性 0.50
梁		不燃性 2.00	不燃性 1.50	不燃性 1.00	难燃性 0.50
楼 板		不燃性 1.50	不燃性 1.00	不燃性 0.50	可燃性
屋顶承重构件		不燃性 1.50	不燃性 1.00	难燃性 0.50	可燃性
疏散楼梯		不燃性 1.50	不燃性 1.00	不燃性 0.50	可燃性
吊顶(包括吊顶搁栅)		不燃性 0.25	难燃性 0.25	难燃性 0.15	可燃性

注：1. 除规范另有规定外以木柱承重且墙体采用不燃材料的建筑，其耐火等级应按四级确定。
　　2. 住宅建筑构件的耐火极限和燃烧性能可按现行国家标准《住宅建筑规范》(GB 50368—2005)的规定执行。

在以上将建筑按耐火性分级时，涉及两个重要的概念，即"耐火极限"和"耐火性能"。按有关权威文献的解释，耐火极限是指"建筑构件按时间-温度标准曲线进行耐火试验，从受到火的作用时起，到失去支持能力或完整性被破坏或失去隔火作用时日止的这段时间，用小时表示。"定义中提到的时间-温度标准曲线如图1-71所示。

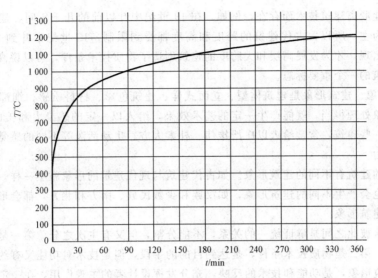

图 1-71　时间—温度标准曲线图

构件的燃烧性能是指组成构件的材料受到火的作用以后参与燃烧的能力。其可分为以下三类：

(1)不燃性：用不燃烧性材料做成构件统称为不燃性构件。不燃烧性材料是指在空气中受到火烧或高温作用时不起火，不微燃，不碳化的材料。如钢材、混凝土、砖、石、砌块、石膏板等。

(2)难燃性：凡用难燃烧材料做成的构件或用燃烧材料做成而用非燃烧材料做保护层的构件统称为难燃性构件。难燃性构件是指在空气中受到火烧或高温作用时难起火，难微燃，难碳化，当火源移走后燃烧或微燃立即停止的材料。如沥青混凝土、经阻燃处理后的木材、塑料、水泥、刨花板、板条抹灰墙等。

(3)可燃性：凡用可燃烧材料做成的构件统称为可燃性构件。燃烧材料是指在空气中受到火烧或高温作用时立即起火或微燃，且火源移走后仍继续燃烧或微燃的材料。如木材、竹子、刨花板、宝丽板、塑料等做。

建筑物的耐久性与耐火性是有联系的。通常，耐久性能要求越高，相应的耐火性能也就要求得越高。

1.4　建筑的基本构成要素和建筑方针

1.4.1　建筑的基本构成要素

建筑必须具备良好的使用功能才具有存在的价值；必须得到物质技术条件的支持才得以成立；必须具有美好的外在形象才能被人们所喜闻乐见。因此，建筑的功能、物质技术条件及形象，构成了建筑的三个基本要素。

(1)建筑功能。建筑是供人民生活、学习、工作、娱乐的场所，不同的建筑有其不同的使用要求。例如，影剧院要求有良好的视听环境，火车站要求热流线路通畅，工业建筑则要求符合产品的生产工艺流程等。

建筑不但是要满足各自的使用功能要求，而且还要为人们创造一个舒适的卫生环境，满足人们的生理要求的功能。因此，建筑应具有良好的朝向，以及保暖、隔热、隔声、采光、通风的性能。以上两点，是建造和装饰房屋要达到的基本目的。

(2)建筑技术条件。建筑技术是建造房屋的手段，包括建筑材料与制品技术、结构技术、施工技术和设备技术(指水、暖、电、卫、通信、消防、输送等设备)。

建筑不可能脱离建筑技术而存在，例如，在19世纪中叶以前的几千年间，建筑材料一直以砖、瓦、木石为主。所以，古代建筑的跨度和高度都受到限制。19世纪中叶到20世纪初，钢铁、水泥相继出现，才为发展高层和大跨度的建筑创造了物质技术条件，可以说高度发展的建筑技术是现代建筑的一个重要标志。

(3)建筑形象。建筑形象是建筑体型、立面式样、建筑色彩、材料质感、细部装修等的综合反映。建筑形象处理得当，就能产生一定的艺术效果，给人以一定的感染力和美的享受。例如，我们所看到的一些建筑，常常给人以庄严雄伟、朴素大方、生动活泼等不同的感觉，这就是建筑艺术形象的魅力。

不同时代的建筑有不同的建筑形象。如古代建筑与现代建筑的形象就不一样。不同民族、不同地域的建筑也会产生不同的建筑形象，如汉族和少数民族、南方和北方，都会形成本民族、本地区的各自的建筑形象。

建筑三要素彼此之间是辩证统一的关系，不能分割，但又有主次之分。第一是功能，是起主导作用的因素；第二是物质技术条件，是达到目的的手段，但是技术对功能又有约束和促进的作用；第三是建筑形象，是功能和技术的反映，充分发挥设计者的主观作用，在一定功能和技术条件下，可以把建筑设计和装饰得更加美观和实用。

1.4.2　建筑方针

早在1953年我国发展国民经济第一个五年计划开始时，当时的国务院总理周恩来就代表中共中央发布了"适用、经济、在可能条件下注意美观"的建筑方针。虽然时间已经过去六十多年了，我国国民经济的发展水平、建筑艺术、结构技术以及建材、设备、施工等一系列学科与工种都随着时代的进步与科技的发达而有了突飞猛进的发展，但上述方针因为正确地把握了建筑各构成要素之间本质而内在的辩证关系，因此对今天的建设仍具有经济的指导意义。2016年2月6日《中共中央国务院关于进一步加强城市规划建设管理工作的若干意见》中指出，我国现阶段的建筑方针是"适用、经济、绿色、美观"。同时，这一方针也是衡量建筑优劣的基本标准。

1.5　建筑设计的内容及过程

建筑房屋，从拟定计划到建成使用，通常有编制计划任务书、选择和勘测基地、设计、施工，以及交付使用后的回访总结等几个阶段。设计工作又是其中比较关键的环节，它必须严格执行国家基本建设计划，并且具体贯彻建筑方针和政策。通过设计这个环节，把计划中有关设计任务的文字资料，编制成表达整幢或成组房屋立体形象的全套图纸。

通过本节的叙述，使我们在学习平、立、剖面设计之前，先对建筑设计的内容和过程有一个概括的了解。

1.5.1　建筑设计的内容

房屋的设计，一般包括建筑设计、结构设计和设备设计等几部分，它们之间既有分工，又相互密切配合。由于建筑设计是建筑功能、工程技术和建筑艺术的综合，因此它必须综合考虑建筑、结构、设备等工种的要求，以及这些工种的相互联系和制约。设计人员必须贯彻执行建筑方针和政策，正确掌握建筑标准，重视调查研究的工作方法。建筑设计还和城市建设、建筑施工、材料供应，以及环境保护等部门的关系极为密切。

设计人员根据有关文件，通过调查研究，收集必要的原始数据和勘测设计资料，综合考虑总体规划、基地环境、功能要求、结构施工、材料设备、建筑经济以及建筑艺术等多方面的问题，进行设计并绘制成建筑图纸，编写主要设计意图的说明书，其他工种也相应设计并绘制各类图纸，编制各工种的计算书、说明书以及概算和预算书。上述整套设计图纸和文件便成为房屋施工的依据。

1.5.2 建筑设计的过程和设计阶段

在具体着手建筑平、立、剖面的设计前,需要有一个准备过程,以做好熟悉任务书、调查研究等一系列必要的准备工作。

建筑设计一般可分为初步设计和施工图设计两个阶段。对于大型的、比较复杂的工程,也可以采用三个设计阶段,即在两个设计阶段之间,还有一个技术设计阶段,用来深入解决各工种之间的协调等技术问题。

由于建造房屋是一个较为复杂的物质生产过程,影响房屋设计和建造的因素又很多,因此必须在施工前有一个完整的设计方案,综合考虑多种因素,编制出一整套设计施工图纸和文件。实践证明,遵循必要的设计程序,充分做好设计前的准备工作,划分必要的设计阶段,对提高建筑物的质量,多快好省地设计和建造房屋是极为重要的。

整个设计过程也就是学习和贯彻方针政策,不断进行调查研究,合理地解决建筑物的功能、技术、经济和美观问题的过程。

设计过程和各个设计阶段具体分述如下:

(1)设计前的准备工作。

1)熟悉设计任务书。具体着手设计前,首先需要熟悉设计任务书,以明确建设项目的设计要求。设计任务书的内容有以下几项:

①建设项目总的要求和建造目的的说明;

②建筑物的具体使用要求、建筑面积以及各类用途房间之间的面积分配;

③建设项目的总投资和单方造价,并说明土建费用、房屋设备费用以及道路等室外设施费用情况;

④建设基地范围、大小,周围原有建筑、道路、地段环境的描述,并附有地形测量图;

⑤供电、供水和采暖、空调等设备方面的要求,并附有水源、电源接受许可文件;

⑥设计期限和项目的建设进程要求。

设计人员应对照有关定额指标,校核任务书中单方造价、房间使用面积等内容,在设计过程中必须严格掌握建筑标准、用地范围、面积指标等有关限额。同时,设计人员在深入调查和分析设计任务以后,从合理解决使用功能、满足技术要求、节约投资等考虑,或从建设基地的具体条件出发,也可对任务书中一些内容提出补充或修改,但须征得建设单位的同意;涉及用地、造价、使用面积的,还须经城建部门或主管部门批准。

2)收集必要的设计原始数据。通常建设单位提出的设计任务,主要是从使用要求、建设规模、造价和建设进度方面考虑的,房屋的设计和建造,还需要收集下列有关原始数据和设计资料:

①气象资料:所在地区的温度、湿度、日照、雨雪、风向和风速,以及冻土深度等;

基地地形及地质水文资料:基地地形标高,土壤种类及承载力、地下水水位、地下有无人防工程以及地震设防烈度等;

②水电等设备管线资料:基地地下的给水、排水、电缆等管线布置,以及基地上的架空线等供电线路情况;

③设计项目的有关定额指标:国家或所在省市地区有关设计项目的定额指标,如住宅的每户面积或每人面积定额,学校教室的面积定额,以及建筑用地、用材等指标。

3)设计前的调查研究。设计前调查研究的主要内容有以下几项:

①建筑物的使用要求:深入访问使用单位中有实践经验的人员,认真调查同类已建房屋的实际使用情况,通过分析和总结,对所设计房屋的使用要求,做到"胸中有数"。以食堂设计为例,首先需要了解主副食品加工的作业流线,厨师操作时对建筑布置的要求,明确餐厅的使用要求以及有无兼用功能,掌握使用单位每餐实际用膳人数,主食米、面的比例,以及燃料种类等情

况，以确定家具、炊具和设备布置等要求，为具体着手设计作好准备。

②建筑材料供应和结构施工等技术条件：了解设计房屋所在地区建筑材料供应的品种、规格、价格等情况，预制混凝土制品以及门窗的种类和规格，新型建筑材料的性能、价格以及采用的可能性。结合房屋使用要求和建筑空间组合的特点，了解并分析不同结构方案的选型，当地施工技术和起重、运输等设备条件。

③基地踏勘：根据城建部门所划定的设计房屋基地的图纸，进行现场踏勘，深入了解基地和周围环境的现状及历史沿革，核对已有资料与基地现状是否符合，如有出入给予补充或修正。从基地的地形、方位、面积和形状等条件，以及基地周围原有建筑、道路、绿化等多方面的因素，考虑拟建建筑物的位置和总平面布局的可能性。

④当地传统建筑经验和生活习惯：传统建筑中有许多结合当地地理、气候条件的设计布局和创作经验，根据拟建建筑物的具体情况，可以"取其精华"，以资借鉴。同时在建筑设计中，也要考虑到当地的生活习惯以及人们喜闻乐见的建筑形象。

⑤学习有关方针政策，以及同类型设计的文字、图纸资料。

理解主管部门有关建设任务使用要求、建筑面积、单方造价和总投资的批文，以及国家有关部、委或各省、市、地区规定的有关设计定额和指标。

工程设计任务书：由建设单位根据使用要求，提出各个房间的用途、面积大小以及其他的一些要求，工程设计的具体内容、面积、建筑标准等都需要和主管部门的批文相符合。

城建部门同意设计的批文：内容包括用地范围（常用红线划定，简称"红线图"），以及有关规划、环境等城镇建设对拟建房屋的要求。

同时也需要学习并分析有关设计项目的国内外图纸文字资料等设计经验。

(2) 方案设计阶段。方案设计是整个设计过程中带有方向性和战略性意义的决定性环节。对此环节的关注，不仅体现在建设方身上，城市规划和消防管理部门等也将对建筑的方案进行过问和干预。实际上，没有获得上述部门同意或认可的后期设计工作，绝对是毫无意义的。

方案设计的任务主要是从总体上把握住建筑工程的大关系如总体布置；功能划分；空间形式及空间组合方式；结构选型和外观造型等。必须保证这些大的关系和存在的主要矛盾等问题的解决方案既能被建设方接纳，又不违背国家或地方的有关法规从而获得有关主管部门的首肯。为达此目的，设计实践中往往采用同时提供多种方案的方法，供有关人员比较，选择。

方案设计的图纸和设计文件有以下几项：

1) 建筑总平面图。比例：1:500～1:2 000。
2) 各层平面图及主要剖面、立面图。比例：1:100～1:200。
3) 说明书（设计方案的主要意图，主要结构方案与构造特点，以及主要技术经济指标等）。
4) 根据设计任务的需要，辅以建筑效果图或建筑模型。

经过建设方同意和主管部门行文批准的方案才能作为下一阶段（初步设计）的依据。

(3) 初步设计阶段。初步设计是三阶段建筑设计时的中间阶段。它的主要任务是在方案设计的基础上，进一步确定房屋各工种和工种之间的技术问题。

初步设计的内容为各工种相互提供资料、提出要求，并共同研究和协调编制拟建工程各工种的图纸和说明书，为各工种编制施工图打下基础。在三阶段设计中，经过送审并批准的初步设计图纸和说明书等，是施工图编制、主要材料设备订货以及基建拨款的依据文件。

初步设计的图纸和设计文件，要求建筑工种的图纸标明与技术工种有关的详细尺寸，并编制建筑部分的技术说明书，结构工种应有房屋结构布置方案图，并附初步计算说明，设备工种也应提供相应的设备图纸及说明书。

初步设计的图纸和设计文件有以下几项：

1)建筑总平面图。比例：1∶500。
2)各层平面图及主要剖面、立面图。比例：1∶100～1∶200。
3)初步设计说明书(包括消防专篇、节能专篇、绿化环保专篇)。
4)建筑概算书。

(4)施工图设计阶段。施工图设计是建筑设计的最后阶段。它的主要任务是满足施工要求，即在初步设计或技术设计的基础上，综合建筑、结构、设备各工种，相互交底、核实校对，深入了解材料供应、施工技术、设备等条件，把满足工程施工的各项具体要求反映在图纸中，做到整套图纸齐全统一，明确无误。

施工图设计的内容包括：确定全部工程尺寸和用料，绘制建筑、结构、设备等全部施工图纸，编制工程说明书、结构计算书和预算书。

施工图设计的图纸及设计文件有以下几项：
1)建筑施工图(简称"建施图")，包括以下内容：
①建筑总平面图。比例：1∶500(建筑基地范围较大时，也可用1∶1 000、1∶2 000)。
②各层平面图及主要剖面、立面图。比例：1∶100～1∶200。
③建筑构造节点详图。根据需要可采用1∶1、1∶5、1∶10、1∶20等比例(主要为檐口、墙身和各构件的连接点，楼梯、门窗以及各部分的装饰大样等)。
④设计说明。
2)结构施工图(简称"结施图")包括：基础平面图和基础详图；楼板及屋顶平面图和详图；结构构造节点详图以及设计说明。
3)设备施工图(简称"设施图")包括给水排水、电器照明与暖气或空调等工种的平面布置图、系统图和节点详图以及设计说明。
4)建筑、结构及设备等的说明书。
5)结构及设备的计算书。
6)工程预算书。

1.6 建筑设计的要求和依据

1.6.1 建筑设计的要求

(1)满足建筑功能要求。满足建筑物的功能要求是为人们的生产和生活活动创造良好的环境，是建筑设计的首要任务。如设计学校，首先要考虑满足教学活动的需要，教室设置应分班合理，采光通风良好，同时，还要合理安排教师备课、办公、储藏和厕所等行政管理和辅助用房，并配置良好的体育场和室外活动场地等。

(2)采用合理的技术措施。正确选用建筑材料，根据建筑空间组合的特点，选择合理的结构、施工方案，使房屋坚固耐久、建造方便。如近年来，我国设计建造的一些覆盖面积较大的体育馆，由于屋顶采用钢网架空间结构和整体提升的施工方法，既节省了建筑物的用钢量，也缩短了施工期限。

(3)具有良好的经济效果。建造房屋是一个复杂的物质生产过程，需要大量人力、物力和资金，在房屋的设计和建造中，要因地制宜、就地取材，尽量做到节省劳动力，节约建筑材料和资金。设计和建造房屋要有周密的计划和核算，重视经济领域的客观规律，讲究经济效果。房屋设计的使用要求和技术措施，要和相应的造价、建筑标准统一起来。

(4)考虑建筑美观要求。建筑物是社会的物质和文化财富，它在满足使用要求的同时，还需要考虑人们对建筑物在美观方面的要求，考虑建筑物所赋予人们在精神上的感受。建筑设计要努力创造具有我国时代精神的建筑空间组合与建筑形象。历史上创造的具有时代印记和特色的各种建筑形象，往往是一个国家、一个民族文化传统宝库中的重要组成部分。

（5）符合总体规划以及国家和地方建筑技术法规要求。单体建筑是总体规划中的组成部分，单体建筑应符合总体规划提出的要求。建筑物的设计，还要充分考虑和周围环境的关系，如原有建筑的状况，道路的走向，基地面积大小以及绿化等方面和拟建建筑物的关系。新设计的单体建筑，应使所在基地形成协调的室外空间组合、良好的室外环境。

1.6.2 建筑设计的依据

（1）人体尺度和人体活动所需的空间尺度。建筑物中家具、设备的尺寸、踏步、窗台、栏杆的高度、门洞、走廊、楼梯的宽度和高度，以至各类房间的高度和面积大小，都和人体尺度以及人体活动所需的空间尺度直接或间接有关，因此，人体尺度和人体活动所需的空间尺度，是确定建筑空间的基本依据之一。我国成年男子和女子的平均高度分别为 1 670 mm 和 1 560 mm。人体尺度和人体活动所需的空间尺度如图 1-72 所示。

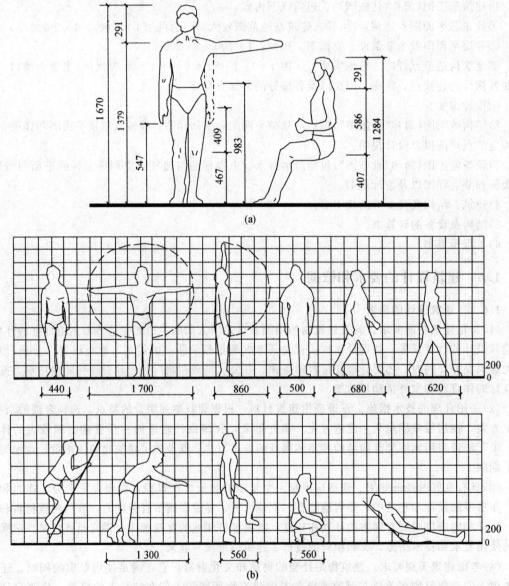

图 1-72 人体尺度和人体活动所需的空间尺度
（a）人体尺度；（b）人体活动所需空间尺度

近年来，在建筑设计中日益重视人体工程学的运用，人体工程学是运用人体计测、生理心理计测和生物力学等研究方法，综合地进行人体结构、功能、心理等问题的研究，用以解决人与物、人与外界环境之间的协调关系并提高效能。建筑设计中人体工程学的运用，将使确定空间范围，始终以人的生理、心理需求为研究中心，使空间范围的确定，具有定量计测的科学依据（图1-73）。

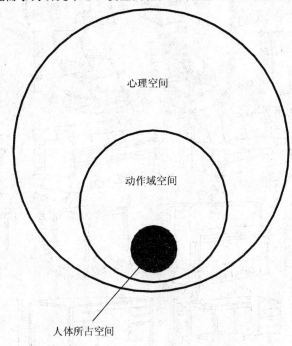

图1-73　单人所需空间范围示意

（2）家具、设备的尺寸和使用它们的必要空间。家具、设备的尺寸，以及人们在使用家具和设备时，在它们近旁必要的活动空间，是考虑房间内部使用面积的重要依据。民用建筑中常用的家具尺寸如图1-74所示。

（3）温度、湿度、日照、雨雪、风向、风速等气候条件。气候条件对建筑物的设计有较大影响。如湿热地区，房屋设计要很好地考虑隔热、通风和遮阳等问题；干冷地区，通常又希望把房屋的体型尽可能设计得紧凑一些，以减少外围护面的散热，有利于室内采暖、保温。

日照和主导风向，通常是确定房屋朝向和间距的主要因素，风速是高层建筑、电视塔等设计中考虑结构布置和建筑体型的重要因素，雨、雪量的多少对屋顶形式和构造也有一定影响。

在设计前，须要收集当地上述有关的气象资料，作为设计的依据（图1-75、表1-3）。

（4）地形、地质条件和地震烈度。基地地形的平缓或起伏，基地的地质构成、土壤特性和地耐力的大小，对建筑物的平面组合、结构布置和建筑体型都有明显的影响。坡度较陡的地形，常使房屋结合地形错层建造，复杂的地质条件，要求房屋的构成和基础的设置采取相应的结构构造措施。

地震烈度表示地面及房屋建筑遭受地震破坏的程度。在烈度6度及6度以下地区，地震对建筑物的损坏影响较小；9度以上的地区，由于地震过于强烈，从经济因素及耗用材料考虑，除特殊情况外，一般应尽可能避免在这些地区建设。房屋抗震设防的重点，是对7、8、9度地震烈度的地区。

地震区的房屋设计，主要应考虑以下几项：

1）选择对抗震有利的场地和地基，例如，应选择地势平坦、较为开阔的场地，避免在陡坡、深沟、峡谷地带以及处于断层上下的地段建造房屋。

图 1-74 民用建筑常用家具尺度

2)房屋设计的体型,应尽可能规整、简洁,避免在建筑平面及体型上的凹凸。如在住宅设计中,地震区应避免采用凸出的楼梯间和凹阳台等。

3)采取必要的加强房屋整体性的构造措施,不做或少做地震时容易倒塌或脱落的建筑附属物,如女儿墙、附加的花饰等须作加固处理。

4)从材料选用和构造做法上尽可能减轻建筑物的自重,特别需要减轻屋顶和围护墙的重量。

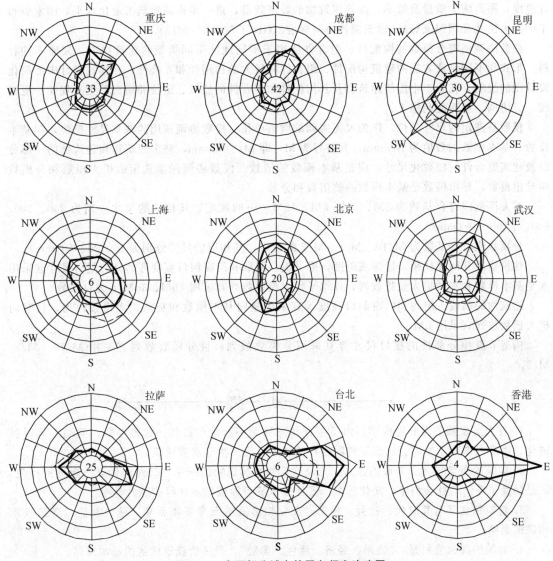

图 1-75 我国部分城市的风向频率玫瑰图

表 1-3 我国部分城市的最冷最热月气温[①]

城市名称	最冷月平均/℃	最热月平均/℃	城市名称	最冷月平均/℃	最热月平均/℃
北京	−4.8	25.8	汉口	3.4	28.6
哈尔滨	−19.7	22.9	长沙	4.2	29.6
乌鲁木齐	−16.1	23.2	重庆	7.4	28.5
天津	−4.7	26.5	福州	10.6	28.7
西安	−1.7	27.3	广州	13.7	28.3
上海	3.8	28.0	南宁	13.5	29.0

注：根据《建筑设计资料集》(第二版)第一册。

(5)建筑模数和模数制。为使建筑物的设计、施工、建材生产以及使用单位和管理机构之间容易协调，用标准化的方法使建筑制品、建筑构配件和组合件实现工厂化规模生产，从而加快设计速度，提高施工质量及效率，改善建筑物的经济效益，进一步提高建筑工业化水平，国家颁布了中华人民共和国国家标准《建筑模数协调标准》(GB/T 50002—2013)。

模数协调使符合模数的构配件、组合件能用于不同地区不同类型的建筑物中，促使不同材料、形式和不同制造方法的建筑构配件、组合件有较大的通用性和互换性。在建筑设计中能简化设计图的绘制，在施工中能使建筑物及其构配件和组合件的放线、定位和组合等更有规律、更趋统一、协调，从而便利施工。

模数是选定的尺寸单位，作为尺度协调的增值单位。模数协调选用的基本尺寸单位，叫基本模数。基本模数的数值为 100 mm，其符号为 M，即 M=100 mm，整个建筑物和建筑物的一部分以及建筑组合件的模数化尺寸，应是基本模数的倍数。模数协调标准选定的扩大模数和分模数叫导出模数，导出模数是基本模数的整倍数和分数。

扩大模数应符合基数为 2M、3M、6M、12M……的规定，其相应的尺寸分别为 200、300、600、1 200……(mm)。

分模数应符合基数为 M/10、M/5、M/2 的规定，其相应的尺寸分别为 10、20、50(mm)。

建筑物的开间或柱距，进深或跨度、梁、板、隔墙和门窗洞口宽度等部分的截面尺寸宜采用水平基本模数和水平扩大模数数列，且水平扩大模数数列宜采用 2nM、3nM(n 为自然数)。

建筑物的高度、层高和门窗洞口高度等宜采用竖向基本模数和竖向扩大模数数列，且竖向扩大模数数列宜采用 nM。

构造节点和分部件的接口尺寸等宜采用分模数数列，且分模数数列宜采用 M/10、M/5、M/2。

小　结

1. 在人类发展的漫长过程中，为了生存和发展而不断地与自然、猛兽斗争，劳动工具得以进化，生产力得到了发展，出现了赖以生存的住所，而产生了房屋建筑。

2. 建筑的概念包含三方面的含义：一是建筑物和构筑物的统称；二是人们进行建造的行为；三是涵盖了经济与社会科学、文化艺术、工程技术等多领域与多学科的综合学科。

3. 建筑包含了与其时代、社会、经济、文化相适宜的三个基本要素：建筑功能、建筑技术和建筑形象。

4. 我国的建筑方针是："适用、经济、绿色、美观"，是评价建筑优劣的基本原则。

5. 外国建筑发展伴随着社会的发展而经历了巨大的发展与变化。由原始社会开始，外国建筑历经古代、中世纪、资本主义萌芽时期，直至 21 世纪今天，建筑的形式、内容都发生了巨大的变化，并从一个侧面反映出时代的发展变化。

6. 外国古代建筑以古埃及建筑、古西亚建筑、古印度建筑、古希腊建筑和古罗马建筑为主要代表；中世纪建筑则以拜占庭建筑、罗马风建筑、哥特建筑和欧洲文艺复兴建筑为主要风格；资本主义近代建筑经历了"古典复兴""浪漫主义"和"折中主义"、建筑的新材料、新技术与新类型和"新建筑运动流派"等阶段。

7. 中国建筑具有悠久的历史和鲜明的特色，在世界建筑史上占有重要的位置，中国古代建筑，与古代埃及建筑、古代西亚建筑、古代印度建筑、古代爱琴海建筑及古代美洲建筑共同构成世界六支原生古老建筑体系。

8. 中国建筑发展的历史可分为：中国古代建筑、中国近代建筑、中国现代建筑三个阶段。中国古代建筑经历了原始社会、奴隶社会和封建社会三个历史阶段，其中封建社会是形成我国古典建筑的主要阶段；自 1840 年鸦片战争起，中国进入了近代的发展时期，从此也开始进入了现代建筑时期。产生了中国近代的新建筑体系，形成中国近代建筑发展"中、新、旧"建筑体系并存的格局;中华人民共和国建立后,中国建筑进入现代时期,中国现代建筑经历了20世纪50年代前期的复古主义阶段、中国社会主义建筑新风格阶段和至今的多元化的建筑风格阶段。

9. 建筑按功能分为民用建筑、工业建筑和农业建筑;按规模分为大量性建筑和大型性建筑;按高度则可分为低层、多层、高层和超高层建筑。

10. 建筑物按设计使用年限来划分可分为四类:设计使用年限为5年为1类;25年为2类;50年的为3类;100年以上的为4类。按耐火性等级划分则依据建筑构件的耐火极限和燃烧性能分为四个等级。

1.1 建筑的概念包含了哪些含义?
1.2 建筑的三个基本要素是什么?
1.3 我国现行的建筑方针是什么?
1.4 外国建筑发展经历了哪些阶段?
1.5 外国中世纪建筑的主要风格有哪些?试列举其代表建筑。
1.6 外国资本主义近代建筑经历哪些阶段?试列举其代表人物。
1.7 中国建筑发展的历史可分为哪几个阶段?
1.8 中国古代建筑具有哪些鲜明的特色?中国古代建筑的结构与构造有什么特点?
1.9 中国封建社会在城市规划方面有哪些突出的成就?
1.10 中国近代建筑经历了怎样的发展历程?
1.11 什么叫作大量性建筑和大型性建筑?
1.12 建筑物按层数和高度是如何进行分类的?
1.13 什么叫作耐火极限?如何划分建筑物的耐久等级和耐火等级?

第 2 章　建筑防火与安全疏散

主要学习火灾的概念、火灾发展的过程和蔓延方式与途径，了解建筑设计中预防和减少建筑火灾危害的必要技术措施和方法。

2.1　建筑火灾的概念

2.1.1　建筑物起火的原因和燃烧条件

(1)起火原因。建筑物起火的原因多种多样、错综复杂，主要有以下几点：

1)电气。电气原因引起的火灾在我国火灾中居于首位。电气设备过负荷、电气线路接头接触不良、电气线路短路等是电气引起火灾的直接原因。其间接原因是电气设备故障或者电器设备设置和使用不当所造成的。例如，使用电热扇距离可燃物较近，超负荷使用电器，购买使用劣质开关、插座、灯具等；忘记关闭电器电源等。

2)吸烟。烟蒂和点燃烟后未熄灭的火柴梗温度可达到 800 ℃，能引起许多可燃物资燃烧，在起火原因中，占有相当的比重。具体情况，如将没有熄灭的烟头扔在可燃物中引起火灾；躺在床上，特别是醉酒后躺在床上吸烟，烟头掉落在被褥上引起火灾；在禁止火种的火灾高危场所，因违章吸烟引起火灾事故等。

3)生活用火不慎。生活用火不慎主要指城乡居民家庭生活用火不慎，如家中烧香过程中无人看管，造成香灰散落引发火灾；炊事用火中炊事器具设置不当，安装不符合要求，在炉灶的使用中违反安全技术要求等引起火灾。

4)生产作业不慎。生产作业不慎主要指违反生产安全制度引起火灾。例如，在易燃易爆的车间内动用明火，引起爆炸起火；将性质相抵触的物品混存在一起，引起燃烧爆炸；在用气焊焊接和切割时，飞溅出的大量火星和熔渣，因未采取有效的防火措施，引燃周围可燃物；在机器设备运转过程中，不按时添加润滑油，或没有清除附在机器轴承上面的杂质、废物，使机器该部位摩擦发热，引起附着物起火等。

5)设备故障。在生产或生活中，一些设施设备疏于维护保养，导致在使用过程中无法正常运行，因摩擦、过载、短路等原因造成局部过热，从而引发火灾。例如，一些电子设备长期处于工作或通电状态，因散热不力，最终导致内部故障而引起火灾。

另外，自然灾害也会造成火灾如雷击、地震等。除此之外，在雷击较多的地区，建筑上如果没有可靠的防雷保护设施，便有可能发生雷击起火；突然的地震和战时空袭，都会因为人们急于疏散而来不及断电，熄灭燃气灶，处理好易燃、易爆生产装置和危险物品，而引起火灾。在建筑设计中，根据地震和战时火灾的特点，应采取防范措施，避免大的损失。

(2)燃烧条件。起火必须具备以下三个条件：

1)存在能燃烧的物质。

2)有助燃的氧气或氧化剂。

3)有能使可燃物质燃烧的着火源。

上述三个条件必须同时出现,并相互影响就能起火。

2.1.2 建筑火灾的特点

(1)时间上的突发性。
(2)空间上的广泛性。
(3)成因上的复杂性。
(4)防治上的局限性。

高层建筑的火灾危险性远大于低层和多层建筑:火势蔓延快,蔓延途径多。疏散困难,容易造成重大伤亡。层数多,扑救难度大。高层建筑功能复杂,火灾隐患多。

为了防止和减少建筑火灾的危害,保护人身和财产的安全,我国制定了《建筑设计防火规范(2018年版)》(GB 50016—2014)。民用建筑的防火设计必须遵循"预防为主,防消结合"的消防工作方针,针对高层建筑发生火灾的特点,立足自防自救,采用可靠的防火措施,做到安全适用、技术先进、经济合理。

2.2 火灾的发展过程和蔓延途径

2.2.1 火灾发展的过程

建筑室内发生火灾时,其发展过程一般要经过火灾的初期、旺盛期和衰减期三个阶段,如图 2-1 所示。

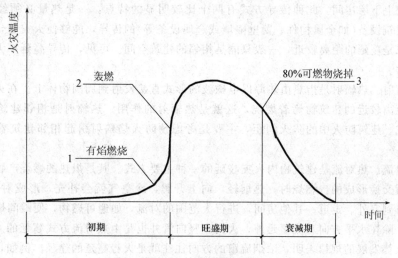

图 2-1 火灾发展过程

(1)初期火灾(轰燃前)。这一阶段火源范围很小,燃烧是局部的,火势不够稳定,速度缓慢,室内的平均温度不高,蔓延速度对建筑结构的破坏能力比较低。火灾初起阶段的时间,根据具体条件,可在 5~20 min。这时的燃烧是局部的,火势发展不稳定,有中断的可能。因此应该设法争取及早发现,把火势及时控制和消灭在起火点。为了限制火势发展,要考虑在可能起火的部位尽量不用可燃材料,或在易于起火并有大量易燃物品的上空设置排烟窗,炽热的火或烟气可由上部排出,火灾发展蔓延的危险性就有可能降低。

(2)火灾的旺盛期(轰燃后)。在此期间,室内所有的可燃物全部被燃烧,火焰可能充满整个空间。若门窗玻璃破碎,更为燃烧提供了较充足的空气,室内温度很高,一般可达 1 100 ℃,燃烧稳定,破坏力强,建筑物的可燃构件均可被燃烧,难以扑灭。

此阶段有轰燃现象出现，标志着火灾进入猛烈燃烧阶段。一般把房间内的局部燃烧向全室性火灾过渡的现象称为轰燃。轰燃是建筑火灾发展过程中的特有现象，经历的时间较短。在这一阶段，建筑结构可能被毁坏，甚至导致建筑物局部（如木结构）或整体（如钢结构）倒塌。这阶段的延续时间主要决定于燃烧物质的数量和通风条件。为了减少火灾损失，针对第二阶段温度高和时间长的特点，建筑设计的任务就是要设置防火分隔物（如防火墙、防火门、防火卷帘、防火挑檐等），把火限制在起火的部位，以阻止火势使其不能很快向外蔓延；并适当地选用耐火时间较长的建筑结构，使在猛烈的火焰作用下，保持应有的强度和稳定，直到消防人员到达把火扑灭。同时，应要求建筑物的主要承重构件不会遭到致命的损害而便于修复。

(3) 衰减期（熄灭）。经过火灾旺盛期之后，室内可燃物大都被烧尽，火灾温度渐渐降低，直至熄灭。一般把火灾温度降低到最高值的80%作为火灾旺盛期与衰减期的分界。这一阶段虽然火焰燃烧停止，但火场的余热还能维持一段时间的高温，衰减期温度下降速度是比较慢的。火灾发展到第三阶段，火势趋向熄灭。室内可供燃烧的物质减少，门窗破坏，木结构的屋顶会烧穿，温度逐渐下降，直到室内外温度平衡，将全部可燃物烧光为止。

2.2.2　建筑火灾的蔓延途径

(1) 火灾蔓延的方式。火势蔓延的方式是通过热的传播进行的。火灾蔓延是指在起火的建筑物内，火由起火房间转移到其他房间的过程。主要依靠可燃构件的直接燃烧、热的传导、热的辐射和热的对流进行扩大蔓延。

1) 热的传导。火灾燃烧产生的热量，经导热性能好的建筑构件或建筑设备传导，能够使火灾蔓延到相邻或上下层房间。此种传导方式有两个比较明显的特点：一是热量必须经导热性好的建筑构件或建筑设备（如金属构件、薄壁隔墙或金属设备等）的传导，能够使火灾蔓延到相邻或上下层房间；二是蔓延的距离较近，一般只能是相邻的建筑空间。可见，传导蔓延扩大的火灾，其规模是有限的。

2) 热的辐射。热辐射是指热由热源以电磁波的形式直接发射到周围物体上。在火场上，起火建筑物能把距离较近的建筑物烤着燃烧，这就是热辐射的作用。热辐射是相邻建筑之间火灾蔓延的主要方式。建筑防火中的防火间距，主要是考虑预防火焰辐射引起相邻建筑着火而设置的间隔距离。

3) 热的对流。热对流是建筑物内火灾蔓延的一种主要方式。其是炽热的燃烧产物（烟气）与冷空气之间不断交换形成的。燃烧时，热烟轻，向上升腾，冷空气就会补充，形成对流。轰燃后，烟从门窗口窜到室外、走道、其他房间，进行大范围的对流，如遇可燃物，便瞬间燃烧，引起建筑全面起火。除在水平方向对流蔓延外，火灾在竖向管井也是由热对流方式蔓延的。

火场上火势发展的规律表明，浓烟流窜的方向往往就是火势蔓延的途径。例如，剧院舞台起火后，若舞台与观众厅吊顶之间没有设防火隔墙时，烟或火舌便从舞台上空直接进入观众厅的吊顶，使观众厅吊顶全面燃烧，然后又通过观众厅后墙上的孔洞进入门厅，把门厅的吊顶烧着，这样蔓延下去直到烧毁整个剧院（图2-2），由此可知，热的对流对火势蔓延起着重要的作用。

(2) 火灾蔓延的途径。研究火灾蔓延途径，是设置防火分隔的依据，也是"堵截包围，穿插分割"扑灭火灾的需要。综合火灾实际可以看出，火从起火房间向外蔓延的途径，主要有以下几个方面：

1) 由外墙窗口向上层蔓延。在火灾发生时，火通过外墙窗口喷出烟气和火焰，沿窗间墙及上层窗口窜到上层室内，这样逐层向上蔓延，会使整个建筑物起火，如图2-3所示。若采用带形窗更易吸附喷出向上的火焰，蔓延更快。为了防止火势蔓延，要求上下层窗口之间的距离尽可能大些。并利用窗过梁、窗楣板或外部非燃烧体的雨篷和阳台等设施，使烟火偏离上层窗口，阻止火势向上蔓延。

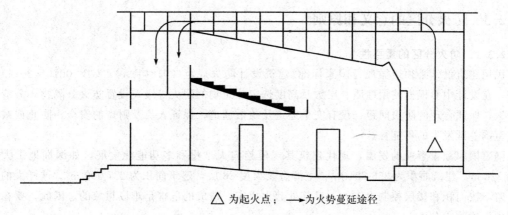

△为起火点； ——为火势蔓延途径

图 2-2 剧院内火的蔓延

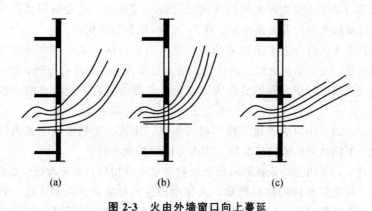

图 2-3 火由外墙窗口向上蔓延

(a)窗口上缘较低，距上层窗台远；(b)窗口上缘较高，距上层窗台近；
(c)窗口上缘有挑出雨篷，使气流偏离上层窗口

2) 火势的水平向蔓延。火势水平向蔓延的途径有：未设适当的防火分区和没有防火墙及相应的防火门，使火灾在未受任何限制条件下蔓延扩大；防火隔墙和房间隔墙未砌到顶板底皮，洞口分隔不完善，导致火灾从一侧向另一侧蔓延；由可燃的隔墙、吊顶、地毯、家具等向其他空间蔓延；火势通过吊顶上部的连通空间进行蔓延。

3) 火势通过竖井等蔓延。在现代建筑物中，有大量的电梯、楼梯、垃圾井、设备管道井等竖井，这些竖井往往贯穿整个建筑，若未做周密完善的防火设计，一旦发生火灾，火势便会通过竖井蔓延到建筑物的任意一层。

另外，建筑物中一些不引人注意的吊装用的或其他用途的孔道，有时也会造成整个大楼的恶性火灾，如吊顶与楼板之间、幕墙与分隔结构之间的空隙、保温夹层、下水管道等都有可能因施工质量等留下孔洞，有的孔洞在水平与垂直两个方向互相串通，发生火灾时这些隐患的存在会导致重大生命财产的损失。

4) 火势由通风管道蔓延。通风管道蔓延火势一般有两种方式：一是通风道内起火，并向连通的空间，如房间、吊顶内部、机房等蔓延；二是通风管道可以吸进起火房间的烟气蔓延到其他空间，而在远离火场的其他空间再喷吐出来，造成火灾中大批人员因烟气中毒而死亡。因此，在通风管道穿通防火分区和穿越楼板之处，一定要设置自动关闭的防火阀门。

2.3 防火分区的意义和原则

2.3.1 防火分区的重要性

民用建筑设计必须遵循现行国家标准《建筑设计防火规范(2018年版)》(GB 50016—2014)的规定,在设计中要根据使用性质、层数及高度选定建筑物的耐火等级,设置防火分隔物,分清防火分区,保证合理的防火间距,设有安全通道及疏散通道,保证人员及财产的安全,防止或减少火灾范围蔓延发生的可能性。

随着国家建设事业的发展,现代建筑其规模趋向大型化和多功能化发展,如深圳地王大厦高为326 m,建筑面积为266 784 m^2;上海金茂大厦88层,建筑面积为287 000 m^2。这样大的规模,若不按面积和楼层控制火灾,一旦某处起火成灾,造成的危害是难以想象的。因此,要在建筑物内设置防火分区。

2.3.2 防火分区的原则

防火分区的作用是在于发生火灾时将火灾控制在一定范围。其是指用具有一定耐火能力的墙、楼板、防火门及防火卷帘等分隔构件,作为一个区域的边界构件。

防火分区按其作用,可分为水平防火分区和竖向防火分区。水平防火分区是用以防止火灾在水平方向扩大蔓延,主要由防火墙、防火门、防火卷帘或水幕等进行分隔;竖向防火分区主要是防止多层或高层建筑层与层之间的竖向火灾蔓延,主要由具有一定耐火能力的钢筋混凝土楼板做分隔构件。

建筑物防火分区的大小取决于建筑物的耐火等级、建筑的类别以及建筑内储存物品的火灾危险等级、层数。不同使用功能的建筑物,防火分区面积也不同。

建筑物面积过大,室内容纳人数和可燃物的数量也相应增加,火灾时燃烧面积大,燃烧时间长,辐射热强烈,对建筑结构的破坏严重,火势难控制;对消防扑救和人员、物资疏散都很不利。为了减少火灾造成的损失,对于建筑防火分区的面积,按照建筑物耐火等级的不同,应给予相应的限制,即耐火等级高的、建筑类别以及建筑内储存物品的火灾危险等级低的,防火分区面积可以适当大些;反之,防火分区面积就要小些。

建筑的各种开口,如走廊、自动扶梯、开敞楼梯等,应把连通的各个部分作为一个防火分区,其建筑总面积不得超过表2-1的规定;否则,应在开口部位设置乙级防火门或耐火极限大于3 h的防火卷帘分隔。中庭每层回廊设有火灾自动报警系统和自动喷水灭火系统,以及封闭屋盖设有自动排烟设施时,可不受此限制。

当建筑内部设有自动灭火设备时,最大允许建筑面积可以增加一倍,局部设置时,增加的面积可按该局部面积的一倍计算。我国建筑消防技术管理部门根据大量的实验数据以及火灾实例制定了建筑防火设计的技术规范《建筑设计防火规范(2018年版)》(GB 50016—2014),以表2-1为规范规定。

表2-1 民用建筑的耐火等级和面积

名称	耐火等级	允许建筑高度或层数	防火分区的 最大允许建筑面积/m^2	备注
高层民用建筑	一、二级	建筑高度大于24 m的公共建筑, 建筑高度大于27 m的住宅建筑	1 500	对于体育馆、剧场的观众厅,防火分区的最大允许建筑面积可适当增加
单、多层民用建筑	一、二级	建筑高度小于24 m的公共建筑, 建筑高度小于27 m的住宅建筑	2 500	

续表

名称	耐火等级	允许建筑高度或层数	防火分区的最大允许建筑面积/m²	备注
地下或半地下建筑(室)	一级	—	500	设备用房的防火分区最大允许建筑面积不应大于 1 000 m²

注：本表摘自《建筑设计防火规范(2018 年版)》(GB 50016—2014)。

2.3.3 防火分区设计实例

北京饭店新楼，其主体结构为钢筋混凝土的非燃烧体，具有足够的耐火能力。在设计中，将面积约为 2 800 m² 的标准层，按抗震缝划分三个防火单元(或防火分区)，并对那些易燃易爆的煤气、锅炉房等单独设置，在三个防火分区之间以抗震缝的墙作为防火墙，这样可满足防火分区的要求，如图 2-4 所示。

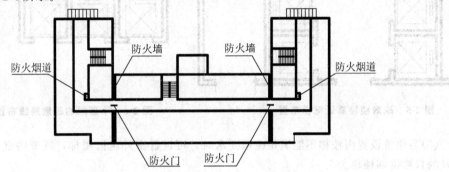

图 2-4 北京饭店新楼标准层平面示意图

2.4 安全疏散

民用建筑中设置安全疏散设施的目的是，发生火灾时，使人员能迅速而有秩序地安全疏散。特别是影剧院、体育馆、大型会堂、歌舞厅、大商场、超市等人流密集的公共建筑物中，疏散问题更为重要。

2.4.1 安全疏散路线

火灾时，人们疏散的心理和行为与正常情况下人的心理状态是不相同的。例如，在紧张和大火燃烧时的恐惧心理下，不知所措，盲目跟随他人行为，甚至钻入死胡同等。在这些异常心理状态的支配下，人们在疏散中往往造成惨痛的后果。

建筑物的安全疏散路线应尽量连续、快捷、便利、畅通的通向安全出口。设计中应注意两点：一是在疏散方向的疏散通道宽度不应变窄；二是在人体高度内不应有突出的障碍物或突变的台阶。在进行高层建筑平面设计时，尤其是布置疏散楼梯间，原则上应该使疏散的路线简捷，并尽可能使建筑物内的每一房间都能向两个方向疏散，避免出现袋形走道。

为了保证安全疏散，除形成流畅的疏散路线外，还应尽量满足下列要求：

(1)近标准层(或防火分区)的两端设置疏散楼梯，便于进行双向疏散。

(2)经常使用的路线与火灾时紧急使用的路线有机地结合起来，有利于尽快疏散人员，故靠近电梯间布置疏散楼梯较为有利，如图 2-5 所示。

(3)靠近外墙设置安全性最大的带开敞前室的疏散楼梯间形式。同时，也便于自然采光通风和消防人员进入高楼灭火救人。

(4) 为避免火灾时疏散人员与消防人员的流线交叉和相互干扰,阻碍安全疏散与消防扑救,疏散楼梯不宜与消防电梯共用一个凹廊作前室,如图2-6所示。

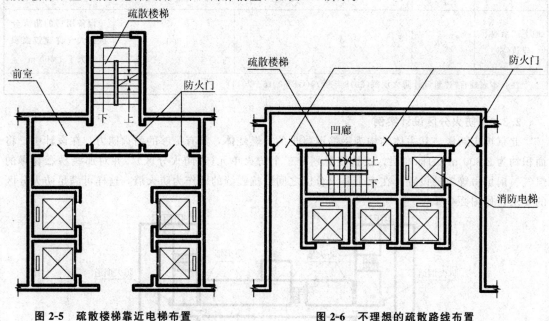

图2-5　疏散楼梯靠近电梯布置　　　　图2-6　不理想的疏散路线布置

(5) 当建筑设置内楼梯不能满足疏散要求时,可设置室外疏散楼梯,既节约室内面积,又是良好的自然排烟楼梯。

(6) 为有利于安全疏散,应尽量布置环形走道、双向走道或无尽端房间的走道、人字形走道,其安全出口的布置应构成双向疏散。

(7) 建筑安全出口应均匀分散布置,同一建筑中的出口距离不能太近,两个安全出口的间距不应小于5 m。

2.4.2　安全疏散距离

根据建筑物使用性质、耐火等级情况的不同,疏散距离的要求也不同。例如,对于居住建筑,火灾多发生在夜间,一般发现比较晚,而且建筑内部的人身体条件不同,老少皆有,疏散比较困难,所以疏散距离不能太大。对托儿所、幼儿园、医院等建筑,其内部大部分是孩子和病人,无独立疏散能力,而且疏散速度慢,所以,这类建筑的疏散距离应尽量短捷。另外,对于有大量非固定人员居住、利用的公共空间(如旅馆等),由于顾客对疏散路线

微课:安全疏散距离解读

不熟悉,发生火灾时容易引起惊慌,找不到安全出口,往往耽误疏散时间,故从疏散距离上也要区别对待。民用建筑的疏散距离见表2-2和如图2-7所示。

表2-2　直通疏散走道的房间疏散门至安全出口的直线距离　　　　　　　　　　　m

名称	位于两个安全出口之间的疏散门			位于袋形走道两侧或尽端的疏散门		
	一、二级	三级	四级	一、二级	三级	四级
托儿所、幼儿园、老年人照料设计	25	20	15	20	15	10
歌舞娱乐放映游艺场所	25	20	15	9	—	—

续表

名称			位于两个安全出口之间的疏散门			位于袋形走道两侧或尽端的疏散门		
			一、二级	三级	四级	一、二级	三级	四级
医疗建筑	单、多层		35	30	25	20	15	10
	高层	病房部分	24	—	—	12	—	—
		其他部分	30	—	—	15	—	—
教学建筑	单、多层		35	30	25	22	20	10
	高层		30	—	—	15	—	—
高层旅馆、展览建筑			40	35	25	22	20	15
其他建筑	单、多层		40	35	25	22	20	15
	高层		40	—	—	20	—	—

注：本表摘自《建筑设计防火规范(2018年版)》(GB 50016—2014)。

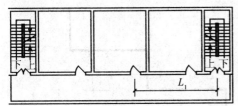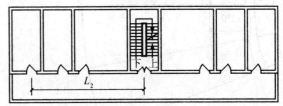

图 2-7 走道长度的控制

2.4.3 疏散设施设计

(1)疏散楼梯。

1)疏散楼梯的数量与形式。每一幢建筑均应至少设两个疏散楼梯。对于使用人数少而且除幼儿园、托儿所、医院以外的二、三层建筑符合表2-3的要求时，也可以只设一个疏散楼梯。

微课：疏散楼梯

表 2-3 设置一个疏散楼梯的条件

耐火等级	层数	每层最大建筑面积/m²	人数
一、二级	3层	200	第二层和第三层人数之和不超过50人
三级	3层	200	第二层和第三层人数之和不超过25人
四级	2层	200	第二层人数不超过15人

注：本表摘自《建筑设计防火规范(2018年版)》(GB 50016—2014)。

疏散通道上的阶梯不能采用螺旋楼梯和扇形踏步，这种踏步极易造成人员的摔倒。踏步上下两级所形成的平面角不应超过10°，如每级离扶手250 mm处的踏步宽度超过220 mm时，可不受此限制，如图2-8所示。其适用于疏散楼梯踏步的高宽关系，如图2-9所示。

2)疏散楼梯间。民用建筑楼梯间按其使用特点及防火要求常采用以下三种形式：

微课：疏散楼梯间

①普通楼梯间。普通楼梯间是多层建筑常用的基本形式，该类楼梯不受烟火的威胁，可供人员疏散使用，也能供消防人员使用。对标准不高、层数不多或公共建筑门厅的室内楼梯常采用开

敞形式，如图 2-10(a)所示；在建筑端部的外墙上常采用设置简易的、全部开敞的室外楼梯，如图 2-10(b)所示。

②封闭楼梯间。按照防火规范的要求，应靠外墙设置，并能自然采光和通风。医院、疗养院、病房楼、影剧院、体育馆以及超过五层的其他公共建筑，楼梯间应为封闭式。

当建筑标准不高且层数不多时，可采用不带前室的封闭楼梯间，但需设置防火墙、防火门与走道分开，并保证楼梯间有良好的采光和通风(图 2-11)。为了丰富门厅的空间艺术效果，并使交通流线清晰明确，也常将底层楼梯间敞开，此时必须对整个门厅作扩大的封闭处理，以防火墙、防火门将门厅与走道或过厅等分开，门厅内装修应采用难燃材料。

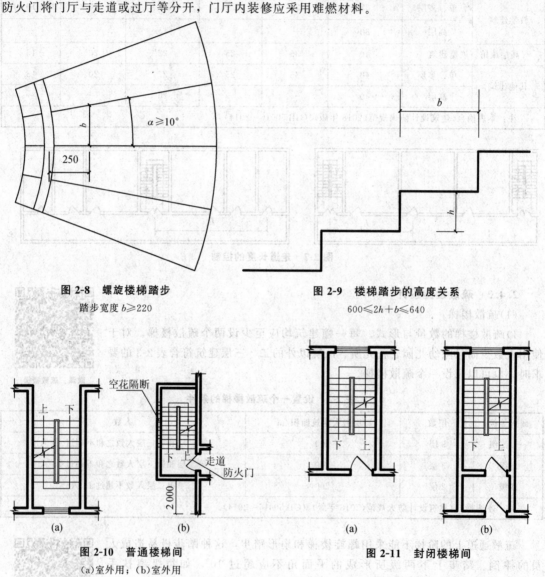

图 2-8　螺旋楼梯踏步
踏步宽度 $b \geqslant 220$

图 2-9　楼梯踏步的高度关系
$600 \leqslant 2h+b \leqslant 640$

图 2-10　普通楼梯间
(a)室外用；(b)室外用

图 2-11　封闭楼梯间

为了使人员通行方便，楼梯间的门平时可处于开启状态，但须有相应的关闭办法，如安装自动关门器或做成单向弹簧门，以便起火后能自动或手动把门关上。如有条件可适当加大楼梯间进深，设置两道防火门而形成门斗(门斗面积很小，与前室有所区别)，可提高其防护能力。

③防烟楼梯间。为了更有效地阻挡烟火侵入楼梯间，可在封闭楼梯间的基础上增设装有防火门的前室，这种楼梯间称为防烟楼梯间。防烟楼梯间的前室可按要求设计成封闭型和开敞型

两种形式。

a. 带封闭前室的防烟楼梯间,此种类型平面布置灵活,可放在建筑物核心筒内部,但此时需采用机械防、排烟设施。

b. 带开敞前室的防烟楼梯间,此种形式常采用阳台或凹廊作为前室(图2-12),此时,前室可增强楼梯间的排烟能力和缓冲人流,并且无须再设其他的排烟装置,是安全性最高和最为经济的一种类型。

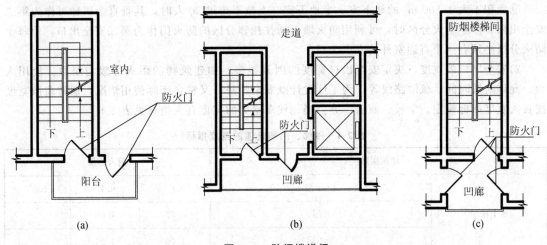

图 2-12 防烟楼梯间
(a)利用阳台作开敞前室;(b)利用凹廊作开敞前室;(c)利用凹廊作开敞前室

(2)安全出口。

1)安全出口的个数。在建筑设计中,应根据使用要求,结合防火安全的需要布置门、走道和楼梯,一般要求建筑物每个防火分区、一个楼层、一个大房间以及歌舞、娱乐、放映、游艺场所的安全出口数不应少于两个。对于人员密集的大型公共建筑(如影剧院、礼堂、体育馆等),为了确保安全疏散,要控制每个安全出口的人数。观众厅安全出口不应少于两个。剧院、电影院、礼堂观众厅每个安全出口的平均疏散人数不应超过 250 人,容纳人数超过 2 000 人时,其超过 2 000 人的部分,每个安全出口的平均疏散人数不应超过 400 人。体育馆观众厅每个安全出口的平均疏散人数不宜超过 400~700 人。规模较小时,取值宜接近下限;规模较大时,取值宜接近上限。

建筑规模较小和使用人数较少,可以只设一个安全出口的例外情况:

①单个房间面积不超过 60 m², 且人数不超过 50 人时,可设一个门。位于走道尽端的房间(托幼除外),非高层建筑中,由最远一点到房门口直线距离不超过 14 m,且人数不超过 80 人;高层建筑中,面积不超过 75 m² 时,可以只设一个净宽不小于 1.4 m 的外开门。

②二至三层的建筑(幼儿园、托儿所除外)符合表2-4的要求时,也可设一个出口。

③单层公共建筑(托儿所、幼儿园除外)如面积不超过 200 m²,且人数不超过 50 人时,可设一个直通室外的安全出口。

④设有两个以上疏散楼梯的一、二级耐火等级的公共建筑,如顶部局部升高时,其高出部分的层数不超过两层,每层面积不超过 200 m²,人数之和不超过 50 人时,可设一个出口,但应另设一个直通平屋面的安全出口。

⑤塔式住宅:9层及其以下,每层建筑面积不大于 500 m²,可设一个楼梯;10~18层,每层不超过 8 户,建筑面积不大于 650 m²,且设有一座防烟楼梯间和消防电梯时,可设一个安全出口。

⑥非高层的单元式宿舍，每层建筑面积不大于 300 m²，人数不超过 30 人，可设一个楼梯。

⑦歌舞、娱乐、放映、游艺场所建筑面积不大于 50 m²，地下室、半地下室的房间面积不大于 50 m²，且经常停留人数不超过 15 人时，可设一个门。

⑧相邻两个防火分区之间的防火墙上开有防火门时，两个防火分区可各自设一个安全出口，而将通向相邻防火分区的防火门作为第二安全出口。在高层建筑中，此项规定的适用前提是：这两个防火分区建筑面积之和不超过一个防火分区允许最大面积的 1.4 倍。

⑨面积不大于 500 m² 的地下室、半地下室，人数不超过 30 人时，其垂直金属梯可作为第二安全出口。多个防火分区时，可利用防火墙上通往相邻分区的防火门作为第二安全出口，但每个防火分区必须有一个直通室外的安全出口。

2)安全出口的宽度。决定安全出口宽度的因素很多，如建筑物的耐火等级与层数、使用人数、允许疏散时间、疏散路线等。为了使设计既安全经济，又符合实际使用情况，通常疏散宽度按百人宽度指标确定。学校、商店、办公楼、候车室等的宽度百人指标见表 2-4。

表 2-4 楼梯、门和走道的宽度指标

建筑层数		耐火等级		
地上楼层	1~2 层	0.65	0.75	1.00
	3 层	0.75	1.00	—
	≥4 层	1.00	1.25	—
地下楼层	与地面出入口地面的高差 $\Delta H \leqslant 10$ m	0.75	—	—
	与地面出入口地面的高差 $\Delta H > 10$ m	1.00	—	—

注：疏散走道和楼梯的最小宽度不应小于 1.2 m。

3)安全出口的其他要求。疏散门应向疏散方向开启，但房间内人数不超过 60 人，且每樘门的平均通行人数不超过 30 人时，门的开启方向可以不限，疏散门不应采用转门和卷帘门。

为了便于疏散，人员密集的公共场所(如观众厅的入场门、太平门等)，不应设置门槛，其宽度不应小于 1.4 m，靠近门口处不应设置台阶踏步，以防摔倒伤人。

人员密集的公共场所的疏散楼梯、太平门，应在室内设置明显的标志和事故照明，室外疏散通道的净宽不应小于疏散走道总宽度的要求，最小净宽不应小于 3 m。

(3)辅助设施。为了保证建筑物内的人员在火灾时能安全可靠地进行疏散，避免造成重大伤亡事故，除设置楼梯为主要疏散通道外，还应设置相应的安全疏散的辅助设施。辅助设施的形式很多，有避难层、屋顶直升机停机坪、疏散阳台、避难带等。

(4)消防电梯。高层建筑中的普通电梯由于没有必要的防火设备，既不能用于紧急情况下的人流疏散，又难以供消防人员进行扑救。因此，高层建筑应设消防电梯，以便进行更为有效的扑救。根据我国的经济技术条件和防火要求，规定一类高层建筑、塔式住宅、12 层及 12 层以上的住宅及高度超过 32 m 的二类公共建筑，其高层主体部分最大楼层面积不超过 1 500 m² 时，应设不少于一台消防电梯；1 500~4 500 m² 时，应设两台；超过 4 500 m² 时，应设三台；高度超过 32 m 的设有电梯的厂房，应设消防电梯，同时，消防电梯要分设在各个防火分区内。消防电梯间应设前室，其面积要求为：居住建筑不应小于 4.50 m²，公共建筑不应小于 6.00 m²。当与防烟楼梯间合用前室时，面积要求为：居住建筑不应小于 6.00 m²，公共建筑不应小于 10 m²。

2.5 建筑的防烟和排烟

在民用建筑设计中,不仅需要考虑防火问题,还要重视防烟和排烟问题。其目的是及时排除火灾中产生的烟气,防止烟气向防烟分区以外扩散,以使人员能沿着安全通路顺利地疏散到室外。

2.5.1 烟的危害

从国内外建筑火灾的统计表明,死亡人数中的50%是被烟气毒死的。近一二十年来,由于各种塑料制品大量用于建筑物内,空调设备的广泛采用和无窗建筑增多等原因,煤气毒死的比例有显著增加。在某些住宅或旅馆的火灾中,因烟气致死的比例甚至高达60%~70%,烟气的危害性表现在以下几个方面:

(1)对人体的危害。在火灾中,除直接被烧死或跳楼死亡者外,其他死亡原因大多都与烟气有关,烟气可以引起人的一氧化碳中毒、烟气中毒,以及缺氧、窒息等状况,其中以一氧化碳的增加和氧气的减少对人体的危害最大。总之,火灾中烟气对人体极为有害。

(2)对疏散和扑救的危害。在着火区域的房间及疏散道内,充满了含有大量一氧化碳及各种燃烧成分的热烟。烟气会遮光,同时对眼睛、鼻、喉产生强烈刺激,使人们视力下降且呼吸困难,影响人的视线,严重妨碍人的行动,这对疏散和扑救会造成很大的障碍。因此,防烟和排烟是安全疏散的必要手段。

2.5.2 防烟分区的划分

防烟设计的目的是要把停留人员空间内的烟的浓度控制在允许极限以下。在进行防烟和排烟设计时,首先要考虑在高层建筑中划分防烟分区,其意义是为了排除烟气或阻止烟的迅速扩散。一般要求净高不超过6 m的房间,采用挡烟垂壁、隔墙或从顶棚下凸出不小于0.50 m的梁来划分防烟分区,如图2-13所示。

每个防烟分区的面积一般不超过500 m²,而且防烟分区不应跨防火分区。

根据《建筑设计防火规范(2018年版)》(GB 50016—2014)的规定,建筑的下列场所或部位应设置防烟设施:

(1)防烟楼梯间及其前室;
(2)消防电梯间前室或合用前室;
(3)避难走道的前室、避难层(间)。

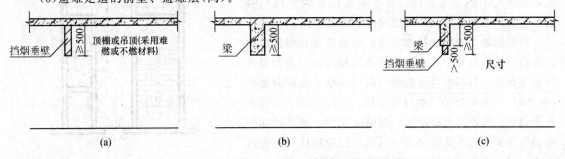

图2-13 防烟分区做法示意图
(a)固定式挡烟垂壁;(b)梁划分防烟分区;(c)挡烟垂壁和梁结合

2.5.3 排烟方式

排烟方式可分为自然排烟和机械排烟。
(1)自然排烟方式。自然排烟有以下两种方式:

1)利用建筑的阳台、凹廊或在外墙上设置便于开启的外窗或排烟窗进行无组织的自然排烟;

2)在防烟楼梯间前室、消防电梯前室或合用前室内设置专用的排烟竖井进行有组织的自然排烟(图 2-14)。

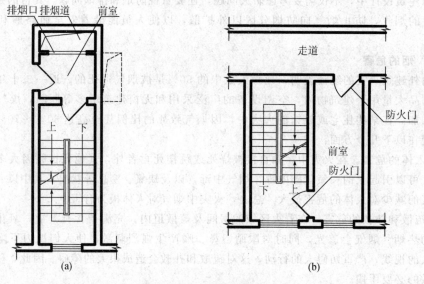

图 2-14 自然排烟方式
(a)排烟竖井;(b)走道自然排烟

自然排烟的特点是:不需要动力和复杂设备,平时可兼做换气用,最为经济、简便,但排烟效果是不够稳定的。我国规定公共建筑超过 50 m 或居住建筑超过 100 m 高时,不应采用自然排烟方式。

(2)机械排烟方式。

1)强力加压的机械排烟方式。它是采用机械送风系统向需要保护的部位(如疏散楼梯间及其封闭前室、消防电梯前室、走道或非火灾层等)输送大量新鲜空气,如有排气和回风系统时,则相应关闭,从而造成正压区域,使烟气不能袭入其间,并在非正压区内把烟气排出。主要用于防烟楼梯间及合用前室等部位。

2)强制减压的机械排烟方式。它是在各排烟区段内设置机械排烟装置,起火后关闭各区相应的开口部分并开动排烟机,将四处蔓延的烟气通过排烟系统排向楼外(图 2-15)。主要用于一些封闭空间、中庭、地下室及疏散走道等。当消防电梯前室、封闭电梯厅、疏散楼梯间及前室等部位以此法排烟时,其墙、门等构件应有密封措施,以免因负压而通过缝隙继续引入烟气。

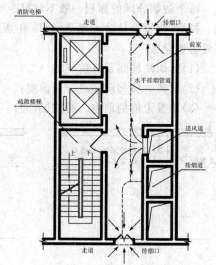

图 2-15 机械排烟方式

上述几种排烟方式各有优点,对于防排烟方式的选择,要考虑我国当前的经济水平,宜优先采用自然排烟方式,即利用可以开启的门窗进行自然排烟。而对于那些性质重要、功能复杂的综合大楼,超高层建筑及无条件自然排烟的高层建筑,采用机械加压防烟的方式,并辅以机械排烟。

2.5.4 防火设计要点

(1)总体布局要保证便捷流畅的交通联系,处理好主体与附属部分的关系,保证与其他各类建筑的合理防火间距,合理安排广场、空地与绿化,并提供消防车道。

(2)对建筑的基本构件(墙、柱、梁、楼板等)作防火构造设计,使其具有足够的耐火极限,以保证耐火支持能力。

(3)尽量做到建筑内部装修、陈设的不燃化或难燃化,以减少火灾的发生及降低蔓延速度。

(4)合理进行防火分区,采取每层做水平分区和垂直分区,力争将火势控制在起火单元内加以扑灭,防止向上层和防火单元外的扩散。

(5)安全疏散路线要求简明直接,在靠近防火单元的两端布置疏散楼梯,控制最远房间到安全疏散出口的距离,使人员能迅速撤离险区。

(6)每层划分防烟分区,采取必要的防烟和排烟措施,合理地安排自然排烟和机械排烟的位置,使安全疏散和消防队灭火能顺利进行。

(7)采用先进可靠的报警设备和灭火设施,并选择好安装的位置。还要求设置消防控制中心,以控制和指挥报警、灭火、排烟系统及特殊防火构造等部位,确保它起着灭火指挥基地的作用。

(8)加强建筑与结构、给水排水、暖通、电气等工种的配合,处理好工程技术用房与全楼的关系,以防其起火后对大楼产生威胁。同时,各种管道及线路的设计要尽力消除起火及蔓延的可能性。

2.6 建筑总平面防火设计

火灾发生以后火势可能迅速蔓延,为了保证消防人员的扑救,消防车的通行和操作,同时避免殃及相邻建筑,故建筑总平面设计时应该考虑消防。

建筑物之间为了避免火灾发生后,蔓延到相邻建筑的间隔称为防火间距。

2.6.1 影响防火间距的因素及确定防火间距的原则

(1)影响防火间距的因素。

1)热辐射。

2)热对流。

3)建筑物外墙门窗洞口的面积。

4)建筑物的可燃物种类和数量。

5)风速。

6)相邻建筑物的高度。

7)建筑物内消防设施水平。

8)灭火时间。

(2)确定防火间距的基本原则。

1)考虑热辐射的作用。

2)考虑灭火作战的实际需要。

3)有利于节约用地。

4)防火间距应按相邻建筑物外墙的最近距离计算,如外墙有凸出的可燃构件,则应从其凸出部分外缘算起,如为储罐或堆场,则应从储罐外壁或堆场的堆垛外缘算起。两座相邻建筑较高的一面外墙为防火墙时,其防火间距不限。民用建筑之间的防火间距见表2-5。

表 2-5 民用建筑之间的防火间距   m

建筑类别		高层民用建筑	楼房和其他民用建筑		
		一、二级	一、二级	三级	四级
高层民用建筑	一、二级	13	9	11	14
裙房和其他民用建筑	一、二级	9	6	7	9
	三级	11	7	8	10
	四级	14	9	10	12

注：本表摘自《建筑设计防火规范(2018 年版)》(GB 50016—2014)。
1. 相邻两座单、多层建筑，当相邻外墙为不燃性墙体且无外露的可燃性屋檐，每面外墙上无防火保护的门、窗、洞口不正对开设且该门、窗、洞口的面积之和不大于外墙面积的 5%时，其防火间距可按本表的规定减少 25%。
2. 两座建筑相邻较高的一面外墙为防火墙，或高出相信较低一座一、二级耐火等级建筑的屋面 15 m 及以下范围内的外墙为防火墙时，其防火间距不限。
3. 相邻两座高度相同的一、二级耐火等级建筑中相邻一侧外墙为防火墙，屋顶的耐火极限不低于 1.00 h 时，其防火间距不限。
4. 相邻两座建筑中较低一座建筑的耐火等级不低于二级，相邻较低一面外墙为防火墙且屋顶无天窗，屋顶的耐火极限不低于 1.00 h 时，其防火间距不应小于 3.5 m；对于高层建筑不应小于 4 m。
5. 相邻两座建筑中较低一座建筑的耐火等级不低于二级且屋顶无天窗，相邻较高一面外墙高出较低一座建筑的屋面 15 m 及以下范围内的开口部位设置甲级防火门、窗，或设置符合现行国家标准《自动喷水灭火器系统设计规范》(GB 50084)规定的防火分隔水幕或本规范第 6.5.3 条规定的防火卷帘时，其防火间距不应小于 3.5 m；对于高层建筑不应小于 4 m。
6. 相邻建筑通过连廊、天桥或底部的建筑物等连接时，其间距不应小于本表的规定。
7. 耐火等级低于四级的既有建筑，其耐火等级可按四级确定。

2.6.2 消防扑救

建筑四周宜设置消防车通行的道路，满足消防车靠近建筑四周每个可能着火点进行消防扑救。街区内的道路应考虑消防车的通行，其道路中心线间的距离不宜大于 160 m。当建筑物沿街道部分的长度大于 150 m 或总长度大于 220 m 时，应设置穿过建筑物的消防车道。当确有困难时，应设置环形消防车道。

有封闭内院或天井的建筑物，当其短边长度大于 24 m 时，宜设置进入内院或天井的消防车道。

高层建筑的底边至少有一个长边或周边长度的 1/4 且不小于一个长边长度，不应布置高度大于 5 m、进深大于 4 m 的裙房，且在此范围内必须设有直通室外的楼梯或直通楼梯间的出口。同时不能在此范围栽种高大的树木，妨碍消防扑救。

环形消防车道至少应有两处与其他车道连通。尽头式消防车道应设置回车道或回车场，回车场的面积不应小于 12 m×12 m；供大型消防车使用时，不宜小于 18 m×18 m。

消防车道路面、扑救作业场地及其下面的管道和暗沟等应能承受大型消防车的压力。

消防车道可利用交通道路，但应满足消防车通行与停靠的要求。

1. 建筑物起火原因有多种。燃烧条件有存在能燃烧的物质、有助燃的氧气、有使可燃物燃烧的着火源三个。

2. 火灾发展的过程可分为初期火灾、旺盛期和衰减期三个阶段。

3. 建筑火灾蔓延的方式和途径是多方面的,主要途径有:由外墙窗口向上层蔓延;水平向蔓延;由竖井蔓延;由通风管道蔓延。

4. 防火分区设计应从水平防火分区和垂直防火分区两方面进行,应了解防火分区的原则。

5. 人流密集的公共建筑安全疏散更显重要,应了解安全疏散的路线、安全出口及辅助设施;掌握普通楼梯间、封闭楼梯间与防烟楼梯间的区别。

6. 了解防烟和排烟的重要性,防烟分区的划分及防烟排烟方式。

7. 建筑防火设计要点应结合当地工程实例进行防火设计分析。

2.1 建筑起火的原因有哪些?

2.2 建筑火灾可分为哪三个阶段?各阶段有何特点?

2.3 建筑火灾蔓延的途径有哪些?

2.4 什么叫作防火分区?为什么要进行防火分区?

2.5 防火分区的原则有哪些?可结合当地工程实例具体说明。

2.6 设计一个疏散楼梯的条件是什么?

2.7 普通楼梯间与封闭楼梯间有何区别?绘平面简图加以说明。

2.8 防火设计中的██问题为什么很重要?

2.9 排烟的方式有哪几种?

2.10 建筑防火设计的要点有哪些?

2.11 为了避免火灾从一个建筑蔓延至其他建筑,在建筑总平面布置上有什么措施?

第 3 章 建筑平面设计

学习要点

建筑平面设计的任务包括单个房间的平面设计及平面组合设计。单个房间的平面设计又包括使用房间和辅助房间的平面设计；平面组合设计是根据各类建筑功能要求，抓住主要使用房间、辅助使用房间、交通联系部分的相互关系，结合基地环境和其他条件，采取不同的组合方式将各单个房间合理地组合起来。

3.1 建筑平面设计简介

建筑平面主要是表示建筑物在水平方向房屋各部分之间的组合关系。尽管建筑平面能较为集中地反映建筑功能的主要问题，但是在平面设计中，始终需要从建筑整体空间组合的效果来考虑。因此，我们应从平面分析入手，紧密联系建筑剖面和立面，面、立面的可能性和合理性，不断调整修改平面，反复深入。也就是说，虽然我们从平面设计入手，但是着眼于建筑空间的组合。

各种类型的民用建筑，从组成平面各部分面积的使用性质来分析，主要可以归纳为使用部分和交通联系部分两类。

使用部分是指主要使用活动和辅助使用活动的面积，即各类建筑物中的使用房间和辅助房间。使用房间(又称主要房间)，是满足建筑中主要使用功能的房间。如住宅中的起居室、卧室，学校中的教室、实验室，商场中的营业厅，剧院中的观众厅等。辅助房间(又称次要房间)，是建筑中为主要房间服务的房间。如住宅中的厨房、浴室、卫生间，一些建筑物中的贮藏室、卫生间以及各种电气、水暖等设备用房。

交通联系部分是建筑物中各个房间之间、楼层之间和房间内外之间联系通行的面积，即各类建筑物中的走廊、门厅、过厅、楼梯、坡道，以及电梯和自动扶梯等所占的面积。

建筑物的平面面积，除以上两部分外，还有房屋构件所占的面积，即构成房屋承重系统、分隔平面各组成部分的墙、柱、墙墩以及隔断等构件所占的面积，图 3-1 所示为住宅单元平面面积的各组成部分示意。

3.2 使用部分的平面设计

建筑平面中各个使用房间和辅助房间，是建筑平面组合的基本单元。

这里简要叙述使用房间的分类和设计要求，然后着重从房间本身的使用要求出发，分析房间面积大小、形状尺寸、门窗在房间平面的位置等，考虑单个房间平面布置的几种可能性，作为下一步综合分析多种因素，进行建筑平面和空间组合的基本依据之一。

3.2.1 使用房间的分类和设计要求

从使用房间的功能要求来分类，主要有以下几种：

(1)生活用房间：住宅的起居室、卧室、宿舍和招待所的卧室等；

(2)工作、学习用的房间:各类建筑中的办公室、值班室,学校里的教室、实验室等;
(3)公共活动房间:商场的营业厅,剧院、电影院的观众厅、休息厅等。

一般来说,生活、工作和学习使用的房间要求安静,少干扰,由于人们在其中停留的时间相对较长,因此希望能有较好的朝向;公共活动房间的主要特点是人流比较集中,通常进出频繁,因此室内人们活动和通行面积的组织比较重要,特别是人流的疏散问题较为突出。使用房间的分类,有助于平面组合中对不同房间进行分组和功能分区。

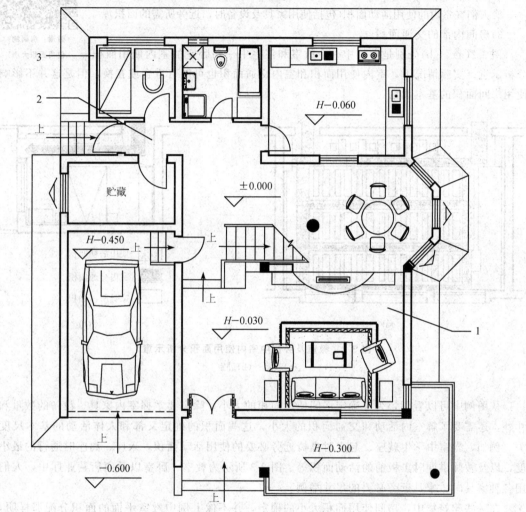

图 3-1 住宅单元平面面积的各组成部分
1—使用部分面积;2—交通联系部分所占面积;3—房屋构件所占面积

对使用房间平面设计的要求主要有以下几项:
(1)房间的面积、形状和尺寸要满足室内使用活动和家具、设备合理布置的要求;
(2)门窗的大小和位置,应考虑房间的出入方便,疏散安全,采光通风良好;
(3)房间的构成应使结构布置合理,施工方便,也要有利于房间之间的组合,所用材料要符合相应的建筑标准;
(4)室内空间以及顶棚、地面、各个墙面和构件细部,要考虑人们的使用和审美要求。

3.2.2 使用房间的面积、形状和尺寸

(1)房间的面积。使用房间面积的大小,主要是由房间内部活动特点、使用人数的多少、家

具设备的多少等因素决定的,如住宅的起居室、卧室、面积相对较小;剧院、电影院的观众厅,除人多、座椅多外,还要考虑人流迅速疏散的要求,所需的面积就大;又如室内游泳池和健身房,由于使用活动的特点,要求有较大的面积。

为了深入分析房间内部的使用要求,我们把一个房间内部的面积,根据它们的使用特点分为以下几个部分:

1)家具或设备所占面积;
2)人们在室内的使用活动面积(包括使用家具及设备时,近旁所需的面积);
3)房间内部的交通面积。

微课:房间的使用面积大小

图 3-2(a)、(b)分别是学校中一个教室和住宅中一间卧室的室内使用面积分析示意。实际情况下,室内使用面积和室内交通面积也可能有重合或互换,但是这并不影响对使用房间面积的基本确定。

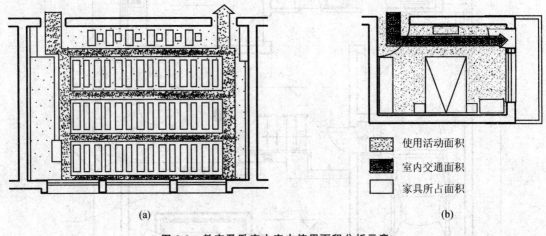

图 3-2 教室及卧室中室内使用面积分析示意
(a)教室;(b)卧室

从图例中可以看到,为了确定房间使用面积的大小,除需要掌握室内家具、设备的数量和尺寸外,还需要了解室内活动和交通面积的大小,这些面积的确定又都和人体活动的基本尺度有关。例如,教室中学生就座、起立时桌椅近旁必要的使用活动面积,入座、离座时通行的最小宽度,以及教师讲课时黑板前的活动面积等。图 3-3 所示为教室、卧室以及商店营业厅中,人们使用各种家具时,家具近旁必要的尺寸举例。

在一些建筑物中,房间使用面积大小的确定,并不像上例中教室平面的面积分配那样明显,例如,商店营业厅中柜台外顾客的活动面积,剧院、电影院休息厅中观众活动的面积等,由于这些房间中使用活动的人数并不固定,也不能直接从房间内家具的数量来确定使用面积的大小,通常需要通过对已建的同类型房间进行调查,掌握人们实际使用活动的一些规律,然后根据调查所得的数据资料,结合设计房间的使用要求和相应的经济条件,确定比较合理的室内使用面积。一般把调查所得数据折算成与使用房间的规模有关的面积数据,例如,商店营业厅中每个营业员可设多少营业面积,剧院休息厅以观众厅中每个座位需要多少休息面积等。

在实际设计工作中,国家或所在地区设计的主管部门,对住宅、学校、商店、医院、剧院等各种类型的建筑物,通过大量调查研究和设计资料的积累,结合我国经济条件和各地具体情况,编制出一系列面积定额指标,用以控制各类建筑中使用面积的限额,并作为确定房间使用面积的依据。表 3-1 是部分民用建筑房间面积定额的参考指标。

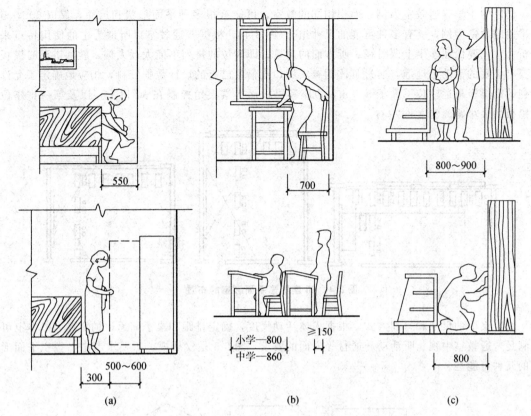

图 3-3 卧室、教室、商店营业厅中,家具近旁的必要尺寸
(a)卧室;(b)教室;(c)商店营业厅

表 3-1 部分民用建筑房间面积定额参考指标

建筑类型项目	房间名称	面积定额/(m²·人)	备注
中小学	普通教室	1.36~1.39	小学取上限
办公楼	一般办公室	≥6	不包括走道
	会议室	1.0	无会议桌
		2.1	有会议桌
铁路旅客站	普通候车室	≥1.1	小型站的综合候车室的使用面积宜增加15%
图书馆	普通阅览室	1.8~2.3	双面阅览桌

具体进行设计时,在已有面积定额的基础上,仍然需要分析各类房间中家具布置、人们的活动和通行情况,深入分析房间内部的使用要求,方能确定各类房间合理的平面形状和尺寸,或对同类使用性质的房间进行合理的分间。

(2)房间平面形状和尺寸。初步确定了使用房间面积的大小以后,还需要进一步确定房间平面的形状和具体尺寸。

房间平面的形状和尺寸,主要是由室内使用活动的特点、家具布置方式,以及采光、通风、音响等要求所决定的。在满足使用要求的同时,构成房间的技术经济条件,以及人们对室内空间的观感,也是确定房间平面形状和尺寸的重要因素。

仍以中小学普通教室为例，面积相同的教室，可能有很多种平面形状和尺寸，仅以50座矩形平面的教室为例，就有多种可能的尺寸组合（图3-4），根据普通教室以听课为主的使用特点来分析，首先要保证学生上课时视、听方面的质量，即座位的排列不能太远太偏，教师讲课时黑板前要有必要的活动余地等，通过具体调查实测，或借鉴已有的设计数据资料，相应地确定了允许排列的离黑板最远座位不大于 8.5 m，边座和黑板面远端夹角控制在 30°以上，以及第一排座位离黑板的最小距离为 2 m 左右。

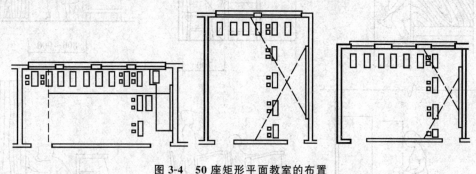

图3-4 50座矩形平面教室的布置

结合桌椅的尺寸和排列方式，根据人体活动尺度，确定排距和桌子间通道的宽度，基本上可以满足普通教室中视、听活动和通行等方面的要求。图3-5是仅从视、听要求考虑，教室平面形状的几种可能性。

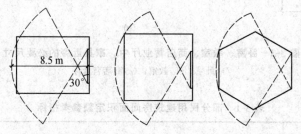

图3-5 教室中满足视听要求的平面范围和形状的几种可能性

确定教室平面形状和尺寸的因素，除视、听要求外，还需要综合考虑其他方面的要求，从教室内需要有足够和均匀的天然采光来分析，进深较大的方形、六角形平面，希望房间两侧都能开窗采光，或采用侧光和顶光相结合；当平面组合中房间只能一侧开窗采光时，沿外墙长向的矩形平面，能够较好地满足采光均匀的要求。

再从构成房间的结构布置来考虑，一般中小型民用建筑，常采用墙体承重的梁板构件布置，如果教室中采用非预应力的钢筋混凝土梁，通常以 6～7 m 的跨度比较经济合理。

综合上述几个方面的因素，又考虑到房间之间平面组合的方便，因此普通教室的平面形状，通常以采用沿外墙长向布置的矩形平面较多（图3-6）。

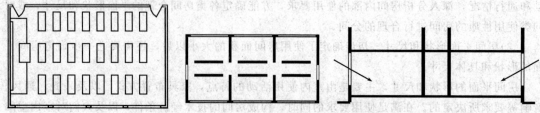

图3-6 沿外墙长向布置矩形平面的平面组合

矩形平面的长、宽的具体尺寸，可由家具尺寸、活动和通行宽度以及符合模数制的构件规格来确定。当平面组合中允许双侧采光或顶部采光时，或教室的主要使用要求和结构布置方式有所改变，教室平面的形状也可能相应地改变。图 3-7 所示为一双侧采光方形教室的平面组合；图 3-8 是一专用学校六角形教室的平面组合；图 3-9 所示是各种不同形状的音乐教室实例。

在大量的民用建筑中，如果使用房间的面积不大，又需要多个房间上下、左右相互组合，常见的以矩形的房间平面较多，这是由于矩形平面通常便于家具和设备的安排，房间的开间或进深易于调整统一，结构布置和预制构件的选用较易解决。如住宅、宿舍、学校、办公楼等建筑类型，大多采用矩形平面的房间。

如果建筑物中单个使用房间的面积很大，使用要求的特点比较明显，覆盖和围护房间的技术要求也较复杂，又不需要同类的多个房间进行组合，这时房间(也指大厅)平面以至整个体型就有可能采用多种形状。例如，室内人数多、有视听和疏散要求的剧院观众厅、体育馆比赛大厅等(图 3-10)。

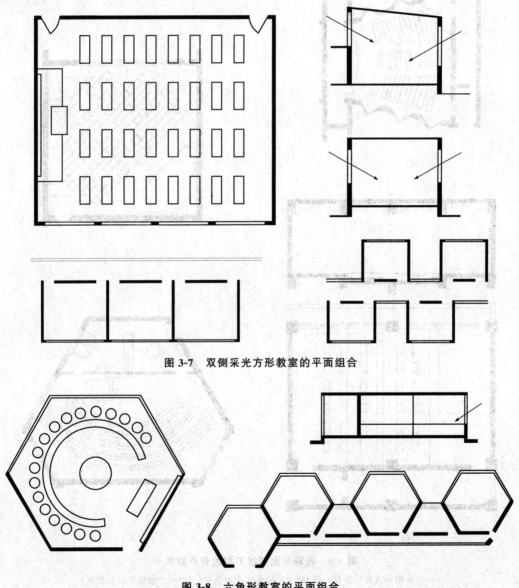

图 3-7 双侧采光方形教室的平面组合

图 3-8 六角形教室的平面组合

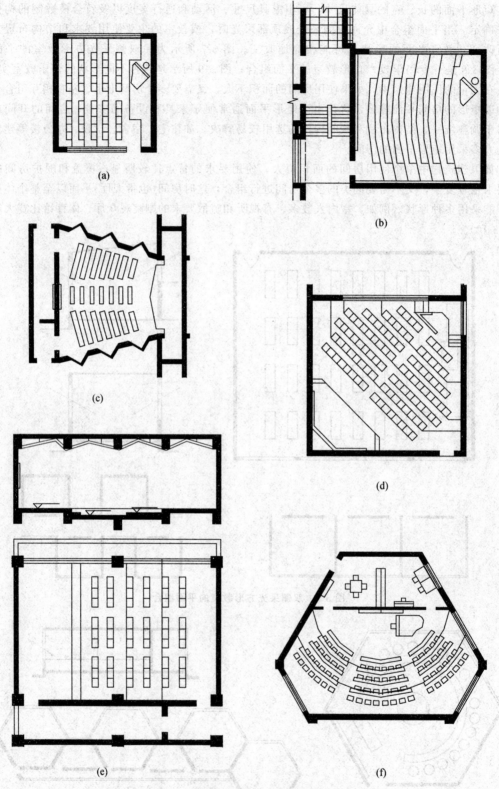

图 3-9 各种平面形状不同的音乐教室
(a)50座阶梯式音乐教育；(b)两个班阶梯式音乐教室；(c)两个班扇形音乐教室；
(d)102座音乐兼视听教室；(e)54座下沉式音乐教室；(f)66座菱形音乐教育

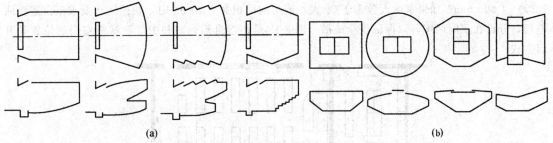

图 3-10　剧院观众厅和体育馆比赛大厅的平面形状及剖面示意
(a)观众厅；(b)比赛大厅

房间平面形状和尺寸的确定，主要是从房间内部的使用要求和技术经济条件来考虑的，同时室内空间处理等美观要求，建筑物周围环境和基地大小等总体要求，也是影响房间平面形状的重要因素。如图 3-11(a)所示，住宅卧室大多采用沿外墙短向布置的矩形平面，它是综合考虑家具布置、房间组合、技术经济条件和总体上节约用地等多方面因素的结果，随着上述因素中具体情况的改变，平面形状也有可能改变。图 3-11(b)所示是房屋的平面布置受基地条件限制时，为改善房间对朝向的要求，房间平面采用非矩形的布置。

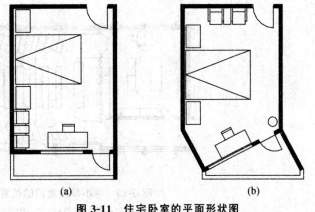

图 3-11　住宅卧室的平面形状图
(a)沿外墙短向布置的矩形平面；(b)非矩形的房间平面

3.2.3　门窗在房间平面中的布置

在房间平面设计中，门窗的大小和数量是否恰当，它们的位置和开启方式是否合适，对房间的平面使用效果也有很大影响。同时，窗的形式和组合方式又和建筑立面设计的关系极为密切，门窗的宽度在平面中表示，它们的高度在剖面中确定，而窗和外门的组合形式又只能在立面中看到全貌。因此，在平、立、剖面的设计过程中，门窗的布置须要多方面综合考虑，反复推敲。下面先从门窗的布置和单个房间平面设计的关系进行分析。

(1)门的宽度、数量和开启方式。房间平面中门的最小宽度，是由通过人流多少和搬进房间家具、设备的大小决定的。例如，住宅中卧室、起居室等生活用房间，门的宽度常用 900 mm 左右，这样的宽度可使一个携带东西的人，方便地通过，也能搬进床、柜等尺寸较大的家具(图 3-12)。住宅中厕所、浴室的门，宽度只需 700 mm，阳台的门为 800 mm 即可，即稍大于一个通过宽度，这些较小的门扇，开启时可以少占室内的使用面积，这对平面紧凑的住宅建筑，尤其显得重要。

室内面积较大、活动人数较多的房间，应该相应增加门的宽度或门的数量，当门宽大于 1 000 mm 时，为了开启方便和少占使用面积，通常采用双扇门，双扇门宽可为

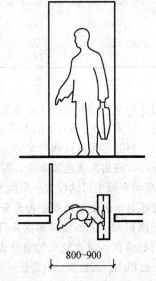

图 3-12　住宅中卧室起居室门的宽度

1 200～1 800 mm；如果室内人数多于 50 人，或房间面积大于 60 m² 时，按照防火要求至少需要两樘门，分设在房间两端，以保证安全疏散。图 3-13 是小学自然教室和中学阶梯教室门的位置和开启方式。

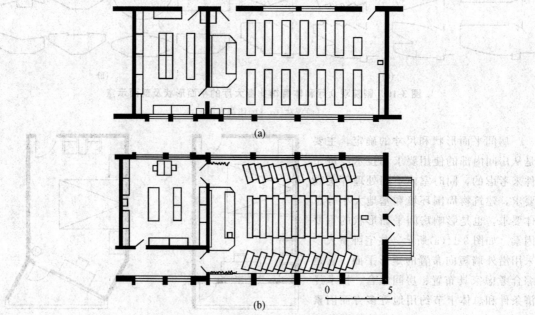

图 3-13　中小学教室门的位置和开启方式
(a)小学自然教室；(b)中学阶梯教室

一些人流大量集中的公共活动房间，如会场、观众厅等，考虑疏散要求，门的总净宽度应符合表 3-2 的要求，并应设置双扇的外开门。

表 3-2　剧场、电影院、礼堂等场所每 100 人所需最小净宽度　　　　m/百人

疏散部位		观众厅座位数/座	≤2 500	≤1 200
		耐火等级	一、二级	三级
疏散部位	门和走道	平坡地面	0.65	0.85
		阶梯地面	0.75	1.00
	楼梯		0.75	1.00

房间平面中门的开启方式，主要根据房间内部的使用特点来考虑，例如现代住宅和医院病房的入户门，常采用 1 200 mm 的不等宽双扇门[又称子母门如图 3-14(a)所示]，平时出入可只开较宽的单扇门，当搬运家具或病房有病人的手推车通过或担架出入时，可以两扇门同时开启。又如商店的营业厅，进出人流连续频繁，有些地区门扇常采用双扇弹簧门，使用比较方便[图 3-14(b)]。

(2)房间平面中门的位置。房间平面中门的位置应考虑室内交通路线简捷和安全疏散的要求，门的位置还对室内使用面积能否充分利用、家具布置是否方便，以及组织室内穿堂风等关系很大。

对于面积大、人流活动多的房间，门的位置主要考虑通行简捷和疏散安全。例如剧院观众厅中一些门的位置，通常较均匀地分设，使观众能尽快到达室外(图 3-15)。

对于面积小、人数少，只需设一个门的房间，门的位置首先需要考虑家具的合理布置，图 3-16 是集体宿舍中床铺安排和门的位置关系。

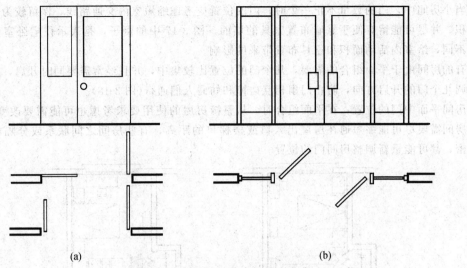

图 3-14 门的使用特点和开启方式
(a)住宅及病房门的不等宽双扇门；(b)商店营业厅的双扇弹簧门

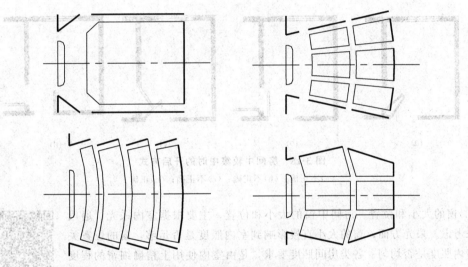

图 3-15 剧院观众厅中门的位置

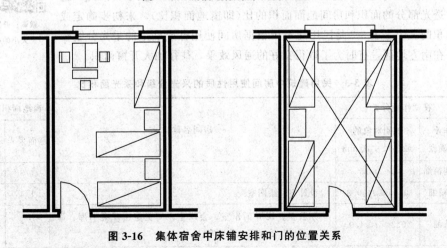

图 3-16 集体宿舍中床铺安排和门的位置关系

当小房间中，门的数量不止一个时，门的位置应考虑缩短室内交通路线，保留较为完整的活动面积，并尽可能留有便于靠墙布置家具的墙面。图 3-17 中的例子，是表示住宅卧室由于门的位置不同，给室内活动面积和家具布置带来的影响。

有的房间由于平面组合的需要，几个门的位置比较集中，并且经常需要同时开启，这时要注意协调几个门的开启方向，防止门扇相互碰撞和妨碍人们通行（图 3-18）。

房间平面中门的位置，在平面组合时，从整幢房屋的使用要求考虑也可能需要改变。例如，有的房间需要尽可能缩短通往房屋出入口或楼梯口的距离，有些房间之间联系或分隔的要求比较严密，都可能重新调整房间门的位置。

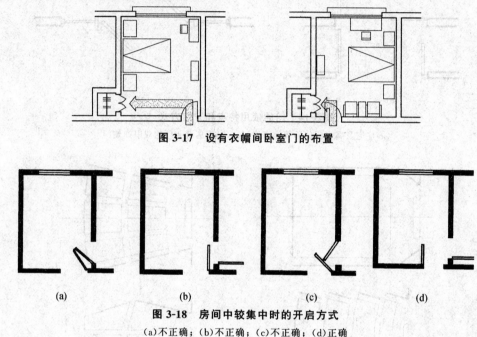

图 3-17 设有衣帽间卧室门的布置

图 3-18 房间中较集中时的开启方式
(a)不正确；(b)不正确；(c)不正确；(d)正确

(3) 窗的大小和位置。房间中窗的大小和位置，主要根据室内采光、通风要求来考虑。采光方面，窗的大小直接影响到室内照度是否足够，窗的位置关系到室内照度是否均匀。各类房间照度要求，是由室内使用上精确细密的程度来确定的。由于影响室内照度强弱的因素，主要是窗户面积的大小，因此，通常以窗口透光部分的面积和房间地面面积的比（即窗地面积比），来初步确定或校验窗面积的大小。表 3-3 是民用建筑中根据房间使用性质确定的采光分级和面积比。在南方地区，有时为了取得良好的通风效果，往往加大开窗面积。

微课：开窗面积大小的确定

表 3-3 民用建筑中房间使用性质的采光分级和采光面积比

采光等级	视觉作业分类		房间名称	窗地面积比 A_c/A_d	
	作业精确度	识别对象的最小尺寸 d/mm		侧面采光	顶部采光
I	特别精细	$d \leq 0.15$		1/3	1/6
II	很精细	$0.15 < d \leq 0.3$	设计室、绘图室	1/4	1/8
III	精细	$0.3 < d \leq 1.0$	办公室、视屏工作室、会议室、阅览室、开架书库、诊室、药房、治疗室、化验室	1/5	1/10

续表

采光等级	视觉作业分类		房间名称	窗地面积比 A_c/A_d	
	作业精确度	识别对象的最小尺寸 d/mm		侧面采光	顶部采光
Ⅳ	一般	$1.0 < d \leqslant 5.0$	起居室(厅)、卧室、书房、厨房、复印室、档案室、教室、阶梯教室、实验室、报告厅、候诊室、挂号处、综合大厅、病房、医生办公室(护士室)	1/6	1/13
Ⅴ	粗糙	$d > 5.0$	餐厅、书库、走道、楼梯间、卫生间	1/10	1/23

注：A_c—窗洞口面积；A_d—房间地面面积。

窗的平面位置，主要影响到房间沿外墙(开间)方向来的照度是否均匀、有无暗角和眩光，如果房间的进深较大，同样面积的矩形窗户竖向设置，可使房间进深方向的照度比较均匀。中小学教室在一侧采光的条件下，窗户应位于学生左侧；窗间墙的宽度从照度均匀考虑，一般不宜过大(具体窗间墙尺寸的确定需要综合考虑房屋结构或抗震要求等因素)；同时，窗户和挂黑板墙面之间的距离要适当，这段距离太小会使黑板上产生眩光，距离太大又会形成暗角(图 3-19)。

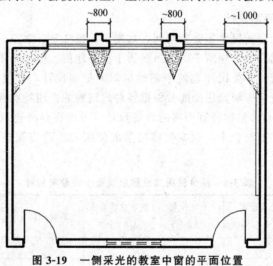

图 3-19 一侧采光的教室中窗的平面位置

建筑物室内的自然通风，除与建筑朝向、间距、平面布局等因素有关外，房间中窗的位置，对室内通风效果的影响也很关键，通常利用房间两侧相对应的窗户或门窗之间组织穿堂风，门窗的相对位置采用对面通直布置时，室内气流通畅(图 3-20)，同时，也要尽可能使穿堂风通过室内使用活动部分的空间。在图 3-21(a)所示的教室平面中，常在靠走廊一侧开设高窗，以改善教室内通风条件。图 3-21(b)所示为一有天井的住宅卧室，夏季利用贮藏室的门，调节出风通路，改善通风。

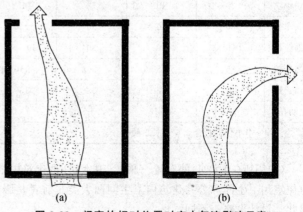

图 3-20 门窗的相对位置对室内气流影响示意
(a)通风良好；(b)通风较差

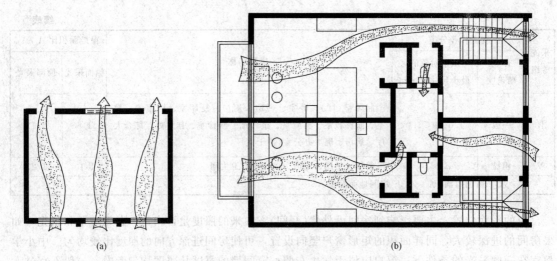

图 3-21　平面中门窗开设位置对通风条件的影响
(a)教室中开设高窗；(b)卧室中的辅助出风通道

3.2.4　辅助房间的平面设计

辅助房间是指为使用房间提供服务的房间，如厕所、盥洗室、浴室、厨房、通风机房、水泵房、配电房等。这些房间在整个建筑平面中虽然属于次要地位，但却是不可缺少的部分，直接关系到人们使用的方便与否。各类民用建筑中辅助房间的平面设计，和使用房间的设计分析方法基本相同。卫生间、盥洗室等辅助房间通常根据各种建筑物的使用特点和使用人数的多少，先确定所需设备的个数(表 3-4)。根据计算所得的设备数量，考虑在整幢建筑物中卫生间、盥洗室的分间情况，最后在建筑平面组合中，根据整幢房屋的使用要求适当调整并确定这些辅助房间的面积、平面形式和尺寸。

表 3-4　部分民用建筑厕所设备个数参考指标

建筑类型	男小便器（人/个）	男大便器（人/个）	女大便器（人/个）	洗手盆或龙头（人/个）	男女比例	备注
旅馆	20	20	12			男女比例按设计要求
宿舍	20	20	15	15		男女比例按实际使用要求
中小学	20	40	13	45	1∶1	小学数量应稍多
火车站	80	80	50	150	2∶1	
办公楼	50	50	30	50～80	3∶1～5∶1	
影剧院	35	75	50	140	2∶1～3∶1	
门诊部	100	100	33	150	1∶1	总人数按全日门诊人次计算
幼托		5～10	2～5		1∶1	

注：一个小便器折合 0.6 m 长小便槽。

(1)厕所(卫生间)的布置。厕所(卫生间)是建筑中最常见的辅助房间。厕所(卫生间)主要分为住宅用卫生间和公共建筑内卫生间两大类。前者是服务于家庭的，后者是服务于公共场所的，因此其设计也略有不同。

住宅用卫生间内的卫生洁具应包括：便器、洗浴器(浴缸或喷淋)、洗面器。三件卫生洁具可以布置在同一卫生间内，也可以布置在不同的卫生间内。常用平面形状如图 3-22 所示。

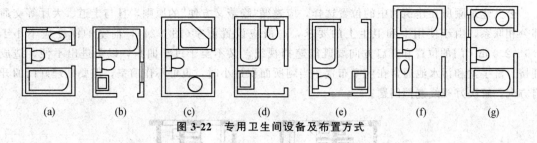

图 3-22 专用卫生间设备及布置方式

公共建筑厕所卫生设备有大便器、小便器、洗手盆、污水池等，常用尺寸及布置方案如图 3-23 所示。公共厕所卫生设备的数量通常根据各种建筑物的使用特点和使用人数多少确定（表 3-3），根据计算所得的设备数量，综合考虑各种设备及人体活动所需要的基本尺度，确定房间的基本尺寸和布置形式。厕所和浴室隔间的平面尺寸见表 3-5。

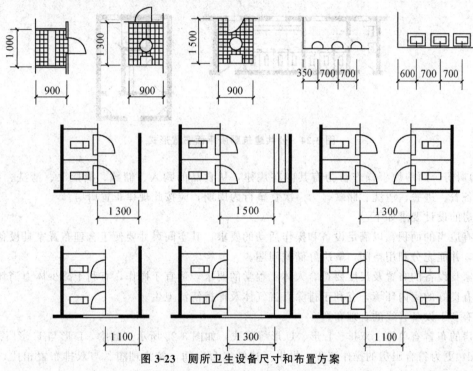

图 3-23 厕所卫生设备尺寸和布置方案

表 3-5 厕所和浴室隔间平面尺寸

类别	平面尺寸（宽度 m×深度 m）
外开门的厕所隔间	0.9×1.20（蹲便器）
	0.9×1.30（坐便器）
内开门的厕所隔间	0.90×1.40（蹲便器）
	0.90×1.50（坐便器）
医院患者专用厕所隔间	1.10×1.50（门闩应能里外开启）
无障碍厕所隔间	1.50×2.00（不应小于 1.00×1.80）
外开门淋浴隔间	1.00×1.20（或 1.10×1.10）
内设更衣凳的淋浴隔间	1.00×(1.00+0.60)
无障碍专用浴室隔间	盆浴（门扇向外开启）2.00×2.25
	淋浴（门扇向外开启）1.50×2.35

· 69 ·

公共建筑厕所在建筑物中的位置选择,应遵循"隐蔽又方便"的原则,且与走道、大厅等交通部分相联系,由于使用上和卫生上的要求,一般应设置前室(图3-24),前室的深度应不小于1.5~2.0 m。门的位置和开启方向要既能遮挡视线,又不至于过于曲折,以免进出不便,造成拥挤。洗手盆和污水池通常在前室布置。当厕所面积过小时,也可不作前室,但要处理好门的开启方向,解决好视线遮挡问题。

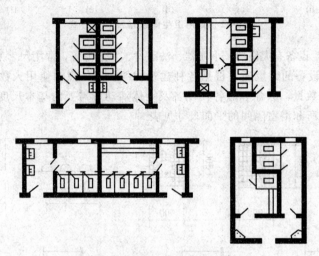

图3-24　公共建筑厕所平面布置形式

(2)厨房。厨房炊事操作行为有其内在规律,从食品的购入、储藏、摘捡菜、清洗、配餐、烹调、备餐、进餐、清洗、储藏,为一次食事行为周期,应按此规律布置厨房。

厨房的设计要求如下:

1)有适当的面积,以满足设备和操作活动的要求。其空间尺寸要便于合理布置家具设备和方便操作,并能充分利用空间,解决好储藏问题。

2)家具设备的布置及尺度要符合人体工程学的要求,适宜于操作,有利于减少体力消耗。

3)有良好的室内环境,有利于排除有害气体及保持清洁卫生。

4)有利于设备管线的合理布置。

厨房的布置有单排、双排、L形、U形等形式,如图3-25所示。其中,L形与U形[图3-25(b)、(d)]更为符合厨房的操作流程,提供了连续案台空间,较为理想。与双排布置相比,避免了操作过程中频繁转身的缺点。

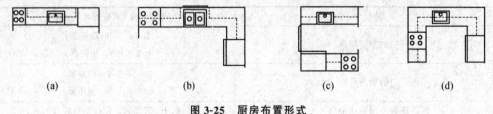

图3-25　厨房布置形式

(a)单排布置;(b)L形布置;(c)双排布置;(d)U形

图3-26所示为住宅中的厨房、浴厕等辅助用房的平面和室内透视图。

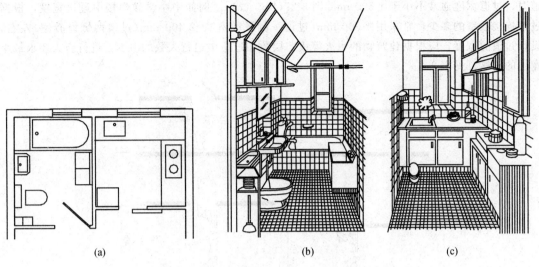

图3-26　住宅中的厨房、浴厕的平面和室内透视
(a)平面；(b)浴厕室内透视；(c)厨房室内透视

3.3 交通联系部分的平面设计

一幢建筑物除有满足使用要求的各种房间外，还需要有交通联系部分把各个房间之间以及室内外之间联系起来，建筑物内部的交通联系部分可以分为以下几项：

(1)水平交通联系的走廊、过道等；
(2)垂直交通联系的楼梯、坡道、电梯、自动扶梯等；
(3)交通联系枢纽的门厅、过厅等。

交通联系部分的面积，在一些常见的建筑类型如宿舍、教学楼、医院或办公楼中，约占建筑面积的1/4。这部分面积设计得是否合理，除直接关系到建筑物中各部分的联系通行是否方便外，它也对房屋造价、建筑用地、平面组合方式等许多方面有很大影响。

交通联系部分设计的主要要求如下：
(1)交通路线简捷明确，联系通行方便；
(2)人流通畅，紧急疏散时迅速安全；
(3)满足一定的采光通风要求；
(4)力求节省交通面积，同时考虑空间处理等造型问题。

进行交通联系部分的平面设计，首先需要具体确定走廊、楼梯等通行疏散要求的宽度，具体确定门厅、过厅等人们停留和通行所必需的面积，然后结合平面布局考虑交通联系部分在建筑平面中的位置以及空间组合等设计问题。

以下分述各种交通联系部分的平面设计。

3.3.1 过道(走廊)

过道(走廊)：连接各个房间、楼梯和门厅等各部分，以解决房屋中水平联系和疏散问题。

过道的宽度应符合人流通畅和建筑防火要求，通常单股人流的通行宽度为550~600 mm。在通行人数少的住宅过道中，考虑到两人相对通过和搬运家具的需要，过道的最小宽度也不宜小于1 200 mm[图3-27(a)]。在通行人数较多的公共建筑中，按各类建筑的使用特点、建筑平面组合要求、通过人流的多少及根据调查分析或参考设计资料确定过道宽度。公共建筑门扇开向过道时，过道宽度通常不小于1 500 mm[图3-27(b)、(c)]。例如中小学教学楼中过道宽度，根据过道连接教室的多少，常采用1 800 mm(过道一侧设教室)、2 400 mm(过道两侧设教室)左右，设计过道的宽度，应根据建筑物的耐火等级、层数和过道中通行人数的多少，进行防火要求最小宽度的校核，见表2-4。

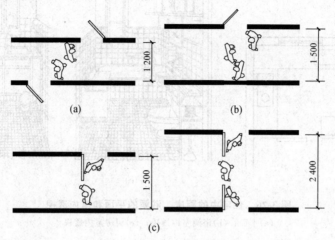

图3-27 人流通行和过道的宽度
(a)两人相对通过；(b)三人通过；(c)门扇开向过道对宽度的影响

过道从房间门到楼梯间或外门的最大距离，以及袋形过道的长度，从安全疏散考虑也有一定的限制，见表3-6。

表3-6 直通疏散走道的房间疏散门至最近安全出口的直线距离 m

建筑类型		位于两个安全出口之间的疏散门			位于袋形走道两侧或尽端的疏散门		
		一、二级	三级	四级	一、二级	三级	四级
托儿所、幼儿园老年人照料设施		25	20	15	20	15	10
歌舞娱乐放映游艺场所		25	20	15	9	—	—
医疗建筑	单、多层	35	30	25	20	15	10
	高层 病房部分	24	—	—	12	—	—
	高层 其他部分	30	—	—	15	—	—
教学建筑	单、多层	35	30	25	22	20	10
	高层	30	—	—	15	—	—
高层旅馆、公寓、展览建筑		30	—	—	15	—	—
其他建筑	单、多层	40	35	25	22	20	15
	高层	40	—	—	20	—	—

注：1. 建筑内开向敞开式外廊的房间疏散门至最近安全出口的直线距离可按本表的规定增加5 m。
2. 直通疏散走道的房间疏散门至最近敞开楼梯间的直线距离，当房间位于两个楼梯间之间时，应按本表的规定减少5 m；当房间位于袋形走道两侧或尽端时，应按本表的规定减少2 m。
3. 建筑物内全部设置自动喷水灭火系统时，其安全疏散距离可按本表的规定增加25%。

根据不同建筑类型的使用特点，过道除交通联系外，也可以兼有其他的使用功能，例如，学校教学楼中的过道，兼有学生课间休息活动的功能，医院门诊部分的过道，兼有病人候诊的功能等(图 3-28)，这时过道的宽度和面积相应增加。可以在过道边上的墙上开设高窗或设置玻璃隔断以改善过道的采光通风条件(图 3-29)。为了遮挡视线，隔断可用磨砂玻璃。图 3-30 所示是住宅建筑中厨房与餐室的既可分隔、又可兼用的布置，也是在交通面积中结合会客、进餐等使用功能，以提高建筑面积的利用率。

有的建筑类型如展览馆、画廊、浴室等，由于房屋中人流活动和使用的特点，也可以把过道等水平交通联系面积和房间的使用面积完全结合起来，组成套间式的平面布置(图 3-31)。

以上例子说明，建筑平面中各部分面积使用性质的分类，也不是绝对的，根据建筑物具体的功能特点，使用部分和交通联系部分的面积，也有可能相互结合综合使用。

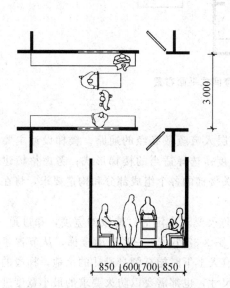

图 3-28　兼有候诊功能过道的宽度

图 3-29　设置玻璃隔断的候诊过道

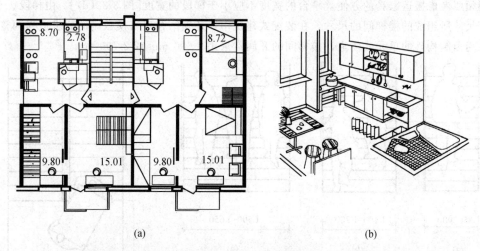

图 3-30　住宅中交通面积中结合会客、进餐等使用功能的布置
(a)平面；(b)厅和厨房透视

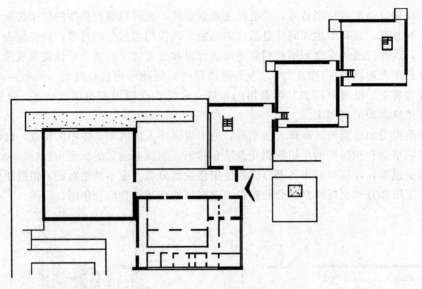

图 3-31　展览馆中的套间式平面布置

3.3.2　楼梯和坡道

楼梯是房屋各层间的垂直交通联系部分，是楼层人流疏散必经的通路。楼梯设计主要根据使用要求和人流通行情况确定梯段和休息平台的宽度；选择适当的楼梯形式；考虑整幢建筑的楼梯数量；以及楼梯间的平面位置和空间组合。有关楼梯的各个组成部分和构造要求，将在本书民用建筑构造中叙述。

楼梯的宽度，也是根据通行人数的多少和建筑防火要求决定的。梯段的宽度，和过道一样，考虑两人相对通过，通常不小于 1 100～1 200 mm[图 3-32(b)]。一些辅助楼梯，从节省建筑面积出发，把梯段的宽度设计得小一些，考虑到同时有人上下时能有侧身避让的余地，梯段的宽度也不应小于 900 mm[图 3-32(a)]。所有梯段宽度的尺寸，也都需要以防火要求的最小宽度进行校核，防火要求宽度的具体尺寸和对过道的要求相同（表 2-4）。楼梯平台的宽度，除考虑人流通行外，还须要考虑搬运家具的方便，平台的宽度不应小于梯段的宽度[图 3-32(d)]。由梯段、平台、踏步等尺寸所组成的楼梯间的尺寸，在装配式建筑中，还须结合建筑模数制的要求适当调整，例如，采用预制构件的单元式住宅，楼梯间的开间常采用 2 600 mm 或 2 700 mm。

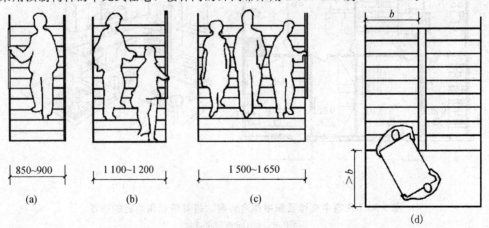

图 3-32　楼梯梯段和平台的通行宽度

楼梯形式的选择，主要以房屋的使用要求为依据。两跑楼梯由于面积紧凑，使用方便，是一般民用建筑中最常采用的形式。当建筑物的层高较高，或利用楼梯间顶部天窗采光时，常采用三跑楼梯。一些旅馆、会场、剧院等公共建筑，经常把楼梯的设置和门厅、休息厅等结合起来。这时，楼梯可以根据室内空间组合的要求，采用比较多样的形式，如会场门厅中显得庄重的直跑大平台楼梯，剧院门厅中开敞的不对称楼梯，以及旅馆门厅中比较轻快的圆弧形楼梯等（图 3-33）。

图 3-33　不同的楼梯形式

对层高较低的用室内楼梯的二层小住宅，结合建筑平面组合，把楼梯平台和室内过道面积结合起来，采用直跑楼梯也有可能得到比较紧凑的平面(图 3-34)。

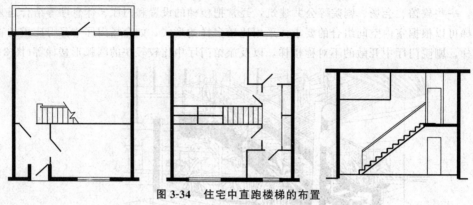

图 3-34　住宅中直跑楼梯的布置

楼梯在建筑平面中的数量和位置，是交通联系部分及建筑平面组合设计中比较关键的问题，它关系到建筑物中人流交通的组织是否通畅安全，建筑面积的利用是否经济合理。

楼梯的数量主要根据楼层人数多少和建筑防火要求来确定。当建筑物中，楼梯和远端房间的距离超过防火要求的距离(表 3-6)；二至三层的公共建筑楼层面积超过 200 m²；或者二级耐火房屋，2 层以上总人数之和超过 50 人时；三级耐火房屋，2 层以上总人数之和超过 25 人时；四级耐火房屋，2 层以上总人数之和超过 15 人时，都需要布置两个或两个以上的楼梯。

一些公共建筑物，通常在主要出入口处，相应地设置一个位置明显的主要楼梯；在次要出入口处，或者房屋的转折和交接处设置次要楼梯供疏散及服务用。这些楼梯的宽度和形式，根据所在平面位置，使用人数多少和空间处理的要求，也应有所区别。图 3-35 所示为一学校平面中楼梯位置的布置示意。位于走廊中部不封闭的楼梯，为了减少走廊中人流和上下楼梯人流的相互干扰，这些楼梯的楼段应适当从走廊墙面后退。由于人们只是短暂地经过楼梯，因此楼梯间可以布置在房屋朝向较差的一面，但应有自然采光。

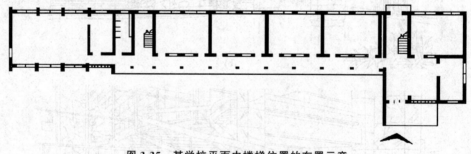

图 3-35　某学校平面中楼梯位置的布置示意

垂直交通联系部分除楼梯外，还有坡道，电梯和自动扶梯等。室内坡道的特点是上下比较省力(楼梯的坡度为 30°～40°，室内坡道的坡度通常＜10°)，通行人流的能力几乎和平地相当(人群密集时，楼梯由上往下人流通行速度为 10 m/min，坡道人流通行速度接近于平地的 16 m/min)，但是坡道的最大缺点是所占面积比楼梯面积大得多。一些医院为了病人上下和手推车通行的方便可采用坡道；为儿童上下的建筑物，也可采用坡道；有些人流大量集中的公共建筑，如大型体育馆的部分疏散通道，也可用坡道来解决垂直交通联系(图 3-36)。电梯通常使用在多层或高层建筑中，一些有特殊使用要求的建筑，如医院病房部分也常采用。自动扶梯适用于具有频繁而连续人流的大型公共建筑中，如百货大楼、展览馆、游乐场、火车站、地铁站、航空港等建筑物中(图 3-37)。

图 3-36　某学校附属幼儿园的坡道

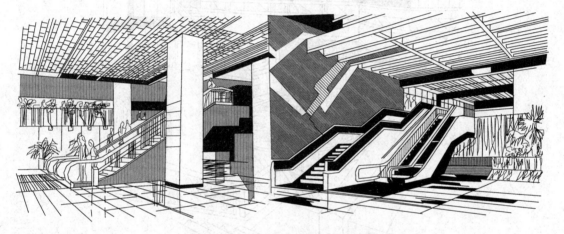

图 3-37　一些公共建筑中设置的自动扶梯

3.3.3　门厅、过厅和出入口

门厅是建筑物主要出入口处的内外过渡、人流集散的交通枢纽。在一些公共建筑中，门厅除交通联系外，还兼有适应建筑类型特点的其他功能要求，例如，旅馆门厅中的服务台、问讯处或小卖部，门诊所门厅中的挂号、取药、收费等部分，有的门厅还兼有展览、陈列等使用要求，图 3-38 所示为兼有会客、休息功能的某旅馆门厅。和所有交通联系部分的设计一样，疏散出入安全也是门厅设计的一个重要内容，门厅对外出入口的总宽度，应不小于通向该门厅的过道、楼梯宽度的总和，人流比较集中的公共建筑物，门厅对外出入口的宽度，一般按每 100 人 0.6 m 计算。外门的开启方式应向外开启或采用弹簧门扇。

门厅的面积大小，主要根据建筑物的使用性质和规模确定，在调查研究、积累设计经验的基础上，根据相应的建筑标准，不同的建筑类型都有一些面积定额可以参考，例如，中小学的门厅面积为每人 $0.06\sim0.08\ m^2$，电影院的门厅面积，按每一观众不小于 $0.13\ m^2$ 计算，一些兼有其他功能的门厅面积，还应根据实际使用要求相应地增加。

导向性明确，避免交通路线过多的交叉和干扰，是门厅设计中的重要问题。门厅的导向明确，即要求人们进入门厅后，能够比较容易地找到各过道口和楼梯口，并易于辨别这些过道或楼梯的主次，以及它们通向房屋各部分使用性质上的区别。根据不同建筑类型平面组合的特点，以及房屋建造所在基地形状、道路走向对建筑中门厅设置的要求，门厅的布局通常有对称和不对称的两种。对称的门厅有明显的轴线，如起主要交通联系作用的过道或主要楼梯沿轴线布置，主导方向较为明确[图 3-39(a)]。不对称的门厅[图 3-39(b)]，由于门厅中没有明显的轴线，交通联系主次的导向，往往需要通过对走廊口门洞的大小，墙面的透空和装饰处理、以及楼梯踏步的引导等设计手法，使人们易于辨别交通联系的主导方向。图 3-40 是在基本对称的电影院门厅中，楼梯设在一侧作不对称布置，并以宽阔的楼梯踏步，引导人流通往楼座。

门厅中还应组织好各个方向的交通路线，尽可能减少来往人流的交叉和干扰。对一些兼有其他使用要求的门厅，更需要分析门厅中人们的活动特点，在各使用部分留有尽少穿越的必要活动面积。如图 3-41 所示，在门诊所和旅馆的门厅中，分别在挂号、药房和接待、小卖部处留有必要的活动余地，使这些活动部分和厅内的交通路线尽少干扰。

图 3-38 兼有会客、休息功能的某旅馆门厅

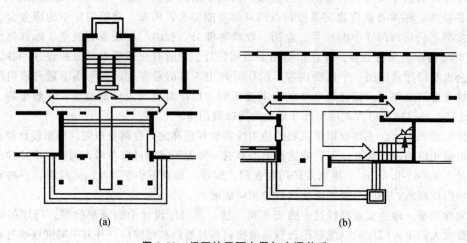

图 3-39 门厅的平面布置与交通关系

图 3-40 门厅中楼梯踏步引导人流

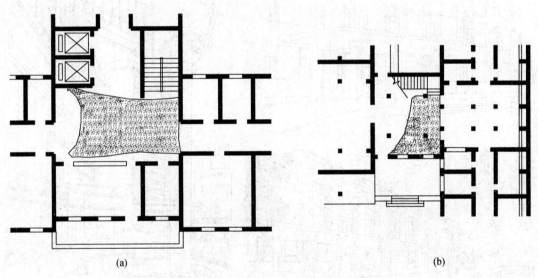

图 3-41 兼有其他使用功能要求的门厅平面布置
(a)某医院的过厅；(b)某旅馆的过厅

由于门厅是人们进入建筑物首先到达、经常经过或停留的地方，因此门厅的设计，除要合理地解决好交通枢纽等功能要求外，门厅内的空间组合和建筑造型要求，也是一些公共建筑中重要的设计内容之一。

过厅通常设置在过道和过道之间，或过道和楼梯的连接处，它起到交通路线的转折和过渡的作用，有时为了改善过道的采光、通风条件，也可以在过道的中部设置过厅[图 3-42(a)、(b)]。

建筑物的出入口处，为了给人们进出室内外时有一个过渡的地方，通常在出入口前设置雨篷、门廊或门斗等，以防止风雨或寒气的侵袭。雨篷、门廊、门斗的设置，也是凸出建筑物的出入口，进行建筑重点装饰和细部处理的设计内容，图 3-43(a)、(b)和(c)是一医院入口处设有停车的门廊和一车站入口处和一银行入口处的通长雨篷示意。

· 79 ·

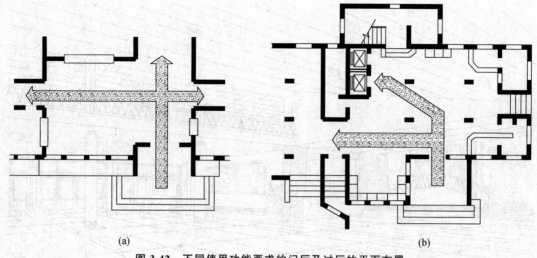

图 3-42 不同使用功能要求的门厅及过厅的平面布置
(a)某门诊所的门厅；(b)某旅馆的门厅

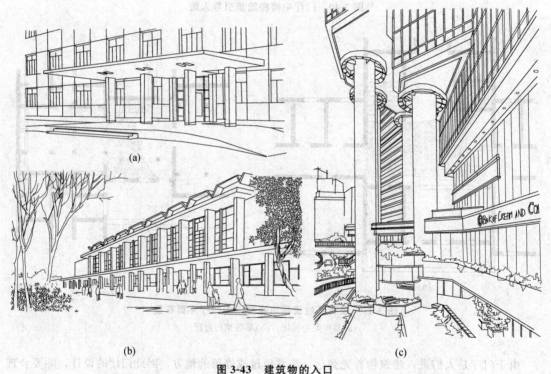

图 3-43 建筑物的入口
(a)某医院设有停车的门廊；(b)某车站入口的通长雨篷；(c)某银行建筑内凹的入口

3.4 建筑平面的组合设计

建筑平面的组合设计，一方面，是在熟悉平面各组成部分的基础上，进一步从建筑整体的使用功能、技术经济和建筑艺术等方面，来分析对平面组合的要求；另一方面，还必须考虑总体规划、基地环境对建筑单体平面组合的要求。即建筑平面组合设计须要综合分析建筑本身提出的、以及总体环境对单体建筑提出的，内外两个方面的要求。

建筑平面的组合，实际上是建筑空间在水平方向的组合。这一组合必然导致建筑物内外空间和建筑形体，在水平方向予以确定，因此在进行平面组合设计时，可以及时勾画建筑物形体的立体草图，考虑这一建筑物在三度空间中可能出现的空间组合及其形象，即本章开始叙述时着重指出的——从平面设计入手，但是着眼于建筑空间的组合。

建筑平面组合设计的主要任务如下：

(1)根据建筑物的使用和卫生等要求，合理安排建筑各组成部分的位置，并确定它们的相互关系；

(2)组织好建筑物内部以及内外之间方便和安全的交通联系；

(3)考虑到结构布置、施工方法和所用材料的合理性，掌握建筑标准，注意美观要求；

(4)符合总体规划的要求，密切结合基地环境等平面组合的外在条件，注意节约用地和环境保护等问题。

本节将着重叙述建筑平面组合的功能分析，平面组合和基地环境对平面组合的影响等内容，有关平面组合中要考虑的建筑艺术问题，将结合在建筑体型和立面设计一章中叙述。

3.4.1 建筑平面的功能分析和组合方式

建筑平面功能分析和组合方式的内容主要有以下几个方面：

(1)各类房间的主次、内外关系。一幢建筑物，根据它的功能特点，平面中各个房间相对说来总是有主有次，例如，在学校教学楼中，满足教学的教室、实验室等，应是主要的使用房间，其余的管理、办公、贮藏、厕所等，属次要房间；在住宅建筑中，生活用的起居室、卧室是主要的房间，厨房、浴厕、贮藏室等属次要房间。同样，商店中的营业厅、体育馆中的比赛大厅，

微课：建筑平面的功能分区

也属于主要房间。平面组合时，要根据各个房间使用要求的主次关系，合理安排它们在平面中的位置，上述教学、生活用主要房间，应考虑设置在朝向好、比较安静的位置，以取得较好的日照、采光、通风条件；公共活动的主要房间，它们的位置应在出入和疏散方便，人流导向比较明确的部位(图 3-44)。

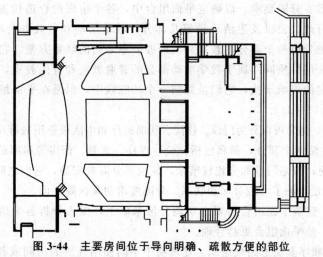

图 3-44 主要房间位于导向明确、疏散方便的部位

建筑物中各类房间或各个使用部分，有的对外来人流联系比较密切、频繁，例如商店的营业厅，门诊所的挂号、问讯等房间，它们的位置需要布置在靠近人流来往的地方或出入口处。有的主要是内部活动或内部工作之间的联系，例如，商店的行政办公、生活用房、门诊所的药库、化验室等，这些房间主要考虑内部使用时和有关房间的联系(图 3-45)。

在建筑平面组合中，分清各个房间使用上的主次、内外关系，有利于确定各个房间在平面中的具体位置。

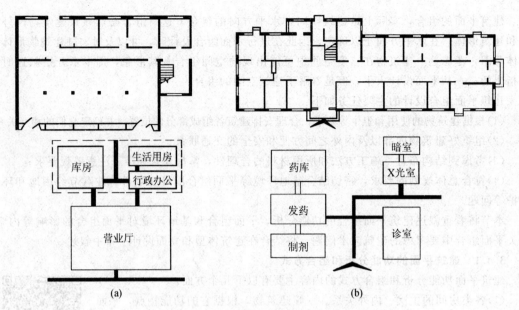

图 3-45 平面组合中房间的内外关系
(a)商店平面；(b)门诊所平面

(2)功能分区以及它们的联系和分隔。当建筑物中房间较多，使用功能又比较复杂的时候，这些房间可以按照它们的使用性质以及联系的紧密程度，进行分组分区。通常借助于功能分析图[图 3-46(a)]，能够比较形象地表示建筑物的各个功能分区部分，它们之间的联系或分隔要求以及房间的使用顺序。建筑物的功能分区，首先把使用性质相同或联系紧密的房间组合在一起，以便平面组合时，能从几个功能分区之间大的关系来考虑，同时，还需要具体分析各个房间或各区之间的联系、分隔要求，以确定平面组合中，各个房间的合适位置。如学校建筑，可以分为教学活动、行政办公以及生活后勤等几部分，教学活动和行政办公部分既要分区明确、避免干扰，又要考虑分属两个部分的教室和教师办公室之间的联系方便，它们的平面位置应适当靠近一些；对于使用性质同样属于教学活动部分的普通教室和音乐教室，由于音乐教室上课时对普通教室有一定的声响干扰，它们虽属同一个功能区中，但是在平面组合中却又要求有一定的分隔[图 3-46(b)~(d)]。

又如医院建筑中，通常可以分为门诊、住院、辅助医疗和生活服务用房等几部分，如图 3-47(a)所示，其中门诊和住院两个部分，都和包括化验、理疗、放射、药房等房间的辅助医疗部分关系密切，需要联系方便；但是门诊部分比较嘈杂，住院部分需要安静，它们之间又需要有较好的分隔，图 3-47(b)所示是考虑了功能分区和联系、分隔要求的某医院平面。

以上例子说明，建筑平面组合需要在功能分区基础上，深入分析各个房间或各个部分之间的联系、分隔要求，使平面组合更趋合理。

(3)房间的使用顺序和交通路线组织。建筑物中不同使用性质的房间或各个部分，在使用过程中通常有一定的先后顺序，例如，门诊部分中从挂号、候诊、诊疗、记账或收费到取药的各个房间；车站建筑中的问讯、售票、候车、检票、进入站台上车，以及出站时由站台经过检票出站等；平面组合时要很好考虑这些前后顺序(图 3-48)。有些建筑物对房间的使用顺序没有严格的要求，但是也要安排好室内的人流通行面积，尽量避免不必要的往返交叉或相互干扰。

房间的使用顺序和它们的联系和分隔要求，主要通过房间位置的安排以及组织一定方式的交通路线来实现。平面组合中要考虑交通路线的分工、连接或隔离。通常联系主要出入口和主要房间的是主要交通路线，人流较少的部分(如工作人员内部使用、辅助供应等)可用次要交通联系，门厅或过厅作为交通路线连接的枢纽。图 3-49 所示为教学楼平面，交通路线的主次分工和连接方式的分析示意。

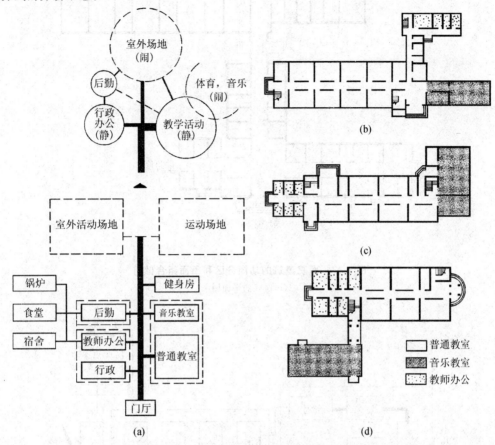

图 3-46 学校建筑的功能分区和平面组合
(a)中学校的功能分区；(b)教学楼以门厅区分三部分；
(c)声响较大的教室在教学楼尽端；(d)声响较大的教室在教学楼单独设置

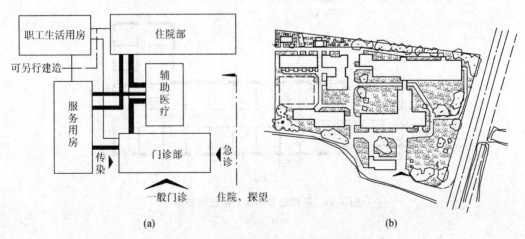

图 3-47 医院建筑的功能分区和平面组合
(a)医院的功能分析图；(b)所在基地示意

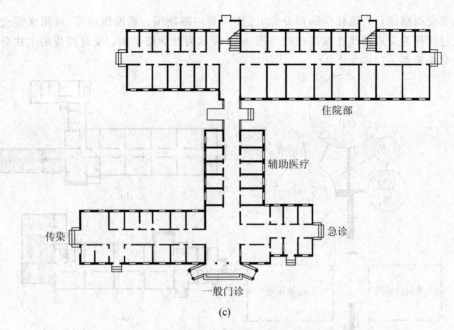

图 3-47 医院建筑的功能分区和平面组合（续）
(c)医院的平面图

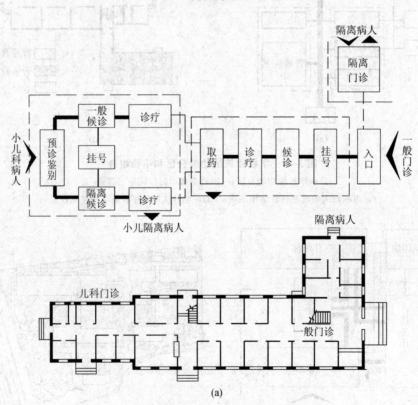

图 3-48 平面组合中房间的使用顺序
(a)门诊所

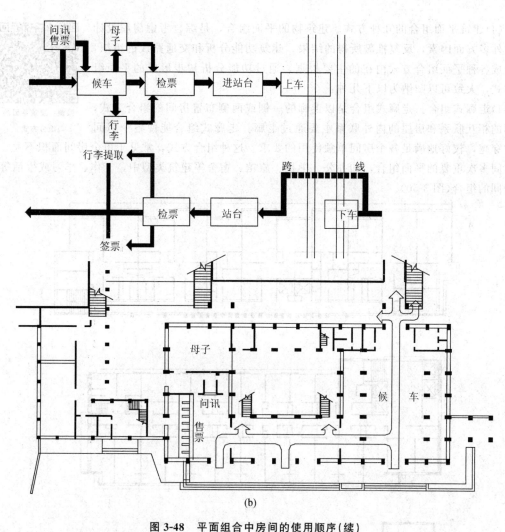

图 3-48 平面组合中房间的使用顺序(续)
(b)火车站

图 3-49 某中学教学楼平面中交通路线分析示意
1—主要交通路线；2—次要交通路线；3—起连接作用的门厅、过厅

(4)建筑平面组合的几种方式。建筑物的平面组合,是综合考虑房屋设计中内外多方面因素,反复推敲所得的结果。建筑功能分析和交通路线的组织,是形成各种平面组合方式内在的主要根据,通过功能分析初步形成的平面组合方式,大致可以归纳为以下几种:

微课:建筑平面的组合方式

1)走廊式组合。走廊式组合是以走廊的一侧或两侧布置房间的组合方式,房间的相互联系和房屋的内外联系主要通过走廊。走廊式组合能使各个房间不被穿越,较好地满足各个房间单独使用的要求。这种组合方式,常见于单个房间面积不大,同类房间多次重复的平面组合,如办公、学校、旅馆、宿舍等建筑类型中,工作、学习或生活等使用房间的组合(图3-50)。

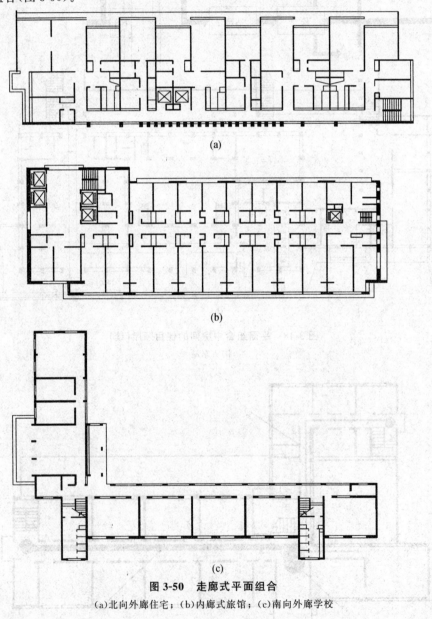

图 3-50 走廊式平面组合
(a)北向外廊住宅;(b)内廊式旅馆;(c)南向外廊学校

走廊两侧布置房间的为内廊式[图3-50(b)],这种组合方式平面紧凑,走廊所占面积较小,房屋进深大，节省用地，但是有一侧的房间朝向差，走廊较长时，采光、通风条件较差，需要开设高窗或设置过厅以改善采光、通风条件。

走廊一侧布置房间的为外廊式[图 3-50(a)、(c)]。房间的朝向、采光和通风都较内廊式好，但是房屋的进深较浅，辅助交通面积增大，故占地较多，相应造价增加。敞开设置的外廊，融合于气候温暖和炎热的地区，加窗封闭的外廊，由于造价较高，一般以用于疗养院、医院等医疗建筑为主。

外廊的南向或北向布置，需要结合建筑物的具体使用要求和地区气候条件来考虑。北向外廊，可以使主要使用房间的朝向、日照条件较好，但当外廊开敞时，房间的北入口冬季常受寒风侵袭，一些住宅，由于从外廊到居室内，通常还有厨房、前厅等过渡部分，为保证起居室、卧室有较好的朝向和日照条件，常采用北向外廊布置[图 3-50(c)]。南向外廊的房屋，外廊和房间出入口处的使用条件较好，室内的日照条件稍差，南方地区的某些建筑，如学校、宿舍等，也有不少采用南向外廊的组合，这时外廊兼起遮阳的作用[图 3-50(a)]。

2)套间式组合。套间式组合是房间之间直接穿通的组合方式。套间式的特点是房间之间的联系最为简捷，把房屋的交通联系面积和房间的使用面积结合起来，通常是在房间的使用顺序和连续性较强，使用房间不需要单独分隔的情况下形成的组合方式，如展览馆、车站、浴室等建筑类型中主要采用套间式组合(图 3-51)。对于活动人数少，使用面积要求紧凑、联系简捷的住宅，在厨房、起居室、卧室之间也常采用套间布置。

3)大厅式组合。大厅式组合是在人流集中、厅内具有一定活动特点并需要较大空间时形成的组合方式。这种组合方式常以一个面积较大、活动人数较多、有一定的视、听等使用特点的大厅为主，辅以其他的辅助房间。如剧院、会场、体育馆等建筑类型的平面组合(图 3-52)。大厅式组合中，交通路线组织问题比较突出，应使人流的通行通畅安全、导向明确。同时合理选择覆盖和围护大厅的结构布置方式也极为重要。

以上三种建筑平面的组合方式，在各类建筑物中，结合房屋各部分功能分区的特点，也经常形成以一种结合方式为主，局部结合其他组合方式的布置，也即是综合式的组合布局，随着房屋使用功能的发展和变化，平面组合的方式也会有一定的变化。例如有的办公楼建筑，为了适应房间面积大小和联系、分隔要求不断变化的需要，形成了大面积灵活隔断的统间式平面布局[图 3-53(a)]；一些医院的病房部分，由于医疗设备的发展和适应室内空调布置等的需要，也有采用双走廊的平面组合方式[图 3-53(b)]，这些组合方式对节约用地也较有利。

4)单元式组合。单元是将建筑中性质相同、关系密切的空间组成相对独立的整体，它通过垂直交通联系空间来连接各使用部分。

单元式平面组合即是将各单元按一定规律组合，从而形成一种组合形式的建筑，它功能分明，布局整齐，外形统一，且有利于建筑的标准化和形式的多样化，在住宅建筑中普遍采用(图 3-54、图 3-55)，在学生宿舍、托幼建筑等设计中也经常采用。

随着时代的前进，新的组合形式将会层出不穷。在一幢建筑中有时可能同时出现几种组合方式，应根据平面设计的需要灵活选择，创造出既满足使用功能，又符合经济美观要求的建筑来。

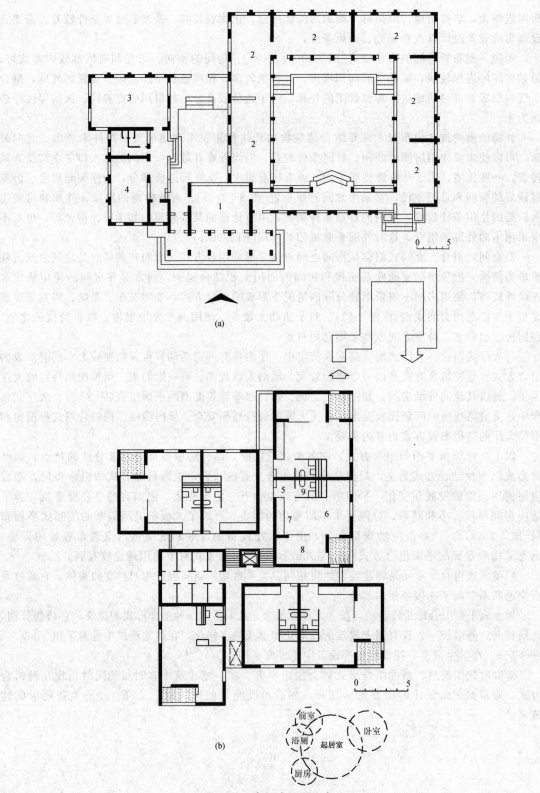

图 3-51 套间式平面组合
(a)套间式的展览馆;(b)住宅单元的套间布置
1—门厅;2—展览室;3—大接待室;4—小接待室;5—前室;6—起居室;7—厨房;8—卧室;9—浴厕

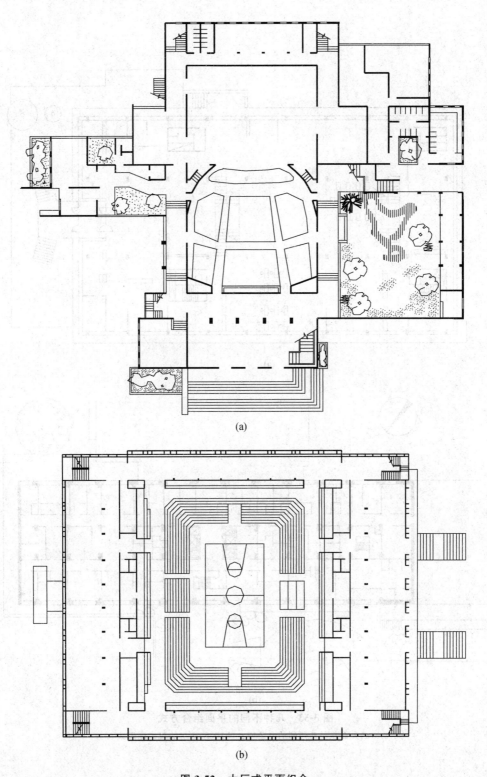

图 3-52 大厅式平面组合

(a)剧院平面组合；(b)体育馆平面组合

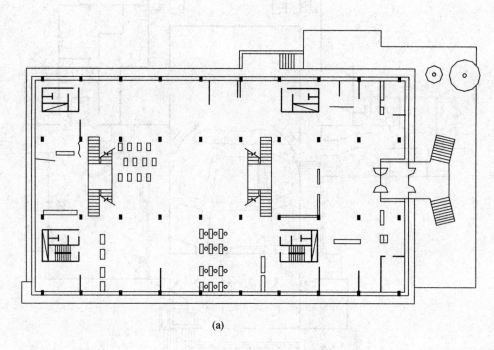

(a)

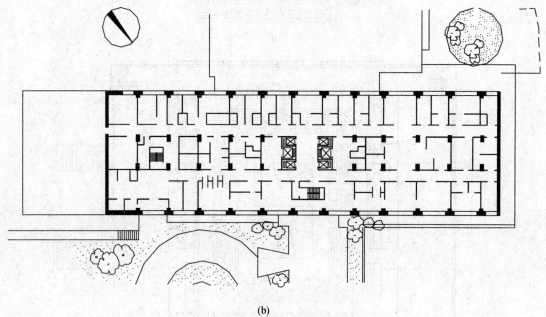

(b)

图 3-53 几种不同的平面组合方式
(a)大面积灵活隔断的办公楼;(b)医院病房的双走廊形式

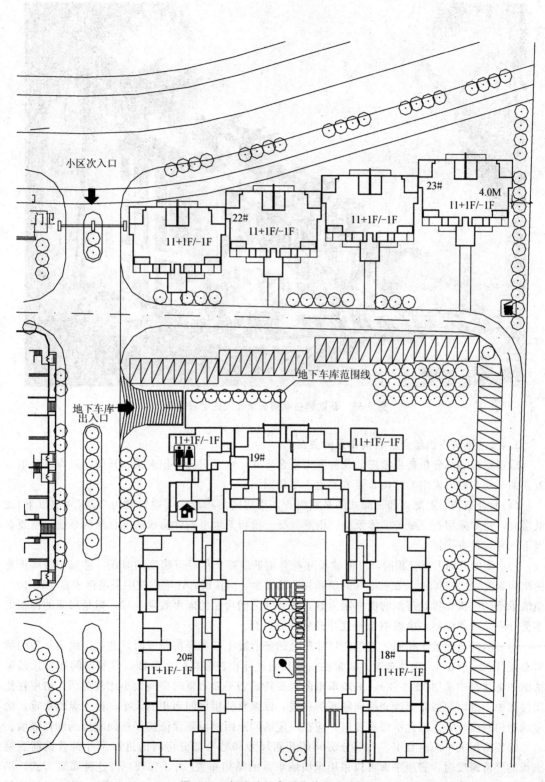

图 3-54 新欧鹏兰亭别院单元式住宅

图 3-55　新欧鹏兰亭别院单元式住宅效果图

3.4.2　建筑平面组合和结构布置的关系

根据建筑功能分析初步考虑的几种平面组合方式，由于房间面积大小、开间、进深以及组合方式的不同，相应采用的结构布置方式也不尽相同。

(1)混合结构。走廊式和套间式的平面组合，当房间面积较小，建筑物为多层(六层以下)或低层时，通常采用石、砖等墙体承重、钢筋混凝土梁板等水平构件构成的混合结构系统，主要有以下三种布置方式：

1)房间的开间大部分相同，开间的尺寸符合钢筋混凝土板经济跨度的时候，常采用横墙承重的结构布置[图 3-56(a)]。在一些房间面积较小的宿舍、门诊所和住宅建筑中采用得较多(图 3-57)：横墙承重的结构布置，房屋的横向刚度好，各开间之间房屋的隔声效果也好，但是房间的面积大小受开间尺寸的限制，横墙中也不宜开设较大的门洞。

2)房间的进深基本相同，进深的尺寸符合钢筋混凝土板的经济跨度时，常采用纵向承重的结构布置[图 3-56(b)]。这种布置方式常在一些开间尺寸比较多样的办公楼，以及房间布置比较灵活的住宅建筑中采用(图 3-58)。纵墙承重的主要特点是平面布置时房间大小比较灵活，房屋在使用过程中，可以根据需要改变横向隔断的位置，以调整使用房间面积的大小。由于纵墙承重，房屋的横向刚度较差。因此平面布置时，应在一定的间隔距离设置保证房屋横向刚度的刚性隔墙。

3)当房屋的平面组合中，一部分房间的开间尺寸和另一部分房间的进深尺寸符合钢筋混凝土板的经济跨度时，房屋平面可以采用纵横墙承重的结构布置[图 3-56(c)]。这种布置方式，平面中房间安排比较灵活，房屋刚度相对也较好，但是由于楼板铺设的方向不同，平面形状较复杂，因此施工时比上述两种布置方式繁复。教学楼中一些开间进深都较大的教室部分，也采用有梁板等水平构件的纵横墙承重的结构布置[图 3-56(d)、图 3-59]。

墙体承重的混合结构系统，对建筑平面的要求主要有以下几项：

①房间的开间或进深基本统一，并符合钢筋混凝土板的经济跨度（非预应力板，通常为 4 m），上、下层承重墙的墙体对齐重合；

②承重墙的布置要均匀、闭合，以保证结构布置的刚性要求，较长的独立墙体，应设置墙墩以加强稳定性；

③承重墙上的门窗洞口的开启应符合墙体承重的受力要求（地震区还应符合抗震要求）；

④个别面积较大的房间，应设置在房屋的顶层，或单独的附属体中，以便结构上另行处理。

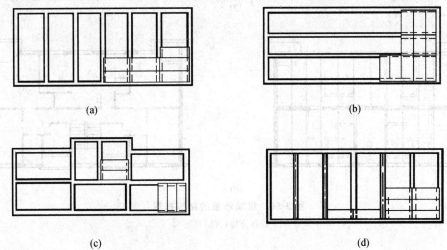

图 3-56　墙体承重的结构布置
(a)横墙承重；(b)纵墙承重；(c)纵横墙承重；(d)纵横墙承重（梁板布置）

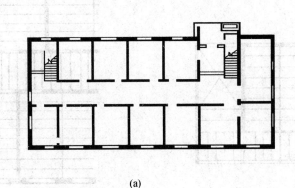

(a)

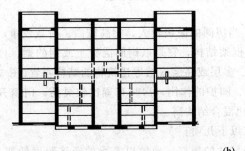

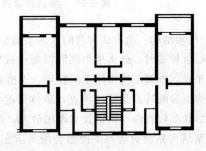

(b)

图 3-57　横墙承重的结构布置
(a)宿舍；(b)住宅

· 93 ·

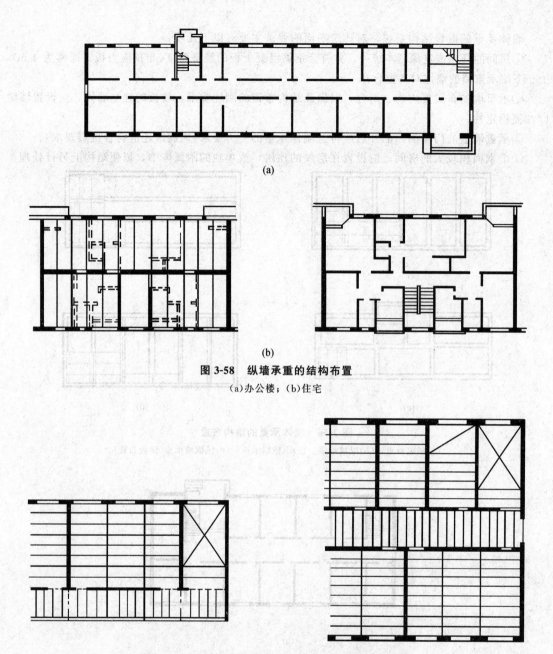

图 3-58 纵墙承重的结构布置
(a)办公楼；(b)住宅

图 3-59 学校教学楼有梁、板的纵横墙承重结构布置

(2)框架结构。走廊式和套间式的平面组合，当房间的面积较大、层高较高、荷载较重，或建筑物的层数较多时，通常采用钢筋混凝土或钢的框架结构，它是以钢筋混凝土或钢的梁、柱联结的结构布置，框架结构常用于实验楼、大型商店、多层或高层旅馆等建筑物的结构布置(图 3-60)。框架结构布置的特点是梁柱承重，墙体只起分隔、围护的作用，房间布置比较灵活，门窗开口的大小、形状都较自由，但钢及水泥用量大，造价比混合结构高。

框架结构系统对建筑平面组合的要求主要有以下几项：

1)建筑体型齐整、平面组合应尽量符合柱网尺寸的规格、模数以及梁的经济跨度的要求(当以钢筋混凝土梁板布置时，通常柱网的经济尺寸为 6～8 m×4～6 m)；

2)为保证框架结构的刚性要求，在房屋的端墙和一定的间隔距离内应设置必要的刚性墙或

梁、柱的联结,并采用刚性节点处理;

3)楼梯间和电梯间在平面中应均匀布置,选择有利于加强框架结构整体刚度的位置。

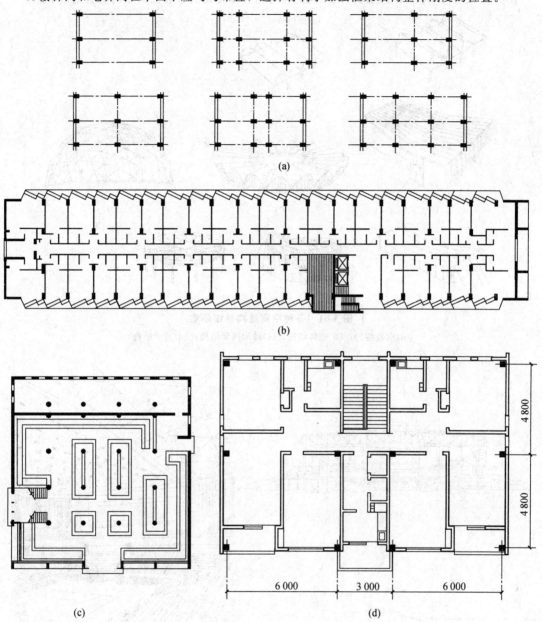

图 3-60 框架结构布置
(a)框架结构布置的几种方式;(b)旅馆;(c)商店;(d)框架轻板住宅

(3)空间结构。大厅式平面组合中,对面积和体量都很大的厅室,它的覆盖和围护问题是大厅式平面组合结构布置的关键。如剧院的观众厅、体育馆的比赛大厅等。

当大厅的跨度较小、平面为矩形时,可以采用柱(或墙墩)和屋架组成的排架结构系统(常用钢木屋架的跨度为 12~18 m,非预应力或预应力的钢筋混凝土屋架可为 12~36 m)。

当大厅的跨度较大、平面形状为矩形或其他形状时,可采用各种形式的空间结构,由于空间结构更好地发挥了材料的力学性能,因此常能取得较好的经济效果,并使建筑物的形象具有一定的表现力。空间结构系统有各种形状的折板结构、壳体结构、网架壳体结构以及悬索结构等(图 3-61)。

图 3-62(a)、(b)和(c)分别为网架结构的体育馆、体育馆内景和壳体结构的展览馆示意。

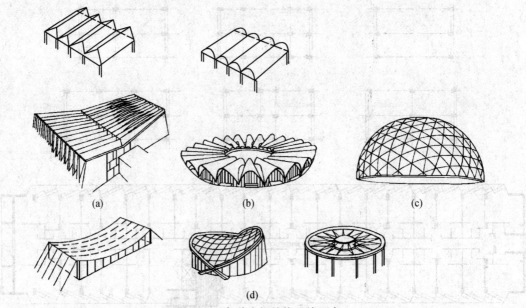

图 3-61 各种空间结构系统示意
(a)褶板结构；(b)壳体结构；(c)球形网架结构；(d)悬索结构

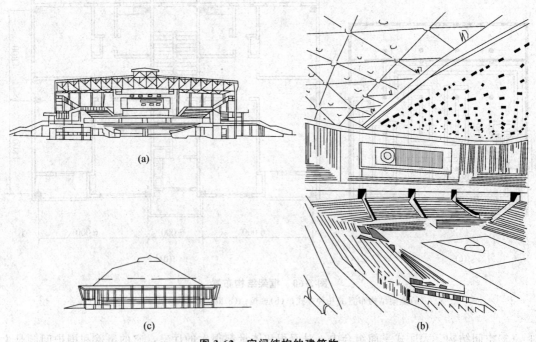

图 3-62 空间结构的建筑物
(a)网架结构的体育馆；(b)体育馆内景；(c)壳体结构的展览馆

上述各种结构布置方式的选用都需要考虑到结构构件对建筑物使用上和造型上的空间效果，如梁板的高度、厚度和排列方式，空间结构所占的体积和形象对房间或整幢房屋在使用和造型方面的影响，以及当地的施工技术条件等。

由于建筑物的功能要求、技术经济条件和美观要求，既有主次，又是辩证统一的，因此房屋的平面组合虽然主要根据功能要求来考虑，但是房屋结构选型的合理性、经济性，也是影响平面组合的重要因素。房屋平面中房间的开间、进深和组合关系，也都需要根据结构布置的要求进行必要的调整和修改，才能创造出完美的建筑形象。

3.5 总平面设计

总平面设计的内容有以下几个要点：

(1)功能分区。

(2)确定各单体建筑的位置和形状。

(3)道路交通的布置。

(4)环境绿化。

3.5.1 建筑基地的功能分区与建筑基地环境

总平面设计，首先是进行功能分区，在分析功能关系问题时，应当分析哪些部分需要紧密联系，哪些部分需要适当隔离，而哪些部分既要联系又要有一定的隔离，室内用房与室外场地的关系等，在深入分析的基础上，使功能分区得到合理的安排。

微课：总平面
设计—功能分区

例如，幼儿园建筑中的卧室，应布置在比较安静隐蔽部位，相反，对于那些进行文体活动的音体室、活动室，则应安排在阳光充足、明显易找且与室外活动场所联系密切的部位，在布局特点上往往要求开敞通透些，恰好反映了幼儿园建筑功能要求的特点。

又如，学校建筑，普通教室是主要房间，与实验室、办公室有一定的联系，而与运动场所则要隔离(图3-63)。

按功能分区进行总平面设计，必须与基地环境实际条件相结合，只有这样才能得到既符合使用要求的个体的建筑设计，又使基地总平面布置得经济合理。

例如，某基地建设一所有18个班的学校，要求在基地总平面中，布置教学楼，其中包括教室、办公室和多功能活动室(音乐教室兼会议厅)、运动场、传达室、室外厕所、自然科学试验用地等。基地形状不规则，地势北高南低，一侧临城市道路，为人流来往的主要方向。结合具体的基地环境条件，分析基地大小，形状，人流交通关系，确定平面位置和形状大小的示意，从图3-64、图3-65中可以分析、比较出较好的方案。

方案一：将教室和办公室同跨布置，而活动室布置在一端，这个方案简单，施工方便，建筑面向城市道路，人流往来直接方便，教室与活动室互不干扰，但教学楼朝向欠佳，占地较长，土方量大，如图3-64(a)所示。

方案二：在方案一的基础上，将活动室垂直布置，虽然缩短了建筑物占地长度，但建筑物的朝向及土方量大的问题仍未得到解决，如图3-64(b)所示。

方案三：为了解决建筑物朝向和减少土方量，对教学楼空间组合进行调整，产生了"口"字形方案，使主要教学用房能获得较好的朝向，占地较少，使大部分建筑与等高线基本平行，减少土方量。但新的矛盾又产生了，建筑距道路较近，校门口较局促，没有缓冲余地，并且厨房进货出渣也不方便。如图3-64(c)所示，综合以上方案优缺点，再进一步调整为方案四。

方案四：这个工字形方案，比上述几个方案都更合理。其优点是教室及活动室均为南北向，朝向好，采光好，通风好，虽然办公用房朝向差，但采有单面走道，基本上可以满足使用要求，并且减少了活动室对教室的干扰，结构简单，施工方便，学校出入口处宽敞，利于人流分配，安全疏散，建筑物平行于等高线布置，减少了土方工程量，教学楼与运动场联系比较方便，如图3-64(d)所示。总结以上几个方案，方案四为最佳方案。

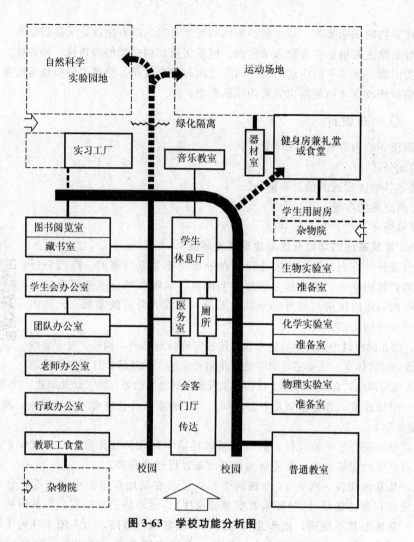

图 3-63 学校功能分析图

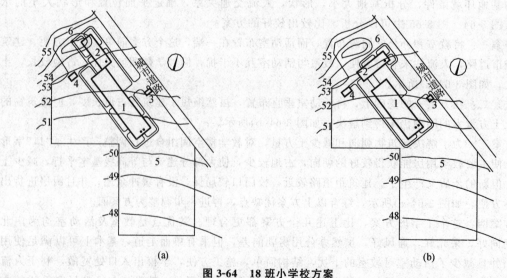

图 3-64 18 班小学校方案
(a)方案一；(b)方案二
1—教学楼；2—活动室；3—传达室；4—厕所；5—运动场；6—自然科学实验地

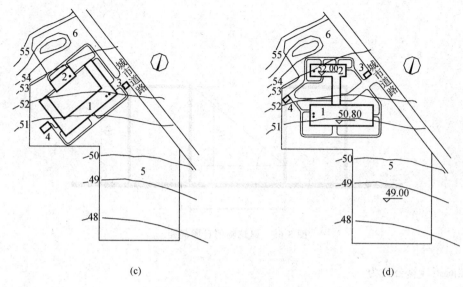

图 3-64 18 班小学校方案(续)

(c)方案三; (d)方案四

1—教学楼;2—活动室;3—传达室;4—厕所;5—运动场;6—自然科学实验地

从上述方案分析中可以看出,结合基地环境进行单体建筑空间组合设计,是必不可少的过程,在设计中必然存在不少的矛盾,应该在使用功能合理的基础上,紧紧抓住基地大小、形状、道路关系、朝向、地形条件,相邻建筑群体及城镇总体规划等几个关键性的问题,进行分析比较。尽量化不利为有利,变不合理为合理,取得满意的总平面布置和个体建筑空间的组合设计。

3.5.2 确定各单体建筑的位置和形状

各单体建筑的形状是根据建筑的使用性质和功能来确定的。而各建筑的位置是根据功能分区后,还要考虑其间距和朝向。

(1)间距。总平面设计时,房屋之间距离的确定,主要应考虑以下因素:

1)房屋的室外使用要求,房屋周围人行或车辆通行必要的道路面积,房屋之间对声响、视线干扰必要的间隔距离等。

2)日照、通风等卫生要求:主要考虑成排房屋前后的阳光遮挡情况及通风条件。

3)防火安全要求:考虑火警时保证邻近房屋安全的间隔距离,以及消防车辆的必要通行宽度如两幢一级耐火等级建筑物之间的防火间距不应小于 6 m。

4)依据房屋的使用性质和规模,对拟建房屋的观瞻,室外空间要求,以及房屋周围环境绿化等所需的面积。

5)拟建房屋施工条件的要求:房屋建造时可能要用的施工起重设备,外脚手架的位置以及新旧房屋基础之间必要的间距等。

对于走廊式或套间或长向布置的房屋,如住宅,宿舍,学校,办公楼等,成排房屋前后的日照间距通常是确定房屋间距的主要因素,因为这些房屋前后之间的日照间距,通常大于它们在室外使用、防火,或其他方面要求的间距,居住小区建筑物的用地指标,主要也和日照间距有关。

1)日照间距。日照间距是为了保证房屋内有一定的日照时间,以满足人们卫生要求,日照间距的计算,一般以冬至这一天正午 12 时,正南向房屋底层房间的窗台,能被太阳照到的高度为依据,如图 3-65 所示。

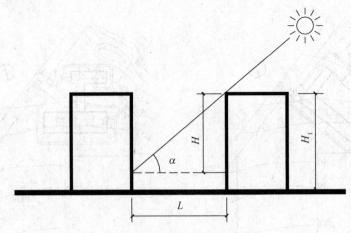

图 3-65 建筑物的日照间距

日照间距计算公式为

$$L=\frac{H}{\tan\alpha}$$

式中　L——房屋间距；

　　　H——前排房屋檐口和后排房屋底层窗台的高差；

　　　α——为冬至日正午的太阳高度角。

在实际设计工作中，一般房屋间距通常是用房屋间距 L 和前排房屋高度 H_1 的比值来控制。如：$\frac{L}{H_1}=0.8,1.2,1.5,1.7$ 等。我国大部分城市日照距为 $1H\sim1.7H$。越偏南日照间距值越小，越偏北日照间距值越大。

2)通风间距。为了使建筑物获得良好的自然通风，周围建筑物，尤其是前幢建筑物的阻挡和风吹的方向有密切的关系。当前幢建筑物正面迎风，如在后幢建筑迎风面窗口进风，建筑物的间距一般要求在 $4H\sim5H$ 以上，从用地的经济性来讲不可能选择这样的标准作为建筑物的通风间距，因为这样大的建筑间距使建筑群非常松散，既增加道路及管线长度也浪费了土地面积。因此为使建筑物有合理的通风间距，使建筑物又能获得较好的自然通风，通常采取夏季主导风向同建筑物成一个角度的布局形式。通过实验证明：当风向入射角为 30°～60°时，各排建筑迎风面窗口的通风效果比其他角度或角度为零时都显得优越。当风向入射角为 30°～60°时，选取建筑间距为 $1:1H$、$1:1.3H$、$1:1.5H$、$1:2H$ 分别进行测试，得知 $1:1.3H\sim1:1.5H$ 间距的通风效果理想。$1:1H$ 间距，中间各排建筑的通风效果较差，但 $1:2H$ 间距，中间各排建筑的通风效果提高甚微。为了节约用地而又能获得较为理想的自然通风效果，建议呈并列布置的建筑群，其迎风面最好同夏季主导风向成 60°～30°间的角度，这时建筑的通风间距取 $1:1.3H\sim1:1.5H$ 为宜。

3)防火间距。确定建筑间距时，除应满足日照、通风要求外也必须满足防火要求。防火间距根据我《建筑设计防火规范(2018年版)》(GB 50016—2014)要求选定。详见表2-5。

高层建筑之间的防火间距最小为13 m，高层建筑与另一高层建筑的裙房之间的最小防火间距为 9 m，两高层建筑裙房间的最小防火间距为 6 m。

根据上述日照、通风、防火等综合的要求，建筑物间距一般采用 $1:1.5H$。但由于各类建筑所处的周围环境不同，各类建筑布置形式及要求的不同，建筑间距略有不同。如中小学校由于教学特点，教学用房的主要采光面距离相邻房屋的间距最少不小于相邻房屋高度的2.5倍，但也不应小于12 m。凵及凵形式的房屋两侧翼间距不小于挡光面房屋高度的2倍，也不应小于12 m。又如医院建筑由于医疗的特殊要求，在总平面布局中，在阳光射入方向如有建筑物时，其距离应为该建筑物高度的2倍以上。1～2层的病房建筑，每两栋间距为25 m左右，3～4层的病房建筑，每两栋间距为30 m左右，传染病房的建筑间距为40 m左右。因此在总平面设计时，要合理地选择建筑间距，既满足建筑的功能要求又要考虑节约用地减少工程费用。

(2)朝向。建筑物主要出入口所在墙面所面对的方向为建筑物的朝向；对一个房间而言，房间主要开窗面所对的方向为房间的朝向。

建筑物朝向的确定是指建筑物主要立面所在面垂直方向与指北针的夹角，建筑物朝向主要由日辐射强度、当地主导风向、建筑物内部主要房间的使用要求和周围道路环境等因素来确定。

人们总希望建筑物能达到冬暖夏凉的要求，在我国，南向或南向稍带偏角的建筑最受人们欢迎。根据太阳在一年中的运行规律，夏季太阳的高度角大，冬季则较小。南向的房屋因夏季太阳的高度角大，从南向窗户照射到室内的阳光较少；反之，冬季南向射进的阳光较多。这就容易做到冬暖夏凉的要求(图3-66)。

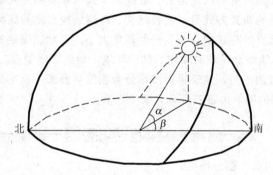

图 3-66 某地冬至太阳运行轨迹

α—太阳高度角；β—太阳方位角

设计时不可能把房屋都安排在南向，当建筑的主要房间布置在一侧时，我国南方地区，适宜的朝向范围为南偏西15°到南偏东30°的范围。当建筑物两侧都布置主要房间时，应综合考虑建筑物日照状况，选用最佳朝向可以减小西向房间强烈的西晒。

在确定朝向时，当地夏季或冬季的主导风向也不容忽视；对人流集中的公共建筑，房屋朝向，主要应考虑人流走向，道路位置和邻近建筑的关系；对于风景区建筑，则应以创造优美的景观作为考虑朝向的主要因素。所以合理的建筑朝向，还应考虑建筑物的性质，基地环境等因素。

3.5.3 道路交通的布置

整个建筑基地的道路交通布置，要满足人、车的通行宽度要求和安全要求。

(1)通行宽度要求：小区内干道应设为8 m宽双车道，支道应设为单车道6 m宽。

(2)安全要求包括：道路最小转弯半径要满足消防车能够通过，道路边沿距建筑最小不能小于2 m等。详细资料可从建筑设计资料集及相应设计规范中查到。

3.5.4 环境绿化

绿化可以改善环境气候和环境质量，因此，在群体组合中应根据建筑群的性质和要求进行绿化设计，选择合理的树种、树型，恰当的配置季节花卉和草坪。绿化设计的重要指标是绿化率，它是绿化面积与建筑基地的总面积的比率，新区规划的绿地率要求要达到35%以上。

美化环境是有意识地利用建筑小品、如亭、廊、花窗景门、坐凳、庭院灯、小桥流水、喷泉、雕塑等来装饰建筑空间。这些是群体外部空间设计不可缺少的艺术加工的部分。

小 结

1. 各种类型的民用建筑，其平面组成按使用性质可分为使用部分和交通联系部分两个基本组成部分。其中，使用部分又包括使用房间和辅助房间。

2. 使用房间是供人们生活、工作、学习、娱乐等的必要房间。使用房间必须有适合的房间面积、尺寸、形状，良好的采光、通风，便捷的交通联系，以及合理的结构布置。

3. 辅助房间的设计原理和方法与使用房间设计基本上相同。辅助房间设计的恰当与否直接关系到人们使用、维修管理的方便。

4. 交通联系部分是各房间之间的纽带，因此，交通联系部分应具有适宜的高度、宽度和形状。流线简捷明晰，有足够的采光通风，保证防火安全等。

5. 平面组合设计的原则是：分区合理，流线明确，使用方便，结构合理，体型简洁，造价经济。

6. 民用建筑平面组合的方式有：走道式、套间式、大厅式及单元式等。

7. 民用建筑常用的结构布置方式有：混合结构、框架结构、空间结构等。

8. 任何建筑都不是孤立的存在的，都要受到基地大小、形状、道路布置、地形地势、朝向、间距等的制约。因此，建筑组合设计必须密切结合环境，做到因地制宜。

9. 根据剖切平面位置的不同，建筑平面图可分为底层平面图、标准层平面图、顶层平面图、屋顶平面图。各层平面图的图示内容应规范，便于识读。

复习思考题

3.1 民用建筑平面由哪几部分组成？

3.2 辅助房间包括哪些？

3.3 交通联系部分包括哪些内容？

3.4 如何确定楼梯的数量、宽度和形式？

3.5 建筑平面的组合主要从哪几个方面考虑？如何运用功能分析法进行平面组合设计？

3.6 大量性民用建筑常用的结构类型有哪些？

3.7 什么是日照间距？

3.8 建筑平面图应表达的内容包括哪些？

3.9 主要房间设计：设计学生所在学校的学生寝室或学生家庭的主卧室。

3.10 辅助房间设计：设计学生所在学校的教学楼卫生间或学生家庭的卫生间。

第 4 章 建筑剖面设计

建筑剖面设计的要求是确定房屋各部分的高度、剖面形状、建筑层数、空间组合和利用方式。通过本次学习，认识建筑剖面设计的内容、目的和方法，掌握有关建筑高度确定的基本知识及建筑空间组合和利用的方法。

建筑剖面设计是建筑设计的重要组成部分。其主要目的是根据建筑功能要求、规模大小以及环境条件等因素确定建筑各组成部分在垂直方向上的布置。它与立面设计、平面设计有直接的联系，相互制约、相互影响。建筑设计中的一些问题需要平、剖、立面结合在一起考虑才能具体解决，如平面设计中房间的面积大小、开间、进深、梁的尺寸等将直接影响建筑层高的确定。在单个房间平面与平面组合设计中，必须同时考虑房间的剖面形状及组合后竖向各部分空间的特点等。因此在剖面设计中，必须同时考虑其他设计要素，才能使设计更加完善、合理。

建筑剖面设计的内容主要包括建筑物各部分房间的高度、建筑层数、建筑空间的组合和利用、建筑的结构和构造关系等。建筑剖面设计与房屋的使用、造价以及节约用地等均有密切的关系。进行剖面设计时，应联系建筑平面和立面全盘考虑，不断调整、修改，经过反复深入的推敲，使设计更合理。例如，在进行楼梯设计时，楼梯间的梯段长度是和层高、楼梯坡度的大小直接有关的。如图 4-1(a)所示，当楼梯坡度不变时，层高越高，则楼梯就越长，从而楼梯间的进深就越大；如图 4-1(b)所示，当层高不变时，坡度越小，则梯段就越长，所需楼梯间的进深就越大。

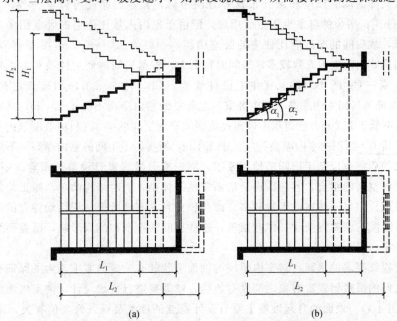

图 4-1 楼梯间的梯段长度与层高、梯段坡度的关系
(a)与房屋层高的关系；(b)与楼梯坡度的关系

4.1 房屋各部分高度的确定

4.1.1 房间的高度和剖面形状的确定

房间剖面的设计,首先要确定室内的净高。

净高是指房间内楼地面到该房间顶棚或其他构件底面的高度,层高则是指本层楼地面至上层楼面的垂直距离,即该层房间的净高加上楼板层的结构厚度,如图4-2所示。房间高度恰当与否将直接影响房间的使用和空间效果。由于房间使用要求各不相同,面积大小各异,因而对高度的要求也不一样。室内净高和房间剖面形状的确定,主要应考虑以下几个方面的问题:

微课:层高和净高概念

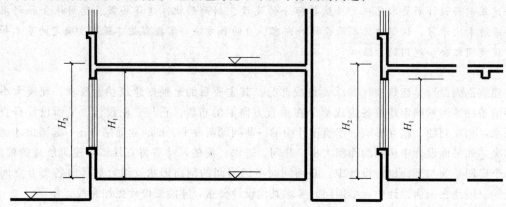

图 4-2 房间的净高(H_1)和层高(H_2)

(1)房间的使用活动性质及家具设备的要求。房间的高度与人体的高度有很大的关系,通常房间设计的最小高度可根据人进室内不致触到顶棚为宜,故房间的净高不宜低于 2.2 m[图 4-3(a)]。对于一些面积不大又无特殊使用要求的生活用房,如住宅的客厅、卧室等,由于室内人数少,房间面积小,从人体活动的尺度和家具布置等方面考虑,其室内净高可以低一些,一般为 2.4~2.9 m[图 4-3(b)];宿舍的寝室也属生活用房,但由于室内人数比住宅的卧室稍多,又考虑到可能设置双层床,故房间的净高应比住宅的卧室稍高,一般为 3.0~3.3 m[图 4-3(c)]。像学校的教室等学习用房,由于室内人数较多,房间面积更大,根据房间的使用性质和卫生要求,其房间的净高也应更高一些[图 4-3(d)]。《住宅设计规范》(GB 50096—2011)明确规定住宅层高宜为 2.8 m,并应保证各房间室内净高,其中卧室、起居室的室内净高不低于 2.4 m,其室内梁底或吊柜底局部净高不低于 2.1 m、且面积不得超过该房间室内空间的 1/3,利用坡屋顶内室空间作卧室或起居室时,其 1/2 面积的室内净高不应低于 2.1 m;厨房、卫生间的室内净高则不应低于 2.2 m。

剖面形状的确定也应基于房间的使用要求,同时充分考虑家具设备的布置。矩形剖面简单、规整、便于竖向空间的组合,容易获得简洁而完整的体型,同时结构简单、施工简便,因而为大多数房间所采用。但对一些室内人数较多、面积较大且具有视听等使用活动特点的房间,如学校阶梯教室、电影院、剧院观众厅、体育馆等,这些房间的高度和剖面形状,则需要综合许多方面的因素才能确定。

例如,有视线要求的房间,对室内地坪的剖面形状就有一定的要求,为了保证有良好的视线质量,即从人们的眼睛到观看对象之间没有遮挡,就需要进行视线设计,使室内地坪按一定的坡度变化升起(图4-4)。地面的升起坡度主要与设计视点的位置及视线升高值有关,第一排座位的位置、排距等对地面的升起坡度也有影响。

又如，有音质要求的房间，就对天棚的剖面形状有一定要求，尽量避免采用凹曲面和拱顶，使声音能均匀反射，从而有较好的音质效果（图4-5）。

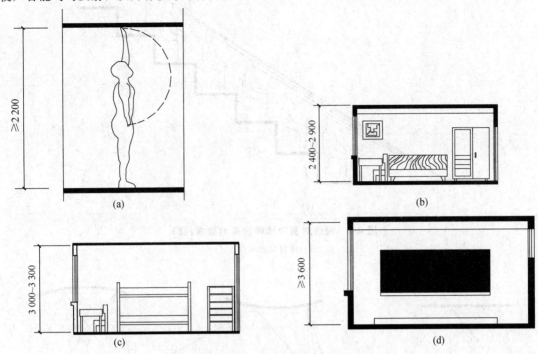

图 4-3　房间的使用要求和其净高的关系
(a)房间的最小净高；(b)住宅卧室；(c)宿舍寝室；(d)学校教室

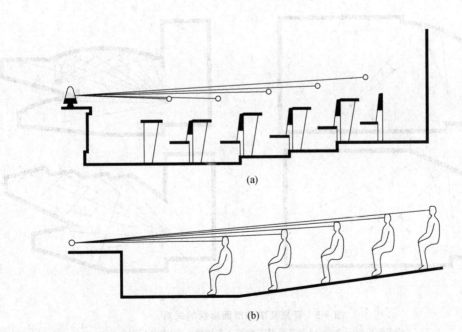

图 4-4　视线对室内地坪坡度的要求
(a)阶梯教室；(b)剧院观众厅

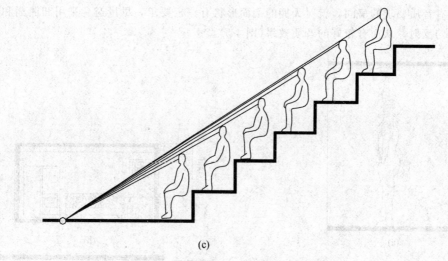

(c)

图 4-4 视线对室内地坪坡度的要求(续)
(c)体育馆比赛厅

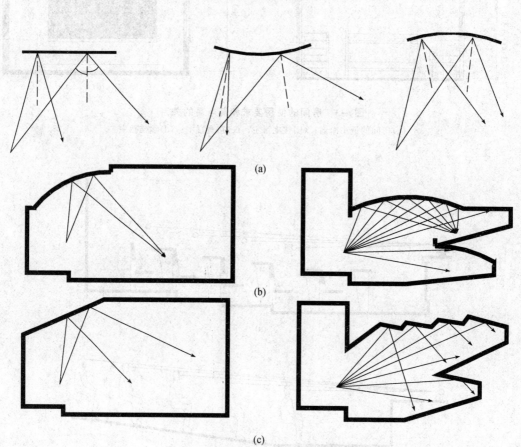

图 4-5 音质要求和剖面形状的关系
(a)声音反射示意；(b)声音反射不均匀，有焦聚；(c)声音反射较均匀

除上述视线和音质方面的要求对房间剖面设计产生影响外，如体育活动、电影放映等其他使用特点也会对房间的高度、体积和剖面形状有一定影响。图 4-6(a)所示为游泳跳水厅的剖面情

况,图中把跳水台上空局部提高以满足跳水比赛要求;图4-6(b)所示为电影院观众厅的剖面情况,提高放映室以满足放映要求。

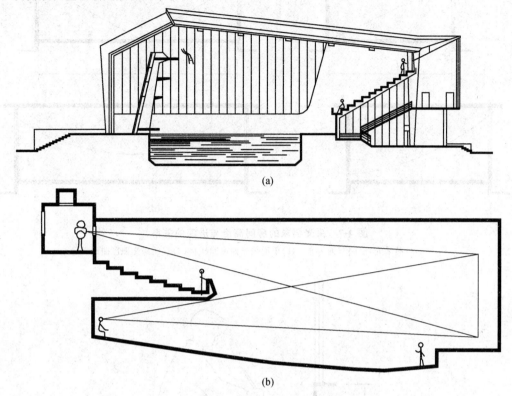

图 4-6 房间使用活动特点和剖面形状的关系
(a)游泳跳水要求;(b)电影放映要求

(2)采光、通风的要求。照度是指单位面积上所接受可见光的能量,即物体被照亮的程度,单位勒克斯(lx 或 lux)。

室内天然光线的强弱和照度是否均匀,除与平面图中位置及宽度有关外,还与窗的高低有关。窗上口的高度与房间的进深大小关系很大,进深越大,窗上口距楼地面的距离就越高,从而房间的净高也应高一些,这样才能保证室内远离窗的地方有充足的光线。当房间采用单面采光时,通常窗上口距地面的高度应大于房间进深长度的一半[图 4-7(a)];当房间进深大于 8 m 时,如有可能最好采用双面采光。当房间为双面采光时,则窗上口距离楼地面的高度应大于房间进深长度的 1/4[图 4-7(b)]。采用双面采光,一方面高度仅为进深的四分之一;另一方面双面采光照度[图 4-7(d)]比单面采光照度[图 4-7(c)]更均匀。

为了避免在房间顶部出现暗角,窗上沿到房间顶棚的距离,应尽可能留得小一些,但应考虑房屋的结构和构造要求,即满足窗过梁或圈梁的必要尺寸。

至于窗台的高度则主要根据室内的使用性质、人体尺度、家具和设备等因素来确定。一般民用建筑中的生活和学习用房,窗台宜高出桌面 100~150 mm(图 4-8),故窗台的高度常采用 900~1 000 mm。幼儿园建筑应结合儿童尺度进行设计,其窗台高度常采用 600~700 mm。而一些疗养和风景区建筑,为便于观赏室外景色,常降低窗台高度或做成落地窗,凡窗台低于 900 mm 高的情况为安全起见必须设置有效的防护措施。

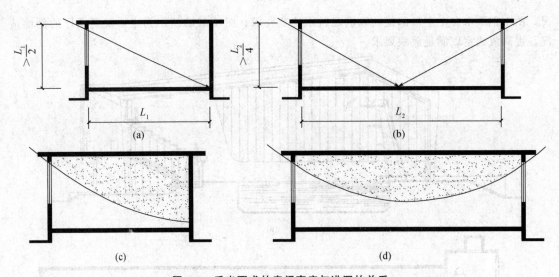

图 4-7 采光要求的房间高度与进深的关系
(a)单面采光；(b)双面采光；(c)单面采光照度曲线；(d)双面采光照度曲线

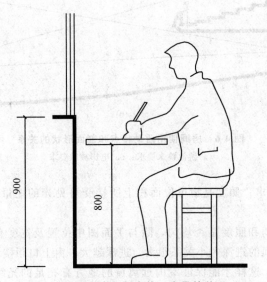

图 4-8 窗台高度与人体、家具的关系

　　对单层房屋中进深较大的房间，为改善室内采光条件，常在屋顶设置各种形式的天窗，使房间的剖面形状具有明显的特点。如大型展览厅、室内游泳池等建筑物，都常以天窗的顶光，或顶光和侧光相结合的布置方式来提高室内采光质量(图4-9)。图4-10所示为各种天窗的剖面形状。

　　房间的通风要求、室内进出风口在剖面上的高低位置，也对房间的净高有一定的影响。温湿和炎热地区的民用房屋，利用空气的气压差对室内组织穿堂风，如在室内墙上开设高窗，或在门上设置亮子，使气流通过内外墙的窗户组织室内通风[图4-11(a)]。南方地区的一些商店，也常在营业厅外墙橱窗上下的墙面部分，加设通风铁栅和玻璃百叶的进出风口以组织室内通风，从而改善营业厅的通风和采光条件[图4-11(b)]。

　　一些房间，如食堂的厨房，其室内高度应考虑到操作时，能尽快地将大量蒸汽和热量排出室外，故这些房间的顶部常采用设置气楼的方式来解决通风问题。图4-12是设有气楼的厨房剖面形状和通风排气情况。

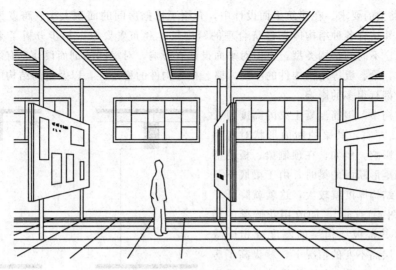

图 4-9 展览厅的天窗和高窗

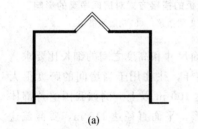 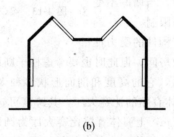 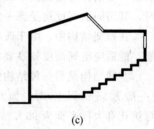

图 4-10 天窗的各种剖面形状
(a)博物馆；(b)画廊；(c)体育馆

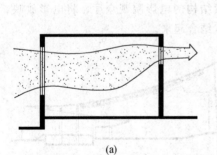 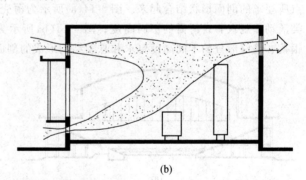

图 4-11 房屋剖面中的通风情况
(a)教室；(b)营业厅

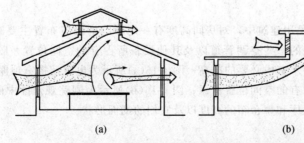

图 4-12 设有气楼的厨房剖面及通风排气情况

(3)结构类型的要求。在建筑平面设计中,介绍了根据房间的面积大小、跨度大小以及平面形状等因素,并结合各种结构体系经济合理的跨度尺寸和布置要求,初步分析了平面组合和结构布置的关系。不同的结构类型,不但对平面设计有影响,对房间的剖面设计也有影响。在房间的剖面设计中,梁、板等结构构件的厚度,墙、柱等构件的稳定性,以及空间结构的形状、高度等对剖面设计都有很多的影响。

在砖混结构中,钢筋混凝土梁的高度通常为跨度的1/12左右,其梁的断面形状对房间的净高有一定影响。例如,在预制梁、板的搭接处,当采用矩形断面的梁时,由于梁底下凸较多,楼板层结构厚度就较大,这就就降低了房间的净高[图4-13(a)]。如改用花篮梁的梁板搭接方式,其楼板结构层的厚度就相应减小,在跨度、层高不变的情况下,就提高了房间的净高[图4-13(b)]。在墙体设计时,承重墙由于受墙体稳定的高厚比要求,当墙厚不变时,其房间的高度就受到一定的限制。

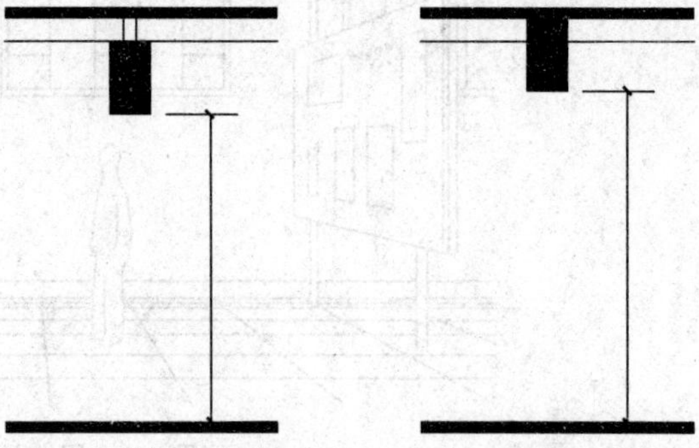

图 4-13 梁、板的搭接方式对房间净高的影响
(a)矩形梁搭接;(b)花篮梁搭接

在框架结构中,由于改善了构件的受力性能,能适应空间高度较高要求的房间,但此时也要考虑柱子断面尺寸和高度之间的细长比要求。

空间结构是另一种结构体系,它的高度和剖面形状多种多样,往往用于当房间的跨度很大(一般为35 m以上)时,如大型体育馆的比赛大厅,其跨度可达100 m以上。例如我国的首都体育馆比赛大厅平面为99×112.2 m,上海体育馆比赛大厅为圆形,平面直径达110 m,要覆盖这样大的空间,如果仍采用桁梁,其结构相当复杂,材料用量很大,且外形很不美观,因而宜选用空间结构体系,如壳体、悬索、网架等结构形式。选用空间结构时,应尽可能和室内使用活动特点所要求的剖面形状结合起来。图4-14(a)所示为薄壳结构的体育馆比赛大厅,设计时考虑了球类活动和观众看台所需的不同高度;图4-14(b)所示为悬索结构的电影院观众厅,将电影放映、银幕、楼座部分的不同高度要求和悬索结构形成的剖面形状结合起来。

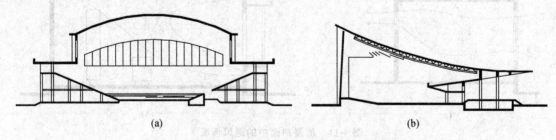

图 4-14 剖面中结构选型和使用活动特点的结合
(a)薄壳结构的体育馆比赛大厅;(b)悬索结构的电影院观众厅

(4)设备设置的要求。在民用建筑中,对房间高度有一定影响的设备布置主要有顶棚部分的嵌入或悬吊的灯具、顶棚内外的一些空调管道以及其他设备所占有的空间位置。图4-15所示为具有下悬式无影灯时,医院手术室内必要的净高;图4-16(a)所示为电视演播室顶棚部分的送风、回风管道以及天桥等设备所占有的空间位置示意;图4-16(b)所示为剧院观众厅中的灯光要求和舞台吊景设备等所需要的观众厅和舞台箱的高度以及它们的剖面形状。

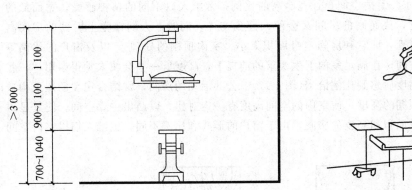
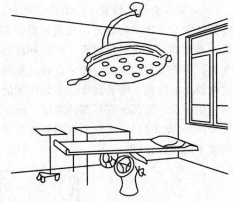

图 4-15 医院手术室中照明设备和房间净高的关系

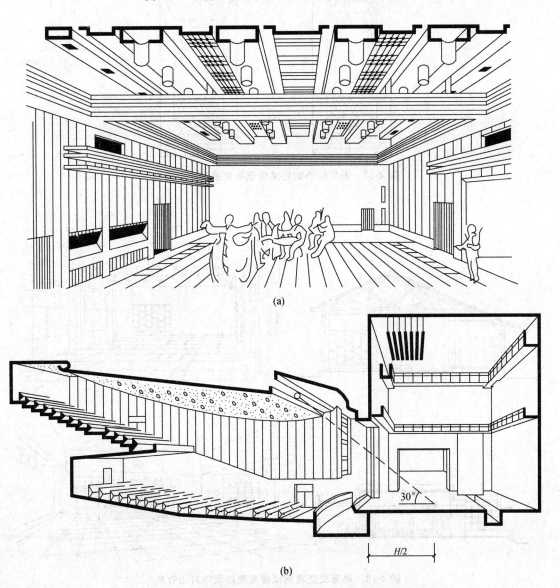

图 4-16 照明、空调等设备布置对房间高度和剖面形状的影响
(a)电视演播室；(b)剧院的观众厅及舞台箱

(5)室内空间比例要求。室内空间长、宽、高的比例,常给人以不同的精神感受。宽而低的房间通常给人压抑的感觉,狭而高的房间又会使人感到拘谨,同时,人们视觉上看到的房间高低,通常具有一定的相对性,即它和房间本身面积大小、室内顶棚的处理,以及窗户的比例等有关。面积不大的生活空间,在满足室内卫生要求的前提下,高度低一些会使人觉得亲切,一些宽度较小的过道,降低高度后感到比例恰当(图 4-17)。公共活动的房间,常结合房屋的屋顶构造和使用要求,局部改变顶棚的高度,使室内的空间高度有一定对比,以凸出主要空间,使其显得更加高些(图 4-18)。同样面积和高度的房间,由于窗户的形式和比例不同,也给人们以室内空间高度不同的感觉(图 4-19)。

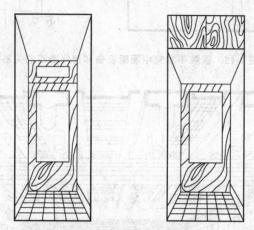

图 4-17 宽度较小的过道降低高度感到比例恰当

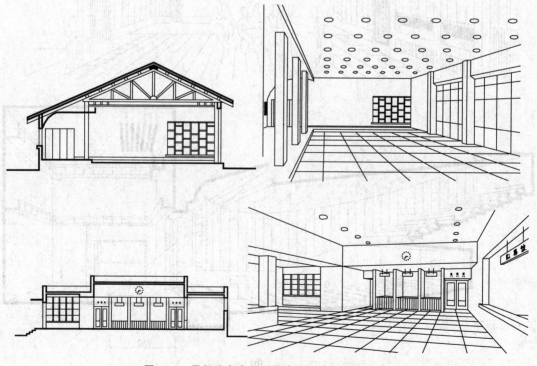

图 4-18 局部改变房间顶棚高度以取得对比效果

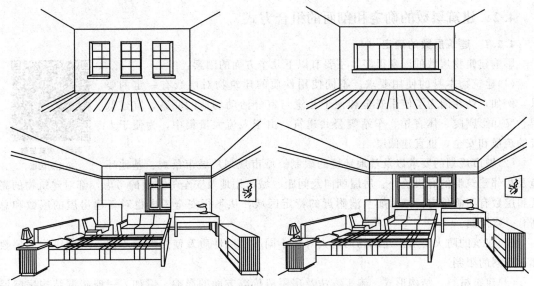

图 4-19　窗户的比例不同感到房间的高度也不同

4.1.2　房屋各部分高度的确定

在建筑剖面中，除房间的室内净高和剖面形状需要确定外，还需要分别确定房屋的层高，室内外地坪，楼梯平台和房屋檐口等处的标高。

(1)层高的确定。在保证房间的净高基础上加上楼板层的结构厚度，可以获得相应的该层层高，但剖面设计中层高的确定同时还受到很多因素的影响。

在满足卫生和使用要求的前提下，适当降低房间的层高，从而降低整幢建筑的高度。这对于减轻建筑物的自重，改善结构受力情况节约投资和用地都有很大意义。以大量建造的住宅建筑为例，层高每降低 100 mm，即可节约投资 1%；而减少间距又可节约居住区用地 2% 左右。房屋层高的最后确定，需综合考虑其功能、技术经济和建筑艺术等多方面的要求。对于一些大量性房间，如住宅、宿舍、客房、教室、办公室等，其常用的层高尺寸见表 4-1。

表 4-1　大量性民用建筑的常用层高尺寸　　　　　　　　　　　　　　　　m

房间名称	住宅	宿舍、旅馆客房、办公室	学校教室
常用层高	2.7～3.0	3.0～3.3	3.3～3.6

(2)底层地坪的标高。为了防止室外雨水流入室内，并防止墙身受潮，常将室内地坪适当提高至高出室外地坪约 450 mm。根据地基的承载能力和建筑物自重的影响，房屋建成后总会有一定的沉降量，这也是考虑室内外地坪高差的因素。一些地区的建筑物还需参考相关洪水水位的资料以确定室内地坪标高。如建筑物所在基地的地形起伏变化较大时，则需根据道路的路面标高、施工时的土方量以及基地的排水条件等因素综合分析后，选定合理的室内地坪标高，一般与室外地面的高差不应低于 150 mm。有的公共建筑，如纪念性建筑或一些大型会堂等，常提高底层地坪标高，以增高房屋的台基和增加室外的踏步数，从而使建筑物显得更加宏伟庄重。

在建筑设计中，常取底层室内地坪的相对标高为±0.000，低于底层室内地坪的为负值，高于底层地坪的为正值。对于一些容易积水或需要经常冲洗的地方，如开敞的外廊、阳台、厨房浴厕等，其地坪标高应比室内标高稍低一些(约为 50 mm)，以免溢水。

有关楼梯平台和檐口等部分标高的确定，因与这部分的构造关系密切，将在以后的章节中再做详细介绍。

4.2 建筑层数的确定和剖面的组合方式

4.2.1 建筑层数的确定

影响建筑物层数的因素很多,主要有以下几个方面的因素:

(1)建筑物本身的使用要求。不同使用性质的建筑物对层数有一定的要求,例如,幼儿园为了使用安全和便于儿童与室外活动场地的联系,宜建低层。又如影剧院、体育馆、车站等公共建筑,由于人流大量集中,为便于人流的疏散和安全,也宜建低层。

微课:建筑层数
确定的因素

(2)城市规划的要求以及基地环境的限制。城市规划从城市景观、基地环境及相邻建筑群的有机统一、房屋朝向及间距、城市用地及安全等方面的考虑,都对建筑物的高度和层数有明确规定。城市航空港附近的特定区域,从飞行安全考虑也对新建房屋的层数和总高有一定限制。

(3)建筑的防火要求。建筑物的耐火等级不同、使用性质及使用对象不同,对建筑物的层数都有不同的限制。

(4)建筑材料、结构形式、施工方法及房屋造价等方面的影响。譬如,一般砖混结构房屋层高在五~六层比较经济合理。如果选用框架结构,层数就可以多些。

4.2.2 建筑剖面的组合方式

建筑剖面的组合方式,主要是由建筑物中各类房间的高度和剖面形状、房屋的使用要求和结构布置特点等因素决定的,剖面的组合方式大体上可以归纳为以下几种:

(1)单层。单层剖面便于房屋中各部分人流或物品和室外直接联系,它适应于覆盖面及跨度较大的结构布置,一些顶部要求自然采光和通风的房屋,也通常采用单层的剖面组合方式,如食堂、会场、车站、展览大厅等建筑类型都有单层剖面的例子(图4-20)。单层房屋的主要缺点是用地很不经济。例如,把一幢五层住宅和五幢单层的平房相比,在日照间距相同的条件下,用地面积要增加2倍左右(图4-21),且道路和室外管线设施也都相应增加。

图 4-20 单层剖面组合示意
(a)车站;(b)展览厅

(2)多层和高层。多层剖面的室内交通联系比较紧凑,适用于有较多相同高度房间的组合,垂直交通用楼梯联系。多层剖面的组合应注意上下层墙、柱等承重构件的对应关系,以及各层之间相应的面积分配。很多单元式平面的住宅和走廊式平面的学校、宿舍、办公楼、医院等房屋的剖面,常采用多层的组合方式。图4-22(a)、(b)分别为单元式住宅和内廊式教学楼的剖面组合示意。

由于城市用地、规划布置等方面因素,也有采用高层剖面的组合方式。如高层宾馆和高层住宅[图4-23(a)、(b)]。高层剖面能在占地面积较小的情况下,建造使用面积较多的房屋,这种组合

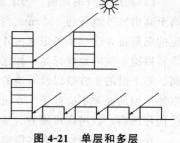

图 4-21 单层和多层
房屋的用地比较

方式有利于布置室外辅助设施和绿化等。但是高层建筑的垂直交通需用电梯来联系,管道设备等设施也较复杂,因此建筑费用较高。由于高层房屋承受侧向风力的问题较突出,故常以框架结合剪力墙或把电梯间、楼梯间和设备管线设备组织在竖向筒体中,以加强房屋的刚度[图4-24]。

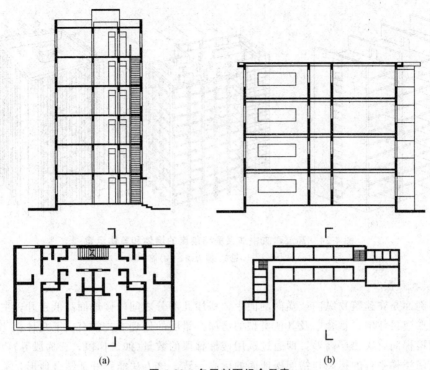

图 4-22 多层剖面组合示意
(a)单元式住宅；(b)内廊式教学楼

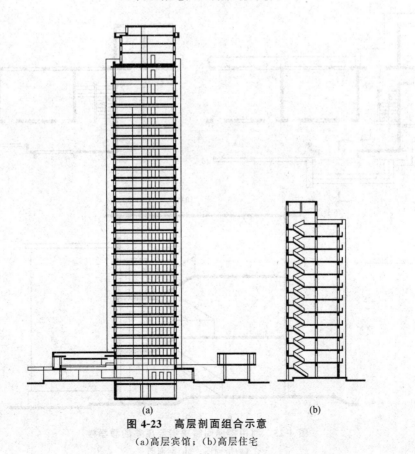

图 4-23 高层剖面组合示意
(a)高层宾馆；(b)高层住宅

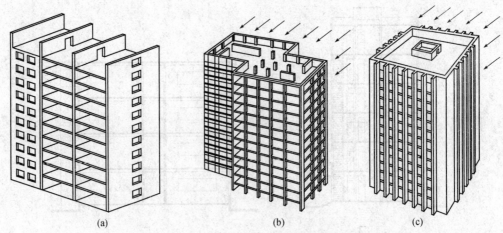

图 4-24 高层建筑中加强房屋刚度的墙体和筒体示意
(a)剪力墙；(b)框架-剪力墙；(c)筒中筒

(3)错层和跃层。

1)错层剖面是在建筑物纵向或横向剖面中，房屋几部分之间的楼地面高低错开，主要适用于结合坡地地形建筑住宅、宿舍以及其他类型的房屋。错层的处理方式常有以下几种：

①利用楼梯间解决错层高差，即通过选用楼梯梯段的数量(如二梯段、三梯段等)，调整梯段的踏步数，使楼梯平台的标高与错层楼地面的标高一致。该方法能较好地结合地形，灵活解决纵横向的错层高差。图 4-25 就是利用楼梯间解决错层高差的教学楼。

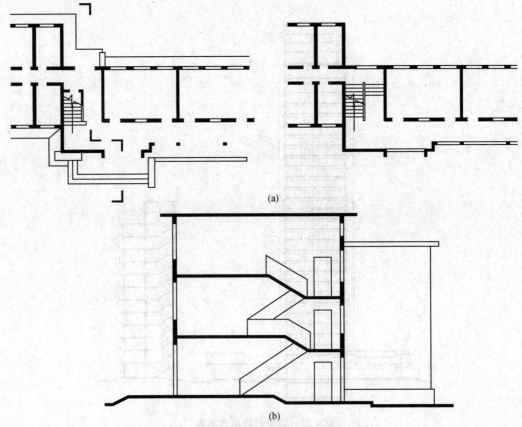

图 4-25 利用楼梯间解决错层高差的教学楼
(a)平面图；(b)剖面图

②利用室外台阶解决错层高差，图 4-26 所示为住宅垂直于等高线布置时用室外台阶解决高差的实例。

2) 跃层剖面的组合方式主要用于住宅建筑中，这些房屋的公共走廊每隔一至二层设置一条，每一户有上下两层，户内用小楼梯上下联系。跃层住宅的特点是节约公共交通面积，各住户之间的干扰较少，但跃层房屋的结构布置和施工比较复杂，每户所需面积较大，居住标准要高一些。

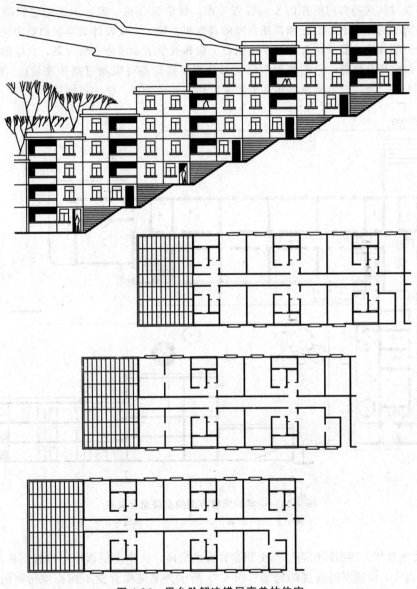

图 4-26　用台阶解决错层高差的住宅

4.3　建筑空间的组合和利用

在前面的建筑平面设计中，已对建筑空间在水平方向的组合关系以及结构布置等有关内容进行了分析，而剖面设计将着重从垂直方向考虑各种高度房间的空间组合、楼梯在剖面的位置，以及建筑空间的利用问题。

4.3.1 建筑空间的组合

(1)高度相同或高度接近的房间组合。高度相同、使用性质相近的房间,如教学楼中的普通教室和实验室,住宅中的起居室和卧室等,便可组合在一起。高度比较接近且使用关系密切的房间,从房屋结构的经济合理和施工方面等因素考虑,可适当调整房间之间的高差,尽可能使这些房间的高度一致。如图 4-27(a)所示的某教学楼平面,其中教室、阅览室、储藏室、厕所等房间,由于结构布置时从这些房间所在的平面位置考虑,要求组合在一起,因此把它们调整为同一高度,平面一端的阶梯教室,因它和普通教室的高度相差较大,故设计成单层剖面附建于教学楼主体;行政办公部分从功能分区考虑,平面组合上应和教学活动部分有所分隔,且这部分房间的高度一般都比教室部分略低,它们和教学活动部分的层高高差可以通过踏步来解决[图 4-27(b)]。这样的组合方式,使用上能满足各房间的要求,功能分区合理,也比较经济。

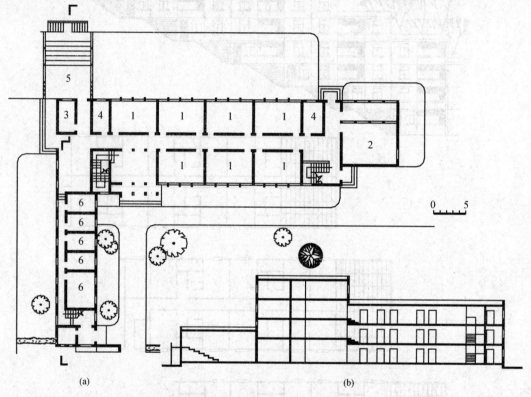

图 4-27 中学教学楼方案的空间组合关系
1—教室;2—阅览室;3—储藏;4—厕所;5—阶梯教室;6—办公室

(2)高度相差较大的房间组合。高度相差较大的房间,在单层剖面中可以根据房间实际使用要求所需的高度,设置不同高度的层面。图 4-28 所示为某单层食堂不同高度房间的组合示意。餐厅部分由于人多面积大,相应地房间的高度较高,故单独设置屋顶;厨房、库房及管理用房,因各房间的高度有可能调整在一个屋顶下,而且厨房的通风要求较高,故在厨房的上部加设气楼,备餐部分人少面积小,房间高度可以低一些,从使用功能和剖面中屋顶搭接的要求考虑,把这部分设计成餐厅和厨房间的一个连接体,房间的高度也可以低一些。

图 4-29 所示的某体育馆剖面中,因比赛大厅在高度和体量方面与休息、办公以及其他各种辅助用房相比差别极大,故结合大厅看台升起的剖面特点,在看台下面和大厅四周布置各种不同高度的房间。

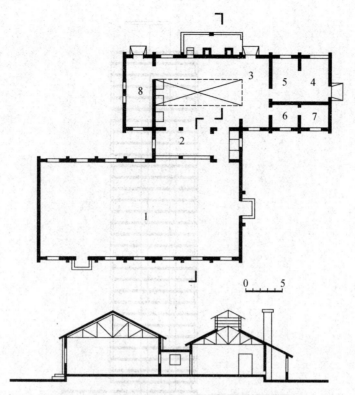

图 4-28 单层食堂剖面中不同高度房间的组合

1—餐厅；2—备餐；3—厨房；4—主食库；5—主调味库；6—管理；7—办公；8—烧火间

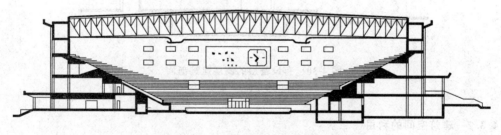

图 4-29 某体育馆剖面中不同高度房间的组合

在多层和高层房屋的剖面中，高度相差较大的房间可以根据不同高度房间的数量多少和使用性质，在高度方向进行分层组合。例如，在高层旅馆建筑中，常把房间高度较高的餐厅、会议室、健身房等部分组织在楼下的一、二层或顶层，客房部分高度较一致且数量最多，可按标准层的层高组合。高层建筑中通常还把高度较低的设备房间组织在同一层，称为设备层（图 4-30）。

在多层和高层房屋中，上下层的厕所、浴室等房间应尽可能对齐，以便设备管道能够直通，使布置经济合理。

(3) 楼梯在剖面中的位置。楼梯在剖面中的位置，和楼梯在建筑平面中的位置以及建筑平面的组合关系紧密相关。

楼梯的位置应注意采光通风的要求，因此，常将楼梯沿外墙设置。另外，在建筑剖面中，要注意梯段坡度和房屋层高、进深的相互关系（图 4-1），同时，还要处理好人们在楼梯下面的进出以及错层搭接时的平台标高。

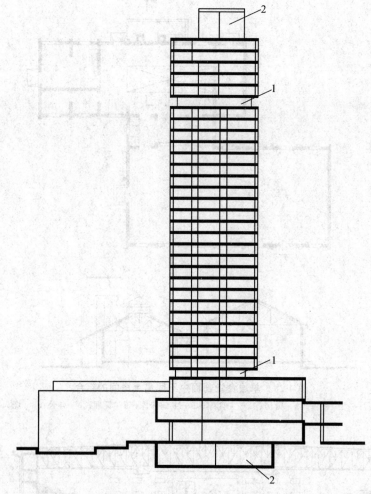

图 4-30 有设备层的高层建筑剖面
1—设备层；2—机房

4.3.2 建筑空间的利用

充分利用建筑空间，既增加了使用空间，又节省了投资，同时，也改善了内部空间的艺术效果，这是被人们经常运用的空间处理手法。根据不同情况，一般有以下几种处理方法：

(1)房间内的空间利用。房间内除人们活动和家具设备布置等必需的空间外，还可充分利用房间内其余部分的空间。如图 4-31 所示就是住宅卧室中利用床铺上部的空间设置吊柜；图 4-32 所示为是在厨房中设置隔板、壁龛和藏物柜。

图 4-33 所示是在居室的门后利用结构空间设壁龛，给住户储藏物品带来方便。

坡屋顶的民用建筑，为了充分利用山尖部分的空间，我们许多地方的居民，常在山尖部分设置隔板、阁楼，或者使用延长屋面、局部挑出等手法，充分利用空间，争取更多的使用面积(图 4-34)。这些优秀的传统设计手法，有许多值得借鉴的地方。

当空间较大，由于功能要求的不同，有些房间的层高要求高些，而有些房间的层高又要求低些，层高低的小空间则可利用大空间内设夹层的处理手法，来划分空间。图 4-35 所示就是图书馆中开架阅览室内设夹层书库，以增加使用面积，充分利用空间。

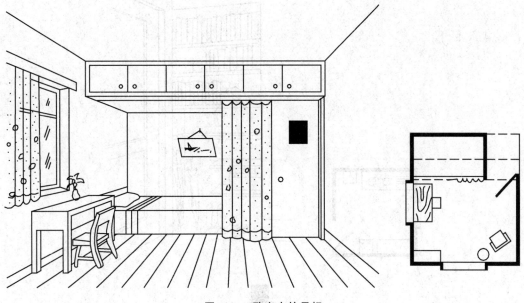

图 4-31　卧室中的吊柜

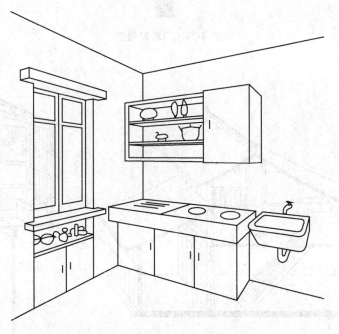

图 4-32　厨房中的隔板和藏物柜

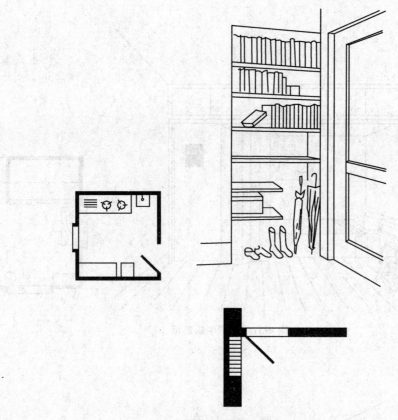

图 4-33 门后设壁龛

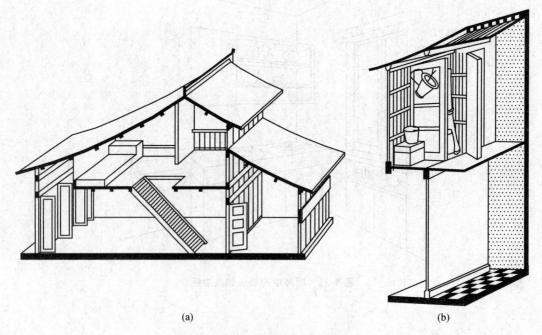

(a) (b)

图 4-34 坡屋顶的山尖利用
(a)阁楼；(b)沿街出挑

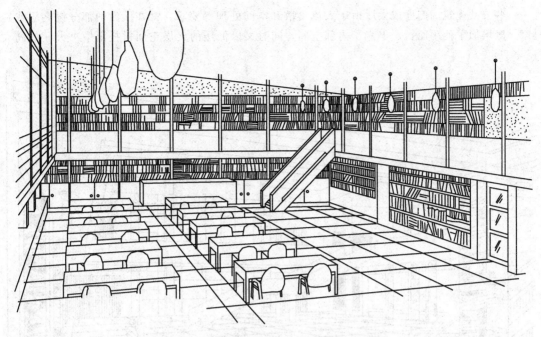

图 4-35　阅览室中利用夹层空间设置开架书库

（2）走廊和门厅的空间利用。由于建筑物整体结构布置的需要，房屋中的走道层高通常与房间的层高相同，房间由于使用需要其层高要求较高，而狭长的走道却不需要与房间一样的层高，因此，走道上部空间就可充分利用。图 4-36(a)所示为旅馆走道上空设技术管道层作为设置通风、照明设备和铺设管道的空间；图 4-36(b)所示为利用住宅入口处的走道上空设置吊柜，不仅增加了住户的储藏空间，而且由于入户口低矮的空间与居室对比，更加衬托出居室宽敞明亮的空间效果。

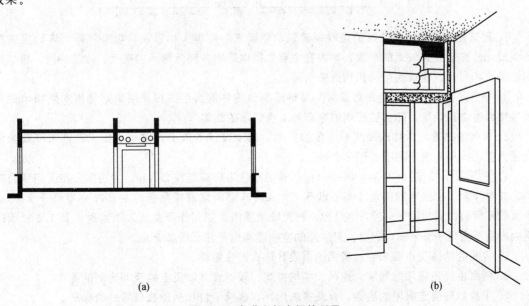

图 4-36　走道上部空间的利用
(a)走道上空作技术层；(b)住宅房内走道上部设吊柜

一些公共建筑的门厅或大厅由于人流集散和空间处理等要求，常在厅内的部分设夹层或走马廊，既增加了使用面积、丰富了内部空间，同时又以低矮的夹层空间衬托出中央大厅的高大（图 4-37）。

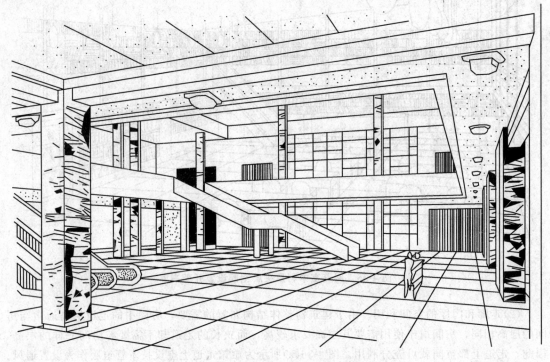

图 4-37　公共建筑的门厅内设夹层或走马廊

1. 建筑剖面设计的主要目的是根据建筑功能要求、规模大小以及环境条件等因素确定建筑各组成部分在垂直方向上的布置，其内容主要包括建筑物各部分房间的高度、建筑层数、建筑空间的组合和利用、建筑的结构和构造关系等。

2. 净高是指房间内楼地面到该房间顶棚或其他构件底面的高度，层高则是指本层楼地面至上层楼面的垂直距离，即该层房间的净高加上楼板层的结构厚度。

3. 房间的高度与人体的高度有很多的关系，房间设计的最小高度可根据人进室内不致触到顶棚为宜，故房间的净高不低于 2.2 m。

4. 《住宅设计规范》(GB 50096—2011) 明确规定住宅层高宜在 2.8 m，并应保证各房间室内净高，其中卧室、起居室的室内净高不低于 2.4 m，其室内梁底或吊柜底局部净高不低于 2.1 m、但面积不得超过该房间室内空间的 1/3，利用坡屋顶内室空间作卧室或起居室时，其 1/2 面积的室内净高不应低于 2.1 m，厨房、卫生间的室内净高则不应低于 2.2 m。

5. 房间的特殊使用要求会对房间剖面设计形状产生影响。

6. 剖面设计还应考虑到采光通风、结构类型、设备设置以及室内空间比例的要求。

7. 了解如何确定房屋的层高，以及室内地坪，楼梯平台和房屋檐口等处的标高。

8. 理解影响建筑层数确定的因素，掌握剖面的组合方式。

9. 掌握建筑空间的组合方法，更充分有效地利用空间。

复习思考题

4.1 建筑剖面设计的内容是什么?
4.2 什么是房屋的层高?什么是房间的净高?净高和层高的关系是什么?
4.3 住宅中各房间的室内净高有何规定?
4.4 对有视线要求的房间进行视线设计时,室内地坪的升起坡度受哪些因素影响?
4.5 有音质要求的房间的剖面设计应注意什么?
4.6 什么是照度?剖面设计应如何保证室内有充足的光线?
4.7 窗台低于何值时必须设置安全防护措施?
4.8 建筑物层高的确定受哪些因素影响?
4.9 建筑物层数的确定受哪些因素影响?
4.10 剖面有哪几种组合方式?
4.11 错层有哪几种处理方法?
4.12 绘图举例实际生活中所见合理利用建筑空间的剖面形式。

第 5 章 建筑体型及立面设计

主要学习建筑体型及立面设计的原理和方法,通过大量建筑实例剖析影响设计的因素、设计和造型的要求,以及如何运用构图法则与施工技术满足和实现这些要求。重点应掌握有关建筑造型与立面构图的视觉感受和设计要点。

建筑物在满足使用要求的同时,它的体型、立面以及内外空间的组合等,还应满足人们对建筑物的审美要求,这就是建筑物的美观问题。建筑物的体型和立面,即房屋的外部形象,是建筑设计的重要组成部分。立面设计和建筑体型组合是在满足房屋使用要求和技术经济条件的前提下,运用建筑造型和立面构图的一些规律,紧密结合平面、剖面的内部空间组合下进行的。建筑的外部形象既不是内部空间被动地直接反映,也不是简单地在形式上进行表面加工,更不是建筑设计完成后的外形处理。建筑体型及立面设计,是在内部空间及功能合理的基础上,在技术经济条件的制约下并考虑到其所处地理环境以及规划等方面的因素,对外部形象从总的体型到各个立面及细部,按照一定的美学规律,如均衡、韵律、对比、统一、比例等进行推敲以求得完美的建筑形象,这就是建筑体型及立面设计的任务。

与其他造型艺术一样,建筑的美观问题涉及文化传统、民族风格、社会思想意识等多方面因素的影响。这种美感是人们对诸如建筑物的形状、宽度、深度、色彩、材料质感以及它们之间的相互关系等所产生的特殊形象效果的感受。它是融合、渗透、统一于使用功能及物质技术之中的,这是建筑美与其他艺术美的一个重要区别。

需要指出,在建筑的使用功能、技术经济和建筑形象三者中,使用功能要求是建筑的主要目的,材料结构等物质技术条件是达到目的的手段,而建筑形象则是建筑功能、技术和艺术的综合表现。也就是说三者是目的、手段和表现形式的关系。其中功能居于主导地位,对建筑的结构和形象起着决定性的作用。

5.1 建筑体型及立面设计的要求

对于建筑体型及立面设计的要求,主要有以下几个方面。

5.1.1 反映建筑功能要求和建筑类型的特征

不同功能要求的建筑类型,具有不同的内部空间组合特点,房屋的外部形象也相应地表现出这些建筑类型的特征。

如剧院建筑,通过巨大的观众厅和高耸的舞台箱与宽敞的门厅、休息厅形成强烈的虚实对比来表现剧院建筑的性格特征[图 5-1(a)];医院建筑通过入口上部的红"+"符号作为象征,以强调医疗建筑的特征[图 5-1(b)];而住宅建筑则以简单的体型、小巧的尺度感、单元的组合以及整齐排列的门窗和阳台等,反映居住建筑的生活气息及性格特征[图 5-1(c)、(d)、(e)]。

微课:建筑体型与
立面设计的要求

图 5-1 不同建筑类型的外部特征
(a)上海大剧院;(b)濮阳清丰新兴医院;
(c)多层住宅;(d)别墅;(e)高层住宅

5.1.2 结合材料、结构和施工技术的特点

建筑物的体型和立面,与所用材料、结构体系以及施工技术等密切相关。例如,在墙体承重的混合结构中,由于墙体为承重构件,其窗间墙必须留有一定的宽度,故窗户不能开得过大[图 5-2(a)]。而在框架结构体系中,由于墙体只起围护作用,因而立面开窗就非常灵活,其整个柱间均可开设横向窗户。图 5-2(b)所示为习水煤炭办公楼。

图 5-2 不同结构形式对立面的影响
(a)砖混结构的某学校办公楼;(b)框架结构的习水煤炭办公楼

空间结构体系不仅为室内各种大型活动提供了理想的使用空间,而且极大地丰富了建筑的外部形象,使建筑物的体型和立面,能够结合材料的力学性能和结构特点,得到很好的表现。图 5-3 所示为各种空间结构对建筑物外形的影响。

施工技术同样也对建筑体型和立面有一定影响,如滑模施工时,由于模板的垂直滑动,要求房屋的体型和立面宜采用筒体或竖向线条为主的体型比较合理;而升板施工时,由于楼板提升时适当出挑对板的受力有利,所以建筑的外形处理,以层层出挑横向线条为主的体型比较合适(图 5-4)。

"2008 年竣工的最佳高层建筑"——上海环球金融中心,就是运用整体提升钢平台模板体系和液压自动爬模体系成功创造出塔楼核心筒与巨型柱的先进施工技术,从而获得了独特的高度优势和建筑形象(图 5-5),同时,大楼还利用风阻尼器装置,遭遇强台风也不会摇晃,成为目前国内先进施工技术的代表之作。

图 5-3 空间结构形式对建筑外形的影响
(a)悬索结构的华盛顿杜勒斯机场候机厅；(b)网架结构的中国国家体育场(鸟巢)；
(c)膜结构的上海体育场；(d)网壳结构的重庆奥体中心

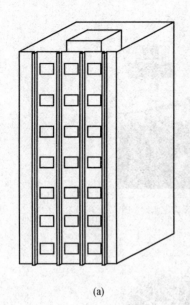
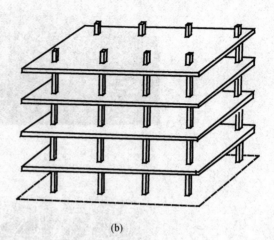

图 5-4 施工技术对建筑外形的影响
(a)滑模建筑；(b)升板建筑

图 5-5 上海环球金融中心

5.1.3 贯彻建筑标准和相应的经济指标

作为社会物质产品，建筑体型和立面设计，必然受到社会经济条件的制约。设计时按照国家规定的建筑标准和相应的经济指标，对各级建筑在建筑标准、材料、造型和装饰等方面应有所区别。一个优秀的建筑作品，应该是在满足合理使用要求的前提下，用较少的投资建造起简洁、明朗、朴素、大方以及和周围环境相协调的建筑物。

5.1.4 符合城市规划要求并与基地环境相结合

建筑是构成城市空间和环境的重要因素，它的建设应满足城市规划要求。单体建筑是规划群体中的一部分，拟建房屋的体型、立面、内外空间组合以及建筑风格等方面，都要仔细考虑和规划中建筑群体的配合。同时，建筑物所在地区的气候、地形、道路、原有建筑物以及绿化等基地环境，也是影响建筑体型和立面设计的重要因素。

图 5-6 所示为底层设有商店的沿街住宅建筑。由于基地和道路相对方向的不同，根据住宅的朝向要求（南北朝向）而采用不同的组合体型。

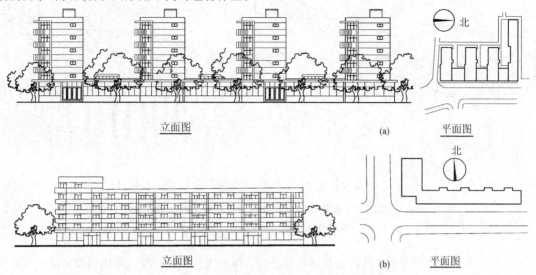

图 5-6　基地和道路方位的不同对建筑体型的影响
(a)基地位于路西；(b)基地位于路北

5.1.5　符合建筑造型和立面构图的一些规律

绘画通过颜色和线条来表现形象；音乐形象通过音阶和旋律形成；而建筑则通过建筑空间和实体所表现出形状、大小的不同变化，线条和形体的不同组合，各种材料的不同色泽和质感以及建筑空间实体起伏凹凸形成的光影、明暗虚实等综合形成其艺术感染力。要巧妙地运用这些构成建筑形象的基本要素来创造完美的建筑形象，就必须遵循建筑的一些构图规律，即统一、均衡、稳定、对比韵律、比例、尺度等。创造性地运用这些构图规律，是建筑体型和立面设计的重要内容。这些有关造型和构图的基本规律，同样也适用于建筑群体布局和室内外的空间处理。由于建筑艺术是和功能要求、材料以及结构技术的发展紧密地结合在一起的，因此，这些规律也会随着社会政治文化和经济文化的发展而发展。

建筑作为社会物质文化的组成部分，它的外部形象的创作设计，也应本着"古为今用""洋为中用""推陈出新"的精神，有批评、有分析地吸取古代和外国优秀的设计手法和创作经验，创造出人们喜闻乐见，具有民族风格的新建筑。

5.2　建筑体型的组合

建筑体型内部空间的组合方式，是确定外部体型的主要依据。走廊式组合的大型医院，通常具有一个多组组合、比较复杂的外部体型[图 5-7(a)]；套间式组合的展览馆，由于内部空间不同的串套方式，外部体型也反映出它的组合特点；大厅式组合的体育馆，又有一个突出的、体量较大的外部体型[图 5-7(b)]。因此，在平、剖面的设计过程中，即房屋内部空间的组合中，就需要综合包括美观在内的多方面因素，考虑到建筑物可能具有外部形象的造型效果，使房屋的体型，在满足使用要求的同时，尽可能完整、均衡。

建筑体型反映建筑物总的体量大小、组合方式和比例尺度等，它对房屋外形的总体效果具有重要影响。根据建筑物规模大小、功能要求特点以及基地条件的不同，建筑物的体型有的比较简单，有的比较复杂，这些体型从组合方式来区分，大体上可以归纳为对称和不对称的两类。

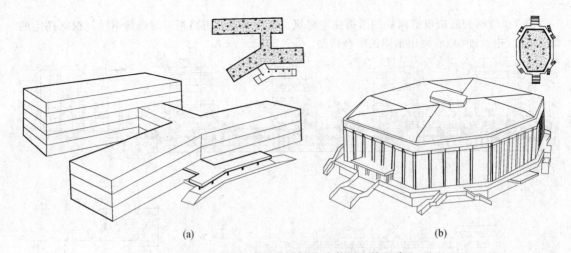

图 5-7　建筑物内部空间组合在体型上的反映
(a)多组组合的医院；(b)大厅式组合的体育馆

对称的体型有明确的中轴线，建筑物各部分组合体的主从关系分明，形体比较完整，容易取得端正、庄严的感觉。我国古典建筑较多地采用对称的体型，一些纪念性建筑和大型会堂等，为了使建筑显得庄严、完整，也常采用对称的体型，如重庆大礼堂[图 5-8(a)]。

不对称的体型，它的特点是布局比较灵活自由，对复杂的功能关系或不规则的基地形状较能适应。此类体型容易使建筑物取得舒展、活泼甚至新奇的造型效果，如上海科技馆[图 5-8(b)]。

图 5-8　对称和不对称的建筑体型
(a)重庆人民大礼堂对称的体型；(b)上海科技馆的不对称体型

建筑体型组合的造型要求，主要有以下几点。

5.2.1 完整均衡、比例适当

建筑体型的组合，首先要求完整均衡，这对较为简单的几何形体和对称的体型，通常比较容易达到。对于较为复杂的不对称的体型，为了达到完整均衡的要求，需要注意各组成部分体量的大小比例关系，使各部分的组合协调一致、有机联系，在不对称中取得均衡。

微课：均衡与稳定、对比与微差

图 5-9 是不对称体型的教学楼示意，以普通教室、楼梯间和音乐教室等几部分所组合，其中图 5-9(a)所示各组成部分的体量大小比例较恰当，图 5-9(b)、(c)中楼梯间部分的体量，在组合中就有过大、过小，比例不当的感觉，当然这些考虑都需要和内部功能要求取得一致。不对称体型组合的典范是巴西议会大厦(图 5-10)，整栋大厦充分展示了水平与垂直体量间的强烈对比，构图新颖醒目极具视觉冲击感，同时用一仰一覆两个半球体进行调和，使建筑的体型和立面取得协调和均衡。

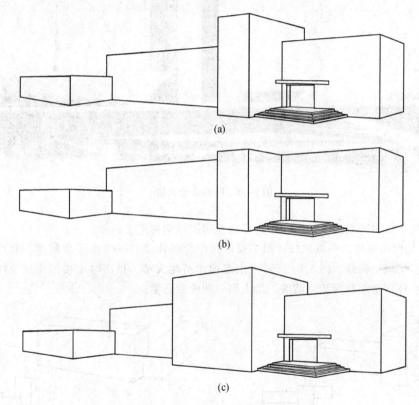

图 5-9 教学楼的不对称体型组合
(a)体量大小比例恰当；(b)体量大小比例不恰当；(c)体量大小比例不恰当

5.2.2 主次分明、交接明确

建筑体型的组合，还需要处理好各组成部分的连接关系，尽可能做到主次分明、交接明确。建筑物有几个形体组合时，应突出主要形体，通常可以由各部分体量之间的大小、高低、宽窄，形状的对比，平面位置的前后，以及凸出入口等手法来强调主体部分。

各组合体直接的连接方式主要有：几个简单形体的直接连接或咬接[图 5-11(a)、(b)]，以廊或连接体的连接[图 5-11(c)、(d)]。形体之间的连

微课：统一变化
(主次分明、交接明确)

接方式和房屋的结构构造布置、地区的气候条件、地震烈度以及基地环境的关系相当密切。例如，地处寒冷地区或受基地面积限制的情况，考虑到室内采暖和建筑占地面积等因素，希望形体之间的连接紧凑一些。地震区要求房屋尽可能采用简单、整体封闭的几何形体，如使用上必须连接时，应采取相应的抗震措施，避免采取咬接等连接方式。

图 5-10　巴西议会大厦

交接明确不仅是建筑造型的要求，同样也是房屋结构构造上的要求。

图 5-12 是西南医科大学城北校区图书馆咬接组合的体型，既考虑了房屋朝向和内部的功能要求，又丰富了城市街景。图 5-13 所示为山西朔州新闻大楼。裙房与主楼的主次及体量对比明确，建筑物整体的造型既简洁又活泼，给人们以明快的感觉。

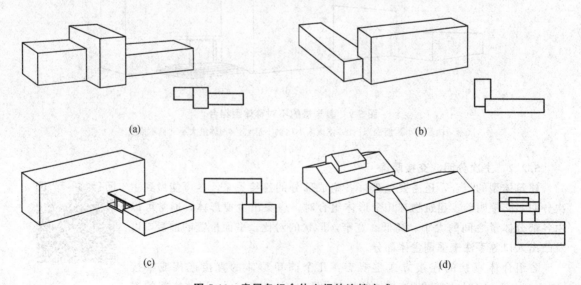

图 5-11　房屋各组合体之间的连接方式
(a)直接连接；(c)以走廊连接；(b)交接；(d)以连接体连接

图 5-12　西南医科大学城北校区图书馆

图 5-13　山西朔州新闻大楼

5.2.3　体型简洁、环境协调

简洁的建筑体型易于取得完整统一的造型效果，同时在结构布置和构造施工方面也比较经济合理。随着工业化构件生产和施工的日益发展，建筑体型也趋向于采用完整简洁的几何形体，或由这些形体的单元所组合，使建筑物的造型简洁而富有表现力(图 5-14)。

建筑物的体型还需要注意与周围建筑、道路相呼应配合，考虑和地形、绿化等基地环境的协调一致，使建筑物在基地环境中显得完整统一、配置得当(图 5-15)。

气候作为自然环境因素同样对建筑造型存在影响。图 5-16 所示为德克萨斯州达拉斯市政行政中心大楼，这座像倒转金字塔的建筑物的倾斜面有 34 度，其略微夸张的造型设计充分考虑了与当地的气候环境协调关系，可以遮挡风雨以及德克萨斯州酷热的阳光。

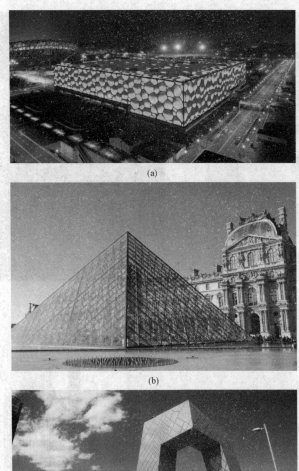

图 5-14 简洁而富有表现力的建筑体型实例
(a)中国国家游泳中心(水立方);(b)巴黎卢浮宫玻璃金字塔;(c)中国中央电视台大楼

图 5-15 建筑体型与环境协调的实例
(a)悉尼歌剧院

(b)

图 5-15 建筑体型与环境协调的实例(续)

(b)土家吊脚楼

图 5-16 德克萨斯州达拉斯市政行政中心

5.3 建筑立面设计

建筑立面是表示房屋四周的外部形象。前面介绍的体型设计主要是反映建筑外形总的体量、形状、组合、尺度等大效果,是建筑形象的基础。但只有体型美还不够,还必须在立面设计中进一步刻画和完善才能获得完美的建筑形象。

建筑立面设计和建筑体型组合一样,也是在满足房屋使用要求和技术经济条件的前提下,运用建筑造型和立面构图的一些规律,紧密结合建筑平面、剖面的内部空间组合,对建筑体型做进一步的处理。

建筑立面可以看成是由许多构部件,如门窗、阳台、墙、柱、雨篷、屋顶、台基、勒脚、檐口、花饰、外廊等组成的。恰当地确定这些组成部分和构部件的比例、尺度、材料质感和色彩等,运用建筑构图要点,设计出体型完整、形式与内容统一的建筑立面,是建筑立面设计的主要任务。

5.3.1 立面的比例尺度

正确的尺度和协调的比例,是使立面达到完整、统一的重要内容。从建筑整体的比例到立面各部分之间的比例,从墙面划分到每一个细部的比例都要仔细推敲,才能使建筑形象具有统一和谐的效果。比例是指长、宽、高三个方向之间的大小关系。无论是整体或局部以及整体与局部之间，局部与局部之间都存在着比例关系。良好的比例能给人以和谐、完美的感受；反之，比例失调就无法使人产生美感。图 5-17 是住宅建筑的比例关系。图中建筑开间相同，窗面积相同，采用不同处理手法，取得不同的比例效果。

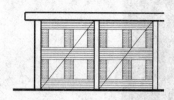 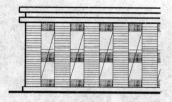 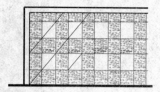

图 5-17　住宅建筑的比例关系处理

如图 5-18(a)所示，房屋立面各组成部分和门窗等比例不当，经过修改和调整后[图 5-18(b)]，各部分的尺寸大小的相互比例关系较为协调。

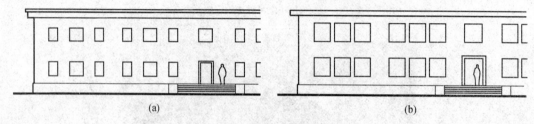

图 5-18　建筑立面中各部分的比例关系
(a)各部分比例关系不当；(b)调整后比例较协调

尺度所研究的是建筑物整体与局部构件给人感觉上的大小与其真实大小之间的关系。在建筑设计中，常以人或与人体活动有关的一些不变因素，如门、台阶、栏杆等作为比较标准，通过与它们的对比而获得一定的尺度感。

尺度的处理通常有以下三种方法：

(1)自然的尺度常用于住宅、办公楼、学校等建筑。以人体大小来度量建筑物的实际大小，从而给人的印象与建筑物真实大小一致。

(2)以较小的尺度获得小于真实的感觉，从而给人以亲切宜人的尺度感。常用来创造小巧、亲切、舒适的气氛，如庭园建筑。

(3)夸张的尺度处理手法，使人感到雄伟、肃穆和庄重。图 5-19 所示为上海世博会中国馆。

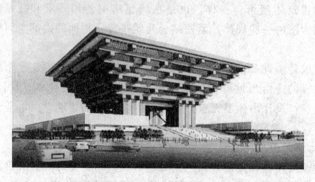

图 5-19　上海世博会中国馆

5.3.2 立面的虚实、凹凸对比

"虚"是指立面上的空虚部分,如玻璃、门窗洞口、门廊、空廊、凹廊等,常给人以不同程度的空透、开敞、轻巧的感觉;"实"是指立面上的实体部分,如墙面、柱面、屋面、栏板等,常给人以不同程度的封闭、厚重、坚实的感觉。立面设计时,应根据建筑自身功能、结构特点安排好虚实、凹凸的关系。一般虚多实少,以虚为主的手法多用于造型要求轻快、开朗的建筑。图 5-20 所示为上海世博中心,以虚为主,大面积的玻璃幕墙透出局部实墙面所造成的虚实变化,增加了建筑的感染力。而像天安门城楼、华盛顿国家美术馆东馆(图 5-21)等建筑,实多虚少,以实为主则使人感到厚重、坚实、雄伟、壮观。

图 5-20　上海世博中心

图 5-21　华盛顿国家美术馆东馆

图 5-22 所示的宾馆建筑,则是以虚实均匀布置的手法,也是一种常用的手段。

图 5-22　虚实均匀布置的建筑

立面凹凸关系的处理，可以丰富立面效果，加强光影变化，组织韵律，突出重点。图 5-23 所示的某别墅，由于将实体部分相互穿插，并巧妙地把窗户嵌入适当的部位，不仅使虚实两者有良好的组合关系，而且凹凸变化也十分显著，使建筑物有强烈的体积感。

图 5-23　立面凹凸的光影效果

重庆中国三峡博物馆(图 5-24)以大面积的蓝色玻璃与古朴的砂岩实墙在视觉上形成强烈的对比，弧形的外墙与所在的广场具有向心力的呼应和整体吻合感。该建筑设计上的巧妙组织，带给参观者的印象是一个既富有历史厚重感又具有强烈现代气息的纪念碑，体现了鲜明的雕塑性。

图 5-24　重庆中国三峡博物馆

5.3.3　立面线条处理

墙面中构件的横向或竖向划分，对表现建筑立面的节奏感和方向感非常重要。对于建筑物而言，所谓线条一般泛指某些实体，如柱、窗台、雨篷、檐口、通常的栏板、遮阳等。这些线条的粗细、长短、横竖、曲直、凹凸、疏密等，对建筑性格的表达，韵律的组织，比例尺度的权衡都具有格外重要的意义。

一般来说，横向划分的立面常给人以轻快、舒展、亲切、开朗的感觉，图 5-25 所示为北京朝阳门 SOHO 三期，就是采用水平方向的带形窗形成的横向划分，形成了流动轻灵的建筑形象。而竖向划分往往给人以庄重、挺拔、坚毅的感觉，如图 5-26 所示。

另外，墙面线条的粗细处理对建筑性格的影响也很重要。粗犷宽厚刚直有力的线条，常使建筑显得庄重，图 5-27 所示为张家界博物馆。而纤细的线条则使建筑显得轻巧秀丽，如我国江南园林建筑。利用粗细结合手法，会使建筑立面富有变化，生动活泼，如南京图书馆(图 5-28)。

图 5-25　北京朝阳门 SOHO 三期

图 5-26　竖向划分的建筑实例

图 5-27　张家界博物馆

图 5-28　南京图书馆

5.3.4 立面色彩、质感处理

一幢建筑物的体型和立面，最终是以它们的形状、材料和色彩等多方面因素的综合，给人们留下一个完整深刻的外观形象。在立面轮廓的比例关系、门窗排列、构件组合以及墙面划分的基础上，材料质感和色彩的选择、配置，是使建筑立面进一步取得丰富和生动效果的又一重要方面。

一般来说，建筑立面色彩的处理主要包括两个方面的问题，一是基本色调的选择；二是建筑色彩的配置。以白色或浅色为主的基本色调，常使人感到明快、素雅、清新；以深色为主的基本色调，则显得端庄、稳重；红、褐等暖色趋于热烈；蓝、绿等冷色则感到宁静等。基本色调的选择，应根据以下几个方面来考虑：

(1)色彩要适应气候条件。寒冷地区多用暖色，而炎热地区多用冷色。这符合人们对色彩的心理作用，"暖"色使人感到温暖；"冷"色使人感到凉爽。

(2)色彩应与四周环境相协调。例如，海边建筑常以白色等浅色、明亮的色调，在蓝天和大海的衬托下，显得更加晶莹清澈。

(3)色彩要与建筑的性质相适应。例如，行政办公建筑和纪念性建筑要求庄严肃穆的气氛，其所用色彩就和娱乐场所、商业建筑的刺激、繁华大不相同。

(4)色彩处理应充分考虑民族文化传统和地方特色。如我国的宫殿、寺庙建筑色彩浓艳而富丽堂皇，而园林、住宅建筑色彩则较朴素，淡雅。

当建筑的基本色调确定以后，色彩的配置就显得十分重要了。色彩的配置应有利于协调总的基调和气氛，不同的组合和配置，会产生多种不同的效果。色彩的配置主要是强调对比与调和，对比可使人感到兴奋，过分强调对比又会使人感到刺激；调和则使人感到淡雅，但过于淡雅又使人感到单调乏味。

在建筑立面设计中，材料的运用，质感的处理也是不容忽视的。粗糙的砖、毛石和混凝土表面显得厚重坚实，平整而光滑的面砖、金属和玻璃表面则令人有轻巧细腻之感。设计时应充分利用材料的质感属性，巧妙处理，有机组合，以加强和丰富建筑的艺术感染力。图 5-29 是近代建筑巨匠美国著名建筑师赖特(F. L Loyd Wright)1936 年为富豪考夫曼设计的考夫曼别墅（又称流水别墅），利用天然石料所具有的粗糙质感与光滑的玻璃窗和细腻的抹灰表面形成对比，从而丰富了建筑感染力，并以穿插错落的体型组合以及与自然环境的有机结合而著称。

图 5-29 流水别墅

5.3.5 立面的重点与细部处理

突出建筑物立面中的重点，既是建筑造型的设计方法，也是建筑使用功能的需要。建筑物的主要出入口、楼梯间等部分，是建筑的主要通道，在使用上需要重点处理，以引人注目。重点处理一般是通过对比手法取得，如出入口的处理，可用雨篷、门廊的凹凸以加强对比、增加光影和明暗变化，起到突出、醒目的作用。图5-30所示为三亚金棕榈度假酒店入口。另外，入口上部窗户等构件的组织和变化，或采用加大尺寸，改变形状，重点装饰等，都可以起到突出重点的作用。

图5-30 三亚金棕榈度假酒店入口

微课：重点和细部处理

建筑立面上一些构件的构造搭接，以及勒脚、窗台、阳台、雨篷、台阶、花池、檐口和花饰等细部是建筑整体中不可分割的部分，在造型上应仔细推敲，精心设计，最终使建筑的整体和局部达到完整统一的效果。图5-31所示为建筑立面细部处理的实例，利用阳台栏杆和窗户形式及挑梁的变化，获得了丰富的立面表现效果。

图5-32是获得斯特灵大奖的伦敦瑞士再保险公司总部大楼，为了减少大楼周边气流而设计为独特的雪糕筒状外形，简洁的造型依靠其细节的处理显得并不单调，令人留下深刻的印象。

图5-31 建筑立面的细部处理

图5-32 伦敦瑞士再保险公司总部大楼(小黄瓜)

建筑体型和立面设计，绝不是建筑设计完成后进行的最后加工，它应贯穿于整个建筑设计的始终。体型、立面、空间组织和群体规划以及环境绿化等方面应该是有机联系的整体，需要综合考虑和精心设计。在进行方案构思时，就应在功能要求的基础上，在物质技术条件的约束下，按照建筑构图的美观要求，考虑体型和立面的粗略块体组合方案。在此基础上做初步的平面、剖面草图以及基本的体型和立面轮廓,并推敲其整体比例关系,确定体型和立面。若和平面、剖面有矛盾,应随时加以调整。而后考虑各立面的墙面划分和门窗排列,并协调使用功能与外部造型之间的关系;初步确定各立面。然后,再协调各立面与相邻立面的关系,处理好立面的虚实、凹凸、明暗、线条、色彩、质感以及比例尺度等关系,最后对出入口、门廊、雨篷、檐口、楼梯间等部位作重点处理。

只有按以上步骤,反复深入,不断修改,并作出多个方案进行分析比较,才能创造出完美的建筑形象。

1. 建筑物的体型和立面,即房屋的外部形象,是建筑设计的重要组成部分。立面设计和建筑体型组合是在满足房屋使用要求和技术经济条件的前提下,运用建筑造型和立面构图的一些规律,紧密结合平面、剖面的内部空间组合进行的。

2. 建筑体型及立面设计应反映建筑功能要求和建筑类型的特征,结合材料、结构和施工技术的特点,同时贯彻建筑标准和相应的经济指标,符合城市规划要求并与基地环境相结合,运用符号建筑造型和立面构图的一些规律,创造出人们喜闻乐见的新建筑。

3. 建筑体型内部空间的组合方式,是确定外部体型的主要依据。理解对称组合和不对称组合的特点。

4. 建筑体型组合的造型要求,主要有:完整均衡、比例适当、主次分明、交接明确,体型简洁、环境协调。

5. 正确的尺度和协调的比例,是使立面达到完整、统一的重要内容。掌握尺度处理的三种方法。

6. 立面虚实与凹凸关系的处理,可以丰富立面效果,加强光影变化,突出重点。

7. 墙面中构件的横向或竖向划分,对表现建筑立面的节奏感和方向感非常重要。墙面线条的粗细处理也影响建筑表现的性格。

8. 建筑立面色彩的处理主要包括两个方面的问题,一是基本色调的选择;二是建筑色彩的配置。基本色调的选择应根据以下几个方面来考虑:适应气候条件、与四周环境相协调、与建筑的性质相适应、充分考虑民族文化传统和地方特色。

9. 通过对比手法突出建筑物立面中的重点,既是建筑造型的设计方法,也是建筑使用功能的需要。

10. 解决好立面大关系的前提下,细节的处理同样重要。

5.1 建筑体型及立面设计有哪几个方面的要求?

5.2 常用的建筑构图规律有哪些?

5.3 建筑体型的对称组合和不对称组合分别有什么特点?

5.4 建筑体型组合主要有哪些造型要求?

5.5 尺度处理有哪三种方法?分别适用于哪些建筑?分别举例说明。

5.6 举例说明建筑立面的虚实关系为建筑带来的不同个性。

5.7 举例说明不同的立面线条处理带来的感染力区别。

5.8 建筑的色彩和质感处理应注意什么?

5.9 根据各学生所在学校的教学楼,拍摄教学楼立面的重点及细部处理图片,并加以文字分析。

第 6 章　民用建筑构造概论

学习要点

了解建筑构造的概念及研究的对象和任务，熟悉影响建筑构造的主要因素，重点掌握建筑物的基本组成构件及其作用、建筑构造设计原则。

6.1　概述

6.1.1　建筑构造研究的对象和任务

建筑构造是研究建筑物各组成部分的组合原理和构造方法的学科，是建筑设计不可分割的一部分。它具有实践性强和综合性强的特点，在内容上是对实践经验的高度概括，并且涉及建筑材料、建筑物理、建筑力学、建筑结构、建筑施工以及建筑经济等有关方面的知识。因此，建筑构造的主要任务在于根据建筑物的使用功能、技术经济和艺术造型要求，提供合理的构造方案，以作为建筑设计中综合解决技术问题及进行施工图设计、绘制大样图的依据和保证。

解剖一座建筑物，不难发现它是由许多部分所构成，而这些构成部分在建筑工程上被称为构件或配件。因此，建筑构造原理就是综合多方面的技术知识，根据多种客观因素，以选材、选型、工艺、安装为依据，研究各种构、配件与其细部构造的合理性（包括适用、安全、经济、美观）以及能更有效地满足建筑使用功能的实践应用。

而构造方法则是进一步研究如何运用各种材料，有机地组合各种构、配件，并提出解决各构、配件之间相互连接的方法和这些构、配件在使用过程中的各种防范措施。

6.1.2　建筑物的组成及各组成部分的作用

一幢民用建筑，一般由基础、墙和柱、楼板层、地坪、楼梯、屋顶和门窗等几大部分构成，如图 6-1 所示。它们在不同的部位发挥着各自的作用。

(1) 基础：建筑底部与地基接触，位于建筑物最下部的承重构件。其作用是承受建筑物的全部荷载，并将其传递给地基。因此，基础必须具有足够的强度，并能抵御地下水、冰冻等各种有害因素的侵蚀。

微课：建筑物的
组成及作用

(2) 墙：建筑物的竖向承重构件，其作用是承重、围护或分割空间。作为承重构件，承受着建筑物由屋顶或楼板层传来的荷载，并将这些荷载传给基础。作为围护构件，外墙起着抵御自然界各种因素对室内侵袭的作用；内墙起着分隔房间、创造室内舒适环境的作用。为此，要求墙体根据功能的不同分别具有足够的强度、稳定性、保温、隔热、隔声、防水、防火等功能，以及一定的经济性和耐久性。

(3) 楼板层：楼房建筑中水平方向的承重构件。按房间层高将整幢建筑物沿水平方向分成若干部分。楼板层承受着家具、设备和人体的荷载以及本身自重，并将这些荷载传递给墙或者梁。同时，楼板层还对墙身起着水平支撑的作用，以增强建筑的刚度和整体性，并将建筑分割成不同的楼层空间。因此，楼板层要求具有足够的抗弯强度、刚度和隔声保温能力。而对有水侵蚀的房间，则要求楼板层具有防潮、防水的能力。

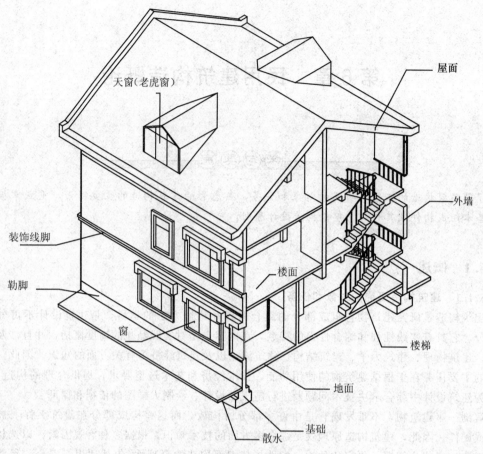

图 6-1 建筑物的基本组成

(4) 地坪：底层房间与土层相接触的部分，它承受底层房间内的荷载。不同地坪，要求具有耐磨、防潮、防水和保温等不同的性能。

(5) 楼梯：楼房建筑的垂直交通构件，供人们上下楼层和紧急疏散之用。故要求楼梯具有足够的通行能力以及强度、防水、防滑的功能。

(6) 屋顶：建筑物顶部的围护构件和承重构件，抵御着自然界雨、雪及太阳热辐射等对顶层房间的影响；承受着建筑物顶部荷载，并将这些荷载传给垂直方向的承重构件。故此，屋顶必须具有足够的强度、刚度以及防水、保温、隔热等功能。

(7) 门窗：门主要供人们内外交通和隔离房间；窗则主要是采光和通风，同时也起分隔和围护作用。门和窗均属非承重构件。对某些有特殊要求的房间，则要求门、窗具有保温、隔热、隔声、遮阳、防火、防风沙等功能。

除上述基本组成构件外，还有其他附属的构件和配件，如阳台、雨篷、台阶、烟囱、散水等。有关构件的具体构造将于后面各章详述。

6.2 建筑物的结构类型

结构是指建筑物的承重骨架，是建筑物赖以支承的主要构件。建筑材料和建筑技术的发展决定着结构形式的发展；而建筑结构形式的选用对建筑物的使用以及建筑形式又有着极大的影响。

大量民用建筑的结构形式依其建筑物使用规模、构件所用材料及受力情况的不同而有各种类型。

依建筑物本身使用性质和规模的不同，可分为单层、多层、大跨度和高层建筑等。其中，单层及多层建筑的主要结构形式又可分为墙承重结构(图 6-2)、框架承重结构(图 6-3)。墙承重结构是指由墙体来作为建筑物承重构件的结构形式。而框架结构则主要是由梁、柱作为承重构件的结构形式。

图 6-2 墙承重结构

图 6-3 框架承重结构

大跨度建筑常见的结构形式有拱结构、桁架结构(图 6-4)、网架结构(图 6-5)、壳体结构(图 6-6)、悬索结构、膜结构(图 6-7)等空间结构形式。主要应用于民用建筑的影剧院、体育馆、展览馆、大会堂、航空港及其他大型公共建筑。高层民用建筑常见的结构类型有框架结构、剪力墙结构、框架-剪力墙结构、筒体结构、钢-混凝土混合结构等。

图 6-4 桁架结构

图 6-5 网架结构

图 6-6 壳体结构

图 6-7 膜结构

根据结构构件所使用材料的不同,目前有木结构、混合结构、钢筋混凝土结构和钢结构之分。木结构是以木材为主要使用材料的结构类型,但由于受自然条件的限制,应用范围并不广泛。混合结构是指一座建筑主要承重构件采用多种材料,如砖与木、砖与钢筋混凝土、钢筋混凝土与钢结构等。在这类建筑中,最常用的是砖与钢筋混凝土混合结构,故习惯上又称为砖混结构。同时它是目前多层建筑的主要结构形式。钢筋混凝土结构是指配有钢筋增强的混凝土制成的结构,其主要承重构件均采用钢筋混凝土制成,是运用较广的一种结构形式,也是我国目前多、高层建筑所采用的主要结构形式。钢结构则是指建筑物的主要承重构件用钢材制作的结构。因具备强度高、构件重量轻、平面布局灵活、抗震性能好、构件占用空间少、施工速度快等特点,在大跨度、大空间以及高层建筑中应用较多。伴随轻型冷轧薄壁型材及压型钢板的发展,轻钢结构在低层以及多、高层建筑的围护结构中也得以广泛应用。

6.3 影响建筑构造的因素

一座建筑物建成并投入使用后,要经受着自然界各种因素的检验。为了提高建筑物对外界各种影响的抵御能力,延长建筑物的使用寿命,以便更好地满足使用功能的要求,在进行建筑构造设计时,必须充分考虑到各种因素对它的影响,以便根据影响程度,来提供合理的构造方案。影响建筑构造的因素很多,归纳起来大致可分为以下三个方面。

微课:影响建筑构造的因素

6.3.1 外界环境的影响

(1)外力作用的影响。作用到建筑物上的外力称为荷载。荷载有静荷载(如建筑物的自重)和动荷载之分。动荷载又称活荷载,如人流、家具、设备、风、雪以及地震荷载等。荷载的大小是结构设计的主要依据,也是结构选型的重要基础。它决定着构件的尺度和用料。而构件的选材、尺寸、形状等又与构造密切相关。所以在确定建筑构造方案时,必须考虑外力的影响。

在外荷载中,风力的影响不可忽视,风力往往是高层建筑水平荷载的主要影响因素,特别是沿海地区,影响更大。另外,地震力是目前自然界中对建筑物影响最大也是最严重的一种因素。我国是多地震国家,地震分布相当广,因此必须引起重视。在构造设计中,应该根据各地区的实际情况,予以设防。

(2)自然气候的影响。我国幅员辽阔,各地区地理环境不同,大自然的条件也多有差异。由于南北纬度相差较大,从炎热的南方到寒冷的北方,气候差别很大。因此,气温变化,太阳的热辐射,自然界的风、霜、雨、雪等均构成了影响建筑物使用功能和建筑构件使用质量的因素,如图6-8所示。有的因材料热胀冷缩而开裂,严重的遭到破坏;有的出现渗、漏水现象;还有的因室内过冷或过热而影响工作等,总之均影响到建筑物的正常使用。为防止因大自然条件的变化而造成建筑物构件的破坏,保证建筑物的正常使用,往往在建筑构造设计时,针对所受影响的性质与程度,对各有关部位采取必要的防范措施,如防潮、防水、保温、隔热、设变形缝、设隔汽层等,以防患于未然。

(3)人为因素和其他因素的影响。人们所从事的生活和生产性的活动,如机械振动、化学腐蚀、战争、爆炸、火灾、噪声等,往往会造成对建筑物的影响。因此,在进行建筑构造设计时,必须针对各种可能的因素,从构造上采取隔振、防腐、防爆、防火、隔声等相应的措施,以避免建筑物的使用功能遭受不应有的损失和影响。

另外,鼠、虫等也能危害建筑物的某些构、配件,如白蚁等对木结构的影响,因此,必须引起重视。

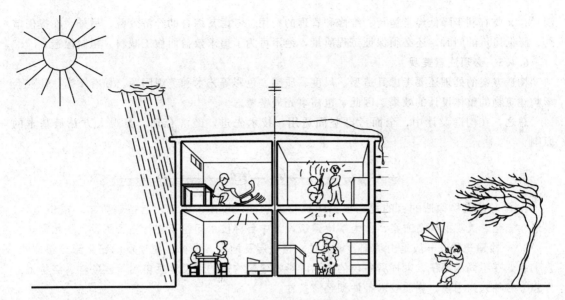

图 6-8 影响建筑构造的因素示意

6.3.2 建筑技术条件的影响

建筑技术条件是指建筑材料技术、结构技术和施工技术等。随着这些技术的不断发展和变化，建筑构造技术也在随之而改变。同时，在建筑技术地域性特征显著的地区，应充分考虑当地技术条件进行建筑构造设计。

6.3.3 建筑标准的影响

建筑标准所包含的内容较多，与建筑构造关系密切的主要有建筑的造价标准、建筑装修标准和建筑设备标准。标准高的建筑，其装修质量好，设备齐全且档次高，自然建筑的造价也较高；反之，则较低。建筑构造的选材、选型和细部做法都按照建筑标准的高低来确定。

6.4 建筑构造设计原则

6.4.1 必须满足建筑使用功能要求

由于建筑物使用性质和所处条件、环境的不同，则对建筑构造设计有不同的要求。如北方地区要求建筑在冬季能保温；南方地区则要求建筑能通风、隔热；对要求有良好声环境的建筑物，则要考虑吸声、隔声等要求。总之，为了满足使用功能需要，在构造设计时，必须综合有关技术知识，进行合理的设计，以便选择、确定最经济合理的构造方案。

6.4.2 必须有利于结构安全

建筑物除根据荷载大小、结构的要求确定构件的必需尺度外，对一些零部件的设计，如阳台、楼梯的栏杆、顶棚、墙面、地面的装修、门、窗与墙体的结合以及抗震加固等，都必须在构造上采取必要的措施，以确保建筑物在使用时的安全。

6.4.3 必须适应建筑工业化和建筑施工的需要

为了提高建设速度，改善劳动条件，保证施工质量，在构造设计时，应大力推广先进技术，选用各种新型建筑材料，采用标准设计和定型构件，为构、配件的生产工厂化、现场施工机械化创造有利条件，以适应建筑工业化的需要。

6.4.4 必须讲求建筑经济的综合效益

在构造设计中，应该注意整体建筑物的经济效益问题，既要降低建筑造价，减少材料的能源消耗；又要有利于降低经常运行、维修和管理的费用，考虑其综合的经济效益。另外，在提倡节约、降低造价的同时，还必须保证工程质量，绝不可为了追求效益而偷工减料，粗制滥造。

6.4.5 必须注意美观

构造方案的处理还要考虑其造型、尺度、质感、色彩等艺术和美观问题。如有不当，往往会影响建筑物的整体设计的效果。因此，也需事先周密考虑。

总之，在构造设计中，全面考虑坚固适用，技术先进，经济合理，美观大方是最基本的原则。

1. 学习建筑物构造的目的是，根据建筑物的功能、技术、经济、造型等要求，提供适用、经济、安全、美观的构造方案，作为解决建筑设计中各种技术问题及进行施工图设计的依据。

2. 一幢建筑物，一般是由基础、墙或柱、楼板层及地坪、楼梯、屋顶及门窗六部分组成的。它们各处在不同的部位，发挥着各自的作用。影响建筑构造的因素包括自然气候条件、结构上的作用、各种人为因素、物质技术条件和经济条件。

3. 为设计出适用、经济、安全、美观的构造方案，进行建筑构造设计时，必须遵循满足建筑功能要求，确保结构坚固、安全，适应建筑工业化需要，讲求建筑的综合经济效益，注意美观，贯彻建筑方针及执行技术政策的设计原则。

6.1　学习建筑构造的目的是什么？

6.2　建筑物的基本组成及其主要作用是什么？

6.3　影响建筑构造的主要因素是什么？

6.4　建筑构造设计应遵循的原则有哪些？

第 7 章　基础和地下室

主要学习基础和地基的概念及分类构造、基础埋深的要求、地下室的防潮和防水构造。重点应掌握有关基础的基本知识及地下室防水设计要点。

在建筑工程中，位于建筑物最下端，埋入地下并直接作用在土层上的承重构件称为基础。基础是建筑物地面以下的承重构件，承受建筑物上部结构传下来的全部荷载，并将这些荷载连同本身的重量一起传到地基上(图 7-1)。

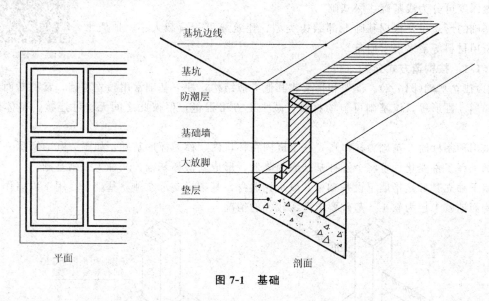

图 7-1　基础

地基是承受基础所传递荷载的土层。地基承受建筑物荷载而产生的应力和应变随着土层深度的增加而减小，在达到一定深度后就可忽略不计。直接承受建筑物荷载的土层称为持力层。持力层以下的土层称为下卧层。

基础是房屋的重要组成部分，地基与基础又密切相关，倘若地基与基础出现问题，对房屋的安全有着难以补救的影响。地基承受荷载的能力是有一定限度的。地基每平方米所能承受的最大压力称为地基允许承载力，又称地耐力。

当基础对地基的压力超过地基容许承载力时，基础将出现较大的沉降变形甚至地基土层会滑动挤出而破坏。为了保证建筑物安全稳定，就要根据基底压应力不超过地基容许承载力的原则，适当加大基础底面积，以减小基底压应力。

地基可分为天然地基和人工地基两大类。

(1)天然地基。天然地基是指天然土层具有足够的承载力，不需要人工改善或加固便可直接承受建筑物荷载的地基。

天然地基是岩石风化破碎成松散颗粒的土层或是呈连续整体状的岩层，按《建筑地基基础设计规范》(GB 50007—2011)，地基土可分为岩石、碎石土、砂土、黏性土、人工填土五类。

(2)人工地基。人工地基一般在天然土层承载力差或建筑总荷载大的情况下采用，为使地基具有足够承载力而对土层进行人工加固，处理方法分为压实法、换土法和打桩法三大类。

1)压实法：对承载力较差的土层，用各种机械对其进行夯打、碾压、振动，预先压实，排走土中空气，提高土层密实性，从而提高地基承载力。

2)换土法：将地基的软弱土层部分或全部挖除，换成其他较坚硬、低压缩的材料(如灰土、矿石渣、粗砂、中砂等)，再分层夯实，作为基础垫层。

3)打桩法：在软弱土层中置入桩身，把土壤挤密，由桩和桩间土一起组成复合地基，或把桩打入地下坚硬的土层中，来提高土层承载力。

7.1 基础分类及构造

基础类型有很多，按构造方式可分为独立基础、条形基础、阀形基础、箱形基础、桩基础；按材料和受力特点可分为刚性基础、柔性基础；按基础的埋置深度可分为浅基础、深基础。

基础的形式主要根据基础上部结构类型、建筑高度、荷载大小、地质水文和所用材料等诸多因素而定。

微课：基础的分类

7.1.1 按构造方式分类

(1)独立基础(图 7-2)。框架和排架或其他类似结构，柱下基础常用独立基础，常见断面形式有阶梯形、锥形等。该基础可节约材料，减少土方工程量，但彼此之间无构件连接，整体刚度较差。

采用预制柱时，基础为杯口形，柱子嵌固在杯口内，称为杯形基础，如图 7-2(b)所示。为满足局部工程条件变化，可将个别杯基础底面降低，形成高低杯基础，又称为长颈基础。

墙下独立基础是指墙下设基础梁，以承托墙身，基础梁支承在独立基础上。用于以墙作为承重结构而地基上层为软土、基础要求埋深较大的情况。

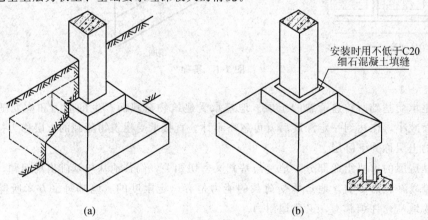

图 7-2 独立基础
(a)现浇基础；(b)杯形基础

(2)条形基础。条形基础呈连续的带状，也称带形基础。

承重墙下一般采用通长的刚性材料条形基础。

承重构件为柱、荷载大且地基软时，常用钢筋混凝土条形基础将柱下的基础连接起来形成柱下条形基础,可有效防止不均匀沉降,使建筑物的基础具有良好的整体性。

(3)井格基础。地基条件较差或上部荷载不均匀时,采用十字交叉的井格基础可以提高建筑物的整体性,防止柱间不均匀沉降,如图 7-3 所示。

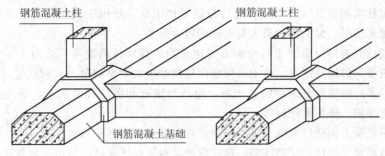

图 7-3　井格式基础

(4)阀形基础。当上部结构荷载较大而地基承载力又特别低以及柱下条形基础或井格基础已不能满足基础底面积要求时,常将墙或柱下基础连成一钢筋混凝土板,形成阀形基础。阀形基础有板式和梁板式(图 7-4)两种。

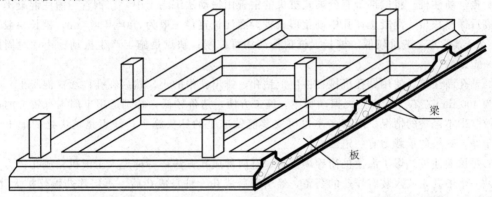

图 7-4　梁板式筏形基础

(5)箱形基础。建筑物荷载很大或浅层地质情况较差以及基础需要埋深很大时,为了增加建筑物的整体刚度,有效抵抗地基的不均匀沉降,常采用由钢筋混凝土底板、顶板和若干纵横墙组成的空心箱体基础,即箱形基础(图 7-5)。

箱形基础具有刚度大、整体性好,且内部空间可用作地下室的特点。其适用于高层建筑或在软弱地基上建造的重型建筑物。

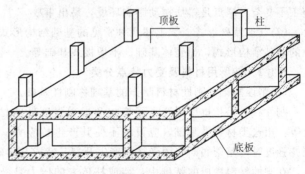

图 7-5　箱形基础

(6)桩基础。建筑物荷载较大,地基软弱土层厚度在 5 m 以上,对软弱土层进行人工处理困难和不经济时,可采用桩基础。

桩基础由桩身和承台梁(或板)组成。其优点是能够节省基础材料,减少挖填土方工程量,改善劳动条件,缩短工期。在季节性冰冻地区,承台梁下应铺设 100～200 mm 厚的粗砂或焦渣,以防止承台梁下的土壤受冻膨胀,引起承台梁的反拱破坏。

桩基础的种类很多，按材料可分为钢筋混凝土桩（预制桩、灌注桩）、钢桩、木桩；按断面形式分为圆形、方形、环形、六角形、工字形等；按入土方法可分为打入桩、振入桩、压入桩、灌入桩；按桩的受力性能又可分为端承桩和摩擦桩。

端承桩通过柱端把建筑物的荷载传递给深处坚硬土层，适用于表层软土层不太厚，而下部为坚硬土层的地基情况。桩上的荷载主要由桩端阻力承受。

摩擦桩通过桩侧表面与周围土的摩擦力把建筑物的荷载传给地基，适用于软土层较厚，而坚硬土层距土表很深的地基情况。桩上的荷载由桩侧摩擦力和桩端阻力共同承受。

当前采用最多的桩基础是钢筋混凝土桩，包括预制桩和灌注桩两大类，灌注桩又分为振动灌注桩、钻孔灌注桩、爆扩灌注桩等。

预制桩是在混凝土构件厂或施工现场预制，待混凝土强度达到设计强度100%时，进行运输打桩。这种桩截面尺寸和桩长规格较多，制作简便，容易保证质量。但造价较灌注桩高，施工有较大的振动和噪声，市区施工应注意。

灌注桩与预制桩相比较，灌注桩具有较大优越性：其直径变化幅度大，可达到较高的承载力；桩身长度、深度可达到几十米；并且施工工艺简单，节约钢材，造价低。但在施工时要进行泥浆处理，程序麻烦。

1）振动灌注桩。将端部带有分离式桩尖的钢管用振动法沉入土中，在钢管中灌注混凝土至设计标高后徐徐拔出，混凝土在孔中硬化形成桩。灌注桩直径一般为300~400 mm，桩长一般不超过12 m。其优点是造价较低，桩长、桩顶标高均可控制；缺点是施工产生振动噪声，对周围环境有一定影响。

2）钻孔灌注桩。使用钻孔机械在桩位上钻孔，排出孔中的土，然后在孔内灌注混凝土。桩直径常为400 mm左右。优点是无振动噪声，施工方便，造价较低，特别适用于周围有较近的房屋或深挖基础不经济的情况。严寒冬季也可安装能钻冻土的钻头施工；缺点是桩尖处的虚土不易清除干净，对桩的承载力有一定影响。

3）爆扩灌注桩。爆扩灌注桩简称爆扩桩。有两种成孔方法：一种是人工或机钻成孔；另一种是先钻一个细孔，放入装有炸药的药条，经引爆后成孔。桩身成孔后，再用炸药爆炸扩大孔底，然后灌注混凝土形成爆扩桩。桩端扩大部分略呈球体，因而有一定的端承作用。爆扩桩的直径为300~500 mm，桩尖端直径为桩身直径的2~3倍，桩长一般为3~7 m。其优点是承载力较高，施工不复杂。缺点是爆炸振动影响环境，易出事故。

(7)其他特殊形式。除上述几种常见的基础结构形式外，实际工程中还因地制宜采用许多其他的基础结构形式，如壳体基础、不埋板式基础等。

7.1.2 按所用材料及受力特点分类

(1)刚性基础。刚性材料制作的基础称刚性基础。

刚性材料是指抗压强度高而抗拉和抗剪强度低的材料，如砖、石、混凝土等。用这类材料做基础，应设法不使其产生拉应力。当拉应力超过材料的抗拉强度时，基础底面将因受拉而产生开裂，造成基础破坏。

在刚性材料构成的基础中，墙或柱传来的压力是沿一定角度分布的。在压力分布角度内基础底面受压而不受拉，这个角度称为刚性角。刚性基础底面宽度不可超出刚性角控制范围，多用于地基承载力高的低层和多层房屋的基础。

微课：刚性基础和柔性基础

1）砖基础。用烧结普通砖砌筑的基础称为砖基础。台阶式逐级放大形成大放脚。

为满足基础刚性角的限制，台阶的宽高比应不大于1∶1.5。每2皮砖挑出1/4砖，或2皮挑与1皮挑相间。砌筑前基槽底面要铺50 mm厚砂垫层。

砖基础取材容易、价格低、施工简单，但大量消耗耕地。同时，由于砖的强度、耐久性、抗冻性和整体性均较差，只适合于地基土好、地下水水位较低、五层以下的砖木结构或砖混结构。

2）混凝土基础。混凝土基础也称为素混凝土基础。其具有坚固、耐久、抗水和抗冻的优点，可用于有地下水和冰冻作用的基础。断面形式有阶梯形、梯形等。梯形截面的独立基础称为锥形基础。

对于梯形或锥形基础的断面，应保证两侧有不小于 200 mm 的垂直面，原因是混凝土基础的刚性角为 45°。同时为防止因石子堵塞影响浇注密实性，减少基础底面的有效面积，施工中不宜出现锐角。

(2) 柔性基础。在混凝土基础的底部配以钢筋，利用钢筋来抵抗拉应力，可使基础底部能够承受较大弯矩，基础的宽度就可以不受刚性角的限制，称为柔性基础。

柔性基础可以做得很宽，也可以尽量浅埋，用于建筑物的荷载较大和地基承载力较小的情况。其下需要设置保护层以保护基础钢筋不受锈蚀。

7.2 基础埋深

从室外设计地面到基础底面的垂直距离称为基础的埋置深度，简称基础埋深(图 7-6)。埋深大于等于 5 m 的基础称为深基础；埋深为 0.5～5 m 的基础称为浅基础。从施工和造价方面考虑，优先考虑浅基础，但埋深最少不能小于 500 mm。

微课：基础埋深

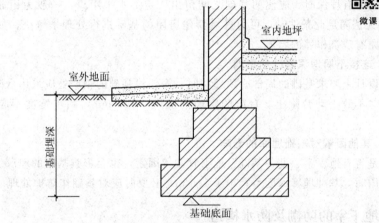

图 7-6 基础的埋深

基础埋深主要取决于地基土层的构造、地下水水位深度、土的冻结深度和相邻建筑物的基础埋深等。

7.2.1 地基土层构造对基础埋深的影响

地基土层为均匀好土时，基础尽量浅埋，但不得浅于 500 mm。

地基土层上层为软土且厚度在 2 m 以内，下层为好土，基础应埋在好土上，经济又可靠；地基土层上层为软土且厚度为 2～5 m 时，低层荷载小的轻型建筑在加强上部结构的整体性和加宽基础底面积后仍可埋在软土层内，高层荷载大的重型建筑应将基础埋在好土上，以保证安全；地基土层的上层软弱土厚度大于 5 m 时，可进行地基加固处理或将基础埋在好土上，需进行技术经济比较后确定。

地基土层的上层为好土且下层为软土时，应力争将基础埋在好土内，同时应当提高基础底面积，验算下卧层的应力和应变。

地基土层由好土和软土交替构成时，总荷载小的低层轻型建筑尽可能将基础埋在好土内，总荷载大的建筑可采用人工地基，或将基础埋在下层好土上，两方案经技术比较后确定。

7.2.2 地下水水位的影响

黏性土遇水后颗粒间的孔隙水含量增加，土的承载力会下降。地下水的侵蚀性物质，对基础会产生腐蚀作用。

建筑物应尽量埋在地下水水位以上，必须在地下水水位以下时应将基础底面埋置在最低地下水水位 200 mm 以下，以免水位变化时水浮力影响基础。

埋在地下水位以下的基础，应选择具有良好耐水性的材料，如石材、混凝土等。地下水中含有腐蚀性物质时，基础应采取防腐措施。

7.2.3 土的冻结深度的影响

冰冻线是地面以下的冻结土与非冻结土的分界线，从地面到冰冻线的距离即为土的冻结深度。

冻结深度是由当地的气候条件决定的，气温越低，持续时间越长，冻结深度越大。

冻胀的严重程度与地基土的含水量、地下水水位高低及土颗粒大小有关。含水率大、水位高、颗粒细的，冻胀明显。基础应埋置在冰冻线以下约 200 mm 的位置，冻土深度小于 500 mm 时基础埋深不受影响。

7.2.4 相邻建筑物基础埋深的影响

新建房屋的埋置深度应小于原有建筑基础埋置深度。

必须大于原有埋深时，应使两基础之间留出一定的水平距离，一般为相邻基础底面高差的 1.5~2 倍。无法满足此条件时，可通过对新建房屋的基础进行处理来解决，如在新基础上做挑梁，支承与原有建筑相邻的墙体。

7.2.5 连接不同埋深基础的影响

建筑物设计上要求基础的局部必须埋深时，深、浅基础的相交处应采用台阶式逐渐落深。为使基础开挖时不致松动台阶土，台阶的踢面高度应≤500 mm，踏步宽度不应小于 2 倍的踢面高度。

7.2.6 其他因素对基础埋深的影响

建筑物是否有地下室、设备基础、地下管沟等因素，也会影响基础的埋深。地面上有较多的腐蚀液体作用时，基础埋置深度不宜小于 1.5 m，必要时应对基础作防护处理。

7.3 地下室的防潮及防水构造

地下室是建筑物设在首层以下的房间。

利用设置地下室的方法能够在有限的占地空间内增加建筑的使用空间，提高建筑用地的利用率。具有很深基础的建筑（如高层建筑），常常利用箱形基础的空间作为设备、储藏、车库、商场、餐厅或防空来使用，在无须增加大量投资的情况下争取到更多的使用空间。

7.3.1 地下室的类型

地下室可以根据不同条件予以分类：按功能分有普通地下室和人防地下室；按结构材料分有砖墙地下室和混凝土墙地下室；按顶板标高与室外地面的位置又可分为半地下室和全地下室。

（1）按功能分。

1）普通地下室。普通地下室是建筑空间向地下的延伸。相比地上房间，地下室有许多弊端，集中表现为采光通风差、容易受潮。地下室相对受外界气候影响较小，根据其特点，常在建筑中有不同的使用功能，高标准建筑的地下室常采用机械通风、人工照明和各种防潮防水措施，以满足其使用需要。

2）人防地下室。由于地下室有厚土覆盖，受外界噪声、振动、辐射等影响较小，因此可按照国家对人防地下室的建设规定和设计规范建造成人防地下室，作为备战之用。人防地下室应按照防空管理部门的要求,在平面布局、结构、构造、建筑设备等方面采取特殊构造方案,同时还应考虑和平时期对地下室的利用,尽量使其做到"平战结合"。

(2)按地下室顶板标高分。

1)半地下室,是指房间地面低于室外设计地面的平均高度大于该房间平均净高1/3,且不大于1/2者。

2)全地下室,是指房间地面低于室外设计地面的平均高度大于该房间平均净高1/2者。全地下室由于埋入地下较深,通风采光较困难,多用做储藏仓库、设备间等建筑辅助用房,并可利用其墙体有厚土覆盖受水平冲击和辐射作用小的特点用作人防地下室。

7.3.2 地下室的防潮与防水构造

地下室由于长期受地下水的影响,若没有可靠的防潮与防水措施,将会严重地影响到其使用。因此,如何保证地下室在使用时不受潮、不渗漏,是地下室构造设计的主要任务。

地下水是对地面以下各种水的统称,其主要来源是雨雪等降水和其他地面渗入土壤中的水。地下水对土壤的渗透作用一般用渗透系数来表示,即每昼夜水渗透的速度。渗透系数小、水渗透较慢的土层称为隔水层。地表下第一个隔水层以上的含水层中的水称为潜水。处在地表上下两个隔水层之间的地下水称为层间水。

(1)地下室的防潮。地下水的常年设计水位和最高地下水水位均低于地下室地坪标高,且地基及回填土范围内无上层滞水时,只需做防潮处理(图7-7)。

上层滞水是指由于在潜水面以上有局部隔水层或由于局部的下层土壤透水性不如其上层土壤,而在一定时间内拦阻水流向下渗透所形成的地下水区。

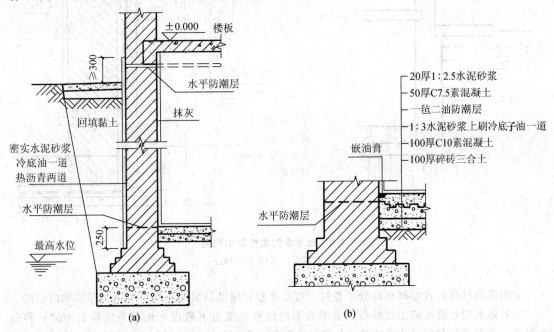

图 7-7 地下室的防潮处理
(a)墙体防潮;(b)地坪处防潮

(2)地下室防水。当设计最高地下水水位高于地下室地坪标高时,地下室外墙受地下水侧压力的作用,地坪受地下水浮力影响,必须考虑对地下室外墙及地坪做防水处理。

防水方法有隔水法(堵)、降排水法(导)、综合防水法(堵导结合)。

1)降排水法。降排水法即用人工降低地下水水位或排出地下水,直接消除地下水作用的防水方法，可分为外排法和内排法。

降排水法施工简单，投资较少，效果良好，但需要设置排水和抽水设备，经常检修维护，一般很少采用，只适用于雨季丰水期地下水水位高出地下室地坪的高度小于 500 mm 时，或作为综合方案的后备措施。在旧防水渗漏又无法用其他方法补救时候也可使用降排水法。

①外排法。外排法是在建筑物四周地下设置永久性排水设施，以降低地下水水位。如盲沟排水，将带孔洞的陶管水平埋设在建筑四周地下室地坪标高以下，用以截流地下水。地下水渗入地下陶管内后，再排至城市排水总管，从而使建筑物局部地区地下水水位降低。

②内排水法。内排水法是在地下室底板上设排水间层，使外部地下水通过地下室外壁上的预埋管，流入室内排水间层，再排至集水沟内，然后用水泵将水排出。

2)隔水法。隔水法是利用各种材料的不透水性来隔绝外围水及毛细管水的渗透，可分为材料防水和构件自防水两种。

①材料防水。在地下室外墙与底板表面敷设防水材料，阻止水的渗入。

常用的材料有卷材、涂料和防水砂浆等。这种方法能够适应结构的微量变形和抵抗地下水中侵蚀性介质，是比较可靠的传统防水做法（图 7-8）。

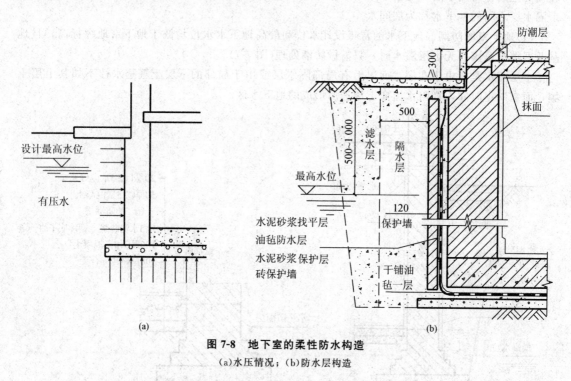

图 7-8　地下室的柔性防水构造
(a)水压情况；(b)防水层构造

常用的卷材有沥青卷材和高分子卷材。按防水卷材铺贴位置的不同可分为外包法和内包法。

涂料防水则是指在施工现场将无定型液态冷涂料在常温下敷设于地下室结构表面的一种防水做法，防水质量和耐老化性能均比油毡防水层好。常用的涂料包括有机防水涂料（迎水面）和无机防水涂料（背水面）。敷设方法有刷涂、刮涂、滚涂等。

水泥砂浆防水施工简便、经济，便于检修；水泥砂浆防水可用于结构主体的迎水面和背水面，其抗渗性能较差，但对结构变形敏感度大，一般与其他防水层配合使用。

水泥砂浆防水层的材料有普通水泥砂浆、聚合物水泥防水砂浆、掺外加剂或掺和料防水砂浆等；施工方法有多层涂抹或喷射等。

②构件自防水。构件自防水是用防水混凝土作为地下室外墙和底板，采用调整混凝土的配

合比或在混凝土中加入一定量的外加剂，改善混凝土自身的密实性，从而达到防水的目的。掺外加剂是在混凝土中掺入加气剂或密实剂，以提高抗渗性能(图 7-9)。

防水混凝土墙和地板不能过薄，一般应不小于 250 mm，迎水面钢筋保护层厚度不应小于 50 mm，并涂刷冷底子油和热沥青。防水混凝土结构底板的混凝土垫层强度等级不应小于 C10，厚度不应小于 100 mm，在软弱土中则不应小于 150 mm。

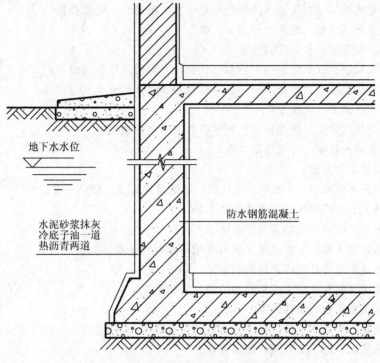

图 7-9　防水混凝土作地下室的处理

1. 位于建筑物最下端，埋入地下并直接作用在土层上的承重构件称为基础。它是建筑物地面以下的承重构件，承受建筑物上部结构传下来的全部荷载，并把这些荷载连同本身的重量一起传到地基上。地基每平方米所能承受的最大压力称为地基允许承载力，又称地耐力。

2. 地基是承受基础所传下荷载的土层。直接承受建筑物荷载的土层称为持力层。持力层以下的土层称为下卧层。

3. 地基可分为天然地基和人工地基两大类。

4. 地基土分为岩石、碎石土、砂土、黏性土、人工填土五类。

5. 人工地基处理方法有压实法、换土法和打桩法。

6. 基础类型按构造方式可分为条形基础、独立基础、阀形基础、箱形基础、桩基础。应掌握每一类别的特点。

7. 刚性材料制作的基础称刚性基础，掌握刚性材料和刚性角的概念。

8. 柔性基础的特点是不受刚性角影响，可以受拉并且可以浅埋。

9. 从室外设计地面到基础底面的垂直距离称为基础的埋置深度，简称基础埋深，主要取决于地基土层的构造、地下水水位深度、土的冻结深度和相邻建筑物的基础埋深等。

10. 掌握地下室的分类方式和地下水的概念。
11. 地下室防水方法有隔水法(堵)、降排水法(导)、综合防水法(堵导结合)。

7.1　什么是基础？基础的作用是什么？地耐力是指什么？
7.2　什么是地基？持力层和下卧层分别是什么？地基分为哪几类？
7.3　什么是天然地基？地基土分为哪五类？
7.4　人工地基有哪几种处理方法？
7.5　基础按构造方式如何分类？分别有什么特点？适用于什么情况？
7.6　基础按材料和受力特点如何分类？按埋置深度如何分类？
7.7　基础的形式由什么决定？
7.8　桩基础如何分类？灌注桩与预制桩各具有哪些优缺点？
7.9　什么是刚性基础？什么是刚性角？
7.10　什么是柔性基础？
7.11　什么是基础埋深？主要取决于什么？基础埋深最少不能小于多少？
7.12　地基土层构造对基础埋深有哪些影响？
7.13　地下水水位对基础埋深有哪些影响？
7.14　什么是冰冻线？土的冻结深度对基础埋深有哪些影响？
7.15　相邻建筑物的基础埋深有何要求？
7.16　局部埋深的基础在深浅相交部位应如何处理？
7.17　什么是地下室？如何分类？
7.18　什么是上层滞水？什么是隔水层？什么是潜水和层间水？
7.19　什么情况下地下室只需作防潮处理？
7.20　地下室防水有哪些处理方法？

第 8 章 墙 体

学习要点

认识建筑墙体的作用、类型及设计要求，了解幕墙的概念及分类，重点应掌握块材墙、隔墙的构造知识。

8.1 墙体类型及设计要求

8.1.1 墙体的作用

墙体是建筑物的重要组成部分，具有承重、围护及分隔的作用。

(1)承重作用：墙体既承受建筑物自重以及人和设备的重量，也承受风和地震作用。

(2)围护作用：墙体抵御风、雨、雪以及太阳辐射等自然因素的侵袭，防止噪声干扰等。

微课：墙体的作用

(3)分隔作用：墙体将建筑物的室内外空间分隔开来，或将建筑物的内部空间分隔为若干个空间。

8.1.2 墙体的类型

(1)按墙体所处位置及方向分类。墙体按所处位置，可以分为外墙和内墙。外墙位于建筑物的四周，故又称为外围护墙；内墙位于建筑物内部，主要起分隔内部空间的作用。墙体按布置方向，又可以分为纵墙和横墙。沿建筑物长轴方向布置的墙称为纵墙；沿建筑物短轴方向布置的墙称为横墙，外横墙也称为山墙。另外，根据墙体与门窗的位置关系，水平方向窗洞口之间的墙体称为窗间墙，竖直方向上下窗洞口之间的墙体称为窗下墙，如图8-1所示。

微课：墙体的类型

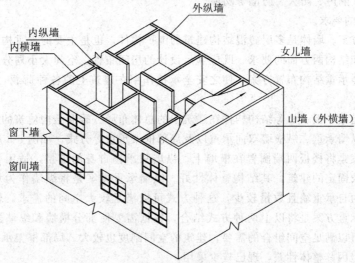

图 8-1 墙体按所处位置及方向分类

(2)按受力情况分类。墙体按结构竖向的受力情况，可分为承重墙和非承重墙两种。在砖混结构中，承重墙直接承受楼板及屋顶传递下来的荷载。非承重墙可分为自承重墙和隔墙。自承重墙仅承受自身重量，并把自重传递给基础；隔墙则把自重传递给楼板或梁。在框架结构中，非承重墙可分为填充墙和幕墙。填充墙是用轻质块材（空心砖、加气混凝土砌块）砌筑在结构框架梁柱之间的墙体，既可用于外墙，也可用于内墙，目前应用十分广泛；幕墙是悬挂于框架梁柱外侧的围护墙，它的自重由其连接固定部位的梁柱承担。安装在高层建筑外围的幕墙，还会受到高空气流影响，需承受以风力为主的水平荷载，并通过与梁柱的连接传递给框架系统。

(3)按材料及构造方式分类。墙体按所用材料不同，可分为砖墙、砌块墙、石材墙、土坯墙、钢筋混凝土墙和大型板材墙等；而按构造方式又可分为实体墙、空体墙和组合墙三种，如图8-2所示。实体墙由单一材料组成，如普通砖墙、实心砌块墙、混凝土墙、钢筋混凝土墙等。空体墙也是由单一材料组成，既可以由单一材料砌成内部空腔，如空斗砖墙；也可以用具有孔洞的材料砌筑，如空心砌块墙、空心板材墙等。组合墙由两种以上材料组合而成，如钢筋混凝土和加气混凝土构成复合板材墙，其中钢筋混凝土起承重作用；加气混凝土起保温、隔热作用。

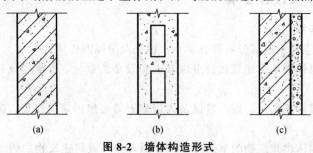

图 8-2　墙体构造形式

(a)实体墙：钢筋混凝土墙；(b)空体墙：空心砌块墙；(c)组合墙：复合板材墙

(4)按施工方法分类。墙体按施工方法，可分为块材墙、板筑墙及板材墙三种。其中，块材墙是用砂浆等胶凝材料将砖、石等块材组砌而成的墙体，如砖墙、石墙及各种砌块墙等；板筑墙是在现场立模板，现浇而成的墙体，如现浇混凝土墙等；板材墙是预先制成墙板，施工时安装而成的墙，如预制混凝土大板墙、各种轻质条板内隔墙等。

8.1.3　墙体的设计要求

我国幅员辽阔，各地区气候差异大，因此，建筑的墙体不仅要满足结构方面的要求，还必须具有保温、隔热、隔声、防火、防潮等功能。

(1)结构方面的要求。

1)结构布置方案。墙体是多层砖混结构建筑的围护构件，也是主要的承重构件。墙体布置必须同时考虑建筑和结构两方面的要求，既应满足设计的房间布置、空间大小划分等使用要求，又应选择合理的墙体承重结构布置方案，使之安全承担作用在建筑上的各种荷载，达到坚固耐久、经济合理的目的。

结构布置是指梁、板、柱等结构构件在建筑中的总体布局。砖混结构建筑的结构布置方案通常有横墙承重、纵墙承重、纵横墙双向承重以及局部框架承重等方式，如图8-3所示。

横墙承重方案是将楼板两端搁置在横墙上，纵墙只承担自身的重量，适用于横墙较多且间距较小、位置比较固定的建筑，其结构整体性好。纵墙承重方案是将纵墙作为承重墙来搁置楼板，而将横墙作为自承重墙且数量较少，这种方式可以满足较大空间的需求，但结构整体性较差。纵横墙双向承重方案是将以上两种方式结合，根据需要使部分横墙和纵墙共同作为建筑的承重墙，这样既可以满足空间组合的需要，建筑的空间刚度也较大。局部框架承重方案可以为建筑提供大空间，但因其整体性差，现已较少采用。

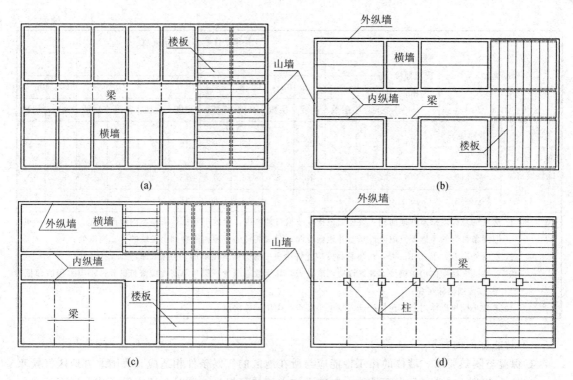

图 8-3 砖混结构建筑的结构布置方案
(a)横墙承重；(b)纵墙承重；(c)纵横墙双向承重；(d)局部框架承重

目前，框架结构在中小型民用建筑中的应用逐渐增加，墙体在框架结构中作为梁柱之间的填充墙，只起围护和分隔作用而不承受荷载。

2)墙体承载力和稳定性。墙体承载力是指墙体承受荷载的能力，应通过结构计算确定，它与墙体的材料有关，如砖墙的承载力取决于砖和砌筑砂浆的强度等级。承重墙应具有足够的承载力，来承受楼板及屋顶竖向荷载，地震区还应考虑地震作用下的墙体承载力。

墙体的稳定性与墙的长度、高度和厚度有关，控制墙体的高厚比（墙体的计算高度与其厚度的比值）是保证墙体稳定性的重要措施，高厚比越大，墙体的稳定性越差。另外，可以通过增加墙垛、构造柱、圈梁、墙内加筋等方法，提高墙体稳定性。

砖墙是脆性材料，变形能力小，如果建筑层数过多，砖墙可能被挤压破碎甚至被压垮。特别是地震区，建筑破坏的程度随层数增多而加重，因此须对建筑的层数和高度加以限制，限值见表 8-1。

表 8-1 多层普通砖房屋高度和层数限值

房屋类型		最小抗震墙厚度/mm	烈度和设计基本地震加速度									
			6		7				8		9	
			0.05g		0.10g		0.15g		0.20g		0.30g		0.40g	
			高度	层数	高度	层数	高度	层数	高度	层数	高度	层数	高度	层数
多层砌体房屋	普通砖	240	21	7	21	7	21	7	18	6	15	5	12	4
	多孔砖	240	21	7	21	7	18	6	18	6	15	5	9	3
	多孔砖	190	21	7	18	6	15	5	15	5	12	4	—	—
	小砌块	190	21	7	21	7	18	6	18	6	15	5	9	3

续表

房屋类型		最小抗震墙厚度/mm	烈度和设计基本地震加速度									
			6		7				8			9
			0.05g		0.10g		0.15g		0.20g		0.30g	0.40g
			高度	层数	高度	层数	高度	层数	高度	层数	高度	层数	高度	层数
底部框架-抗震墙房屋	普通砖、多孔砖	240	22	7	22	7	19	6	16	5	—	—	—	—
	多孔砖	190	22	7	19	6	16	5	13	4	—	—	—	—
	小砌块	190	22	7	22	7	19	6	16	5	—	—	—	—

注：1. 房屋的总高度指室外地面到主要屋面板板顶或檐口的高度，半地下室从地下室室内地面算起，全地下室和嵌固条件好的半地下室应允许从室外地面算起；对带阁楼的坡屋面应算到山尖墙的1/2高度处；
2. 室内外高差大于0.6 m时，房屋总高度应允许比表中的数据适当增加，但增加量应少于1.0 m；
3. 乙类的多层砌体房屋仍按本地区设防烈度查表，其层数应减少一层且总高度应降低3 m；不应采用底部框架-抗震墙砌体房屋；
4. 本表小砌块砌体房屋不包括配筋混凝土小型空心砌块砌体房屋。

(2)功能方面的要求。

1)保温与隔热要求。墙体的热工性能应与所在地区的气候条件相适应。我国北方地区气候寒冷，建筑外墙应具有良好的保温性能，以减少室内的热量损失，同时，还应保证其内表面不产生冷凝水。对于我国南方气候炎热的地区，建筑外墙则应具有良好的隔热性能，并适当兼顾冬季保温。关于建筑外墙保温隔热的原理及构造做法将在第14章做介绍。

2)隔声要求。为使建筑室内具有良好的声学环境，保证人们的生活和工作不受噪声干扰，要求墙体必须具有一定的隔声能力。保证墙体隔声性能的措施一般有：加强墙体的密封处理，增加墙体的密实性和厚度(一般240 mm厚的砖墙双面抹灰时，其隔声量可达45 dB，基本上能满足隔声要求)，采用有空气间层或多孔性材料的夹层墙以及在总平面设计中处理隔声问题等。

(3)其他方面的要求。

1)防火要求。建筑材料的燃烧性能和耐火极限应符合防火规范的规定。在较大的建筑中应按规范划分防火分区，设置防火墙、防火门、防火卷帘等，以防止火灾蔓延。

2)防水、防潮要求。卫生间、厨房、实验室等有水使用的房间及地下室的墙体均应采取防水、防潮措施。在设计时，选择良好的防水材料和恰当的构造做法，能够有效防止室内渗水和漏水，保证墙体的坚固耐久，使室内具有良好的卫生环境。

3)建筑工业化的要求。建筑工业化的关键是墙体改革。在大量的民用建筑中，墙体工程量占有相当大的比重，不仅消耗大量的劳动力，而且施工工期长。因此，必须改变手工生产及操作，提高机械化施工程度和工效，降低劳动强度，并采用轻质高强的墙体材料，以减轻自重、降低成本，这样才能推进墙体改革的进程。

8.2 块材墙构造

块材墙是用砂浆等胶凝材料将砖石等块材组砌而成的墙体，也可以称为砌体，如砖墙、石墙及各种砌块墙等。一般情况下，块材墙具有一定的保温、隔热、隔声性能和承载能力，生产制造及施工操作简单，无须大型的施工设备，但是现场湿作业较多，施工速度慢，劳动强度较大。

8.2.1 墙体材料

(1)常用块材。块材墙中常用的块材有各种砖和砌块，如图8-4所示。

图 8-4 块材墙的常用材料
(a)烧结普通砖；(b)烧结多孔砖；(c)烧结空心砖；
(d)混凝土空心砌块；(e)混凝土空心砌块；(f)蒸压加气混凝土砌块

1)砖。砖的种类很多，从材料上划分，有烧结普通砖、灰砂砖、页岩砖、煤矸石砖、水泥砖以及各种工业废料砖，如炉渣砖等；从外观上划分，有实心砖、空心砖和多孔砖。砖的制作工艺有烧结和蒸压养护等成型方式。目前，常用的砖材有烧结普通砖、蒸压粉煤灰砖、蒸压灰砂砖、烧结空心砖和烧结多孔砖等。

砖的强度等级按照其抗压强度分为 5 级，即 MU30、MU25、MU20、MU15、MU10，单位为 N/mm^2，强度等级越高的砖，抗压强度越好。

烧结普通砖是指各类烧结的实心砖，其原材料可采用黏土、粉煤灰、煤矸石和页岩等，目前常采用页岩。实心黏土砖具有较高的强度和良好的热工、防火、抗冻性能，但黏土取材消耗大量农田土地，自 2000 年 6 月 1 日起，国家开始在住宅建设中限制使用实心黏土砖，时至今日大部分城市和地区已基本禁止使用和生产黏土砖。

蒸压粉煤灰砖是以粉煤灰、石灰、石膏和细集料为原料，压制成型后经高压蒸汽养护制成的实心砖，其强度高，性能稳定。蒸压灰砂砖是以石灰和砂子为主要原料，成型后经蒸压养护而成，主要用作承重砖，隔声和蓄热性能较好，有实心砖也有空心砖。蒸压粉煤灰砖和蒸压灰砂砖的实心砖都是替代实心黏土砖的产品。

烧结空心砖和烧结多孔砖都是以黏土、页岩、煤矸石等为主要原材料经焙烧而成，主要适用于非承重墙体。其中，烧结页岩空心砖是目前广泛应用的一种砖材，具有强度高、质量轻、抗裂性强、墙面不易开裂及脱落和保温、隔热性能良好等优点，主要用于砌筑钢筋混凝土框架结构和剪力墙结构中的填充墙。

2)砌块。砌块是利用混凝土、工业废料(炉渣、矿渣等)和地方材料制造的块材。砌块具有取材不破坏耕地，生产投资少、工艺简单、节能环保、施工速度快、无须大型的起重运输设备等优点。砌块墙是目前我国墙体改革的主要途径之一，应大力发展和推广。一般 6 层以下的住宅、学校办公楼以及单层厂房均可使用砌块代替砖。

砌块按尺寸和质量的大小不同，可分为小型砌块、中型砌块和大型砌块。在砌块系列中，主规格的高度为 115~380 mm 的称为小型砌块；高度为 380~980 mm 的称为中型砌块；高度为 980 mm 以上的称为大型砌块，建筑工程中多使用中型、小型砌块。小型砌块的质量轻、型号多，使用较灵活，适应面广，但小型砌块墙多为手工砌筑，施工劳动量较大；中型和大型砌块的尺寸、质量均较大，适于机械起吊和安装，可提高劳动生产率，但型号不多，不如小型砌块灵活。

砌块按外观形状可分为实心砌块和空心砌块。空心砌块有单排方孔、单排圆孔和多排扁孔三种形式，如图 8-5 所示，其中多排扁孔对保温较有利。按砌块在组砌中的位置与作用，可分为主砌块和辅助砌块两类。

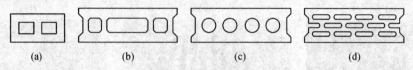

图 8-5　空心砌块的常见形式
(a)单排方孔；(b)单排方孔；(c)单排圆孔；(d)多排扁孔

根据材料的不同，常用的砌块有普通混凝土小型空心砌块、轻集料混凝土小型空心砌块、粉煤灰小型空心砌块和蒸压加气混凝土砌块等。其中，蒸压加气混凝土砌块是目前广泛应用的建筑填充墙材料，它的质量轻、强度高，具有良好的保温、隔热、隔声以及抗渗性能，而且耐火性能是钢筋混凝土的 6~8 倍。蒸压加气混凝土砌块的施工特性也非常优良，它不仅可以在工厂内生产出各种规格，还可以像木材一样进行锯、刨、钻、钉，又由于它的体积比较大，因此施工速度也非常快。

(2)胶凝材料。块材需经胶凝材料砌筑成墙体，使它传力均匀。同时，胶凝材料还起嵌缝作用，能提高墙体的保温、隔热和隔声性能。块材墙的胶凝材料主要是砂浆。砌筑砂浆要求有一定的强度，以保证墙体的承载能力，还要求有适当的稠度和保水性(即有良好的和易性)，以方便施工。

砌筑砂浆通常使用水泥砂浆、石灰砂浆和混合砂浆三种。其中，水泥砂浆的强度高，防潮性能好，主要用于受力和防潮要求高的墙体中；石灰砂浆的强度和防潮性都较差，但和易性好，主要用于砌筑强度要求低、处于干燥环境的墙体。混合砂浆由水泥、石灰、砂经水拌和而成，既具有一定的强度，也具有良好的和易性，在民用建筑地上部分的墙体中被广泛采用。

对于一些表面较光滑的块材，如蒸压粉煤灰砖、蒸压灰砂砖、蒸压加气混凝土砌块等，砌筑时需要加强与砂浆的粘结力，要求采用经过配方处理的专用砌筑砂浆，或采取提高块材和砂浆间粘结力的相应措施。

根据 2011 年 8 月 1 日起正式实施的《砌筑砂浆配合比设计规程》(JGJ/T 98—2010)规定，水泥砂浆及预拌砌筑砂浆的强度等级可分为 M5、M7.5、M10、M15、M20、M25、M30；水泥混合砂浆的强度等级可分为 M5、M7.5、M10、M15。在同一段墙体中，砂浆和块材的强度等级要满足一定的对应关系，以保证墙体的整体强度不受影响。

8.2.2　组砌方式

组砌是指块材在砌体中的排列方式。组砌的关键是错缝搭接，使上下层块材的垂直缝交错，保证墙体的整体性。如果墙体表面或内部的垂直缝处于一条线上，就会形成通缝，如图 8-6 所示。在荷载作用下，通缝易使墙体开裂，降低其承载力和稳定性。

(1)砖墙的组砌。

1)砖墙的组砌原则。在砖墙的组砌中，把长边平行于墙面砌筑的砖称为顺砖，而把长边垂直于墙面砌筑的砖称为丁砖，排列的每一层砖称为一皮砖，如图 8-7 所示。上下两皮砖之间的水平缝称为横缝，左右两块砖之间的垂直缝称为竖缝，标准缝宽为 10 mm，可在 8~12 mm 之间调整。

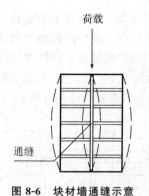

图 8-6　块材墙通缝示意

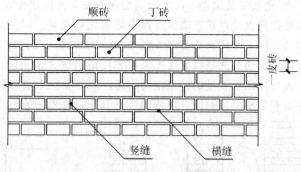

图 8-7　砖墙组砌名称

为保证墙体的强度及保温、隔热、隔声等性能，要求顺砖和丁砖交替砌筑，砖块的排列应遵循砂浆饱满、横平竖直、内外搭接、上下错缝的原则，以避免形成竖向通缝。当外墙做清水墙面时，组砌还应考虑块材排列方式不同带来的墙面图案效果。

2) 砖墙的组砌方式。实体砖墙常用的组砌方式有全顺式、一顺一丁式、三顺一丁式、两平一侧式、全丁式、十字式(也称梅花丁式)等，如图8-8所示。

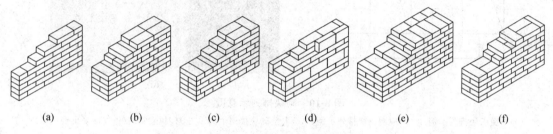

图 8-8　普通砖墙组砌方式
(a)全顺式；(b)一顺一丁式；(c)三顺一丁式；(d)两平一侧式；(e)全丁式；(f)十字式

空体砖墙的组砌有多孔砖墙、空心砖墙和空斗砖墙三种情况。其中，多孔砖墙主要采用全顺式、一顺一丁式、十字式等组砌方式；空心砖墙一般采用全顺式侧砌；空斗墙是用烧结普通砖砌筑的空心墙体，其组砌方式有无眠空斗式、一眠一斗式、一眠二斗式、一眠三斗等，如图8-9所示。空斗砖墙是我国的一种传统墙体，自明代起大量用来建造民居和寺庙等，在长江流域和西南地区应用较广，而随着我国建筑工业化的不断推进，目前的建筑工程中已很少采用。

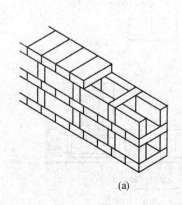
(a)

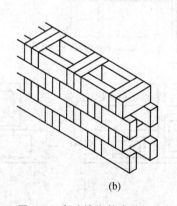
(b)

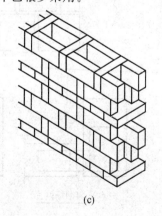
(c)

图 8-9　空斗墙砌筑方法
(a)一眠一斗；(b)无眠空斗；(c)一眠三斗

(2)砌块墙的组砌。由于砌块的规格较多、尺寸较大,为保证错缝以及砌体的整体性,应事先做好排列设计,并在砌筑过程中采取加固措施。排列设计就是把不同规格的砌块在墙体中的安放位置用平面图和立面图加以表示。砌块排列设计应满足上下皮错缝搭接,墙体交接处和转角处应用砌块彼此搭接,优先采用大规格砌块并使主砌块的总数量在70%以上。为减少砌块规格,允许使用极少量的砖来镶砌填缝,采用混凝土空心砌块时,上下皮砌块应孔对孔、肋对肋,以保证有足够的接触面。砌块的排列组合如图 8-10 所示。

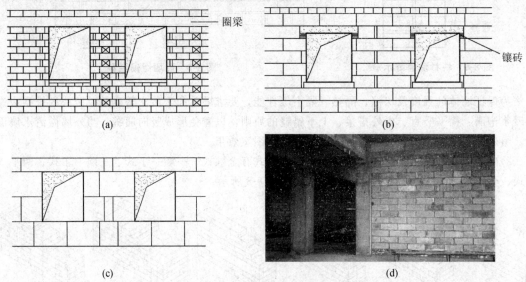

图 8-10　砌块排列示意图

(a)小型砌块排列示例 ；(b)中型砌块排列示例；(c)大型砌块排列示例 ；(d)砌块墙实例(加气混凝土砌块墙)

当砌块墙组砌时出现通缝或错缝距离不足 150 mm 时,应在通缝处加钢筋网片,使之拉结成整体,如图 8-11 所示。

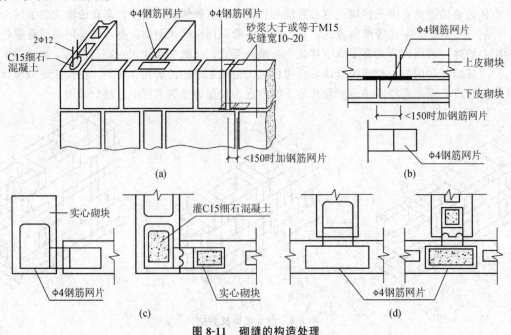

图 8-11　砌缝的构造处理

(a)空间关系 ；(b)错缝配筋 ；(c)转交配筋 ；(d)丁字墙配筋

由于砌块规格很多，外形尺寸往往不像砖那样规整，因此砌块组砌时，缝型比较多，有平缝、凹槽缝和高低缝，如图 8-12 所示。平缝制作简单，多用于水平缝。凹槽缝灌浆方便，多用于垂直缝。缝宽视砌块尺寸而定，小型砌块为 10~15 mm，中型砌块为 15~20 mm。砌筑砂浆强度等级不低于 M5。

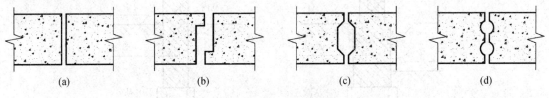

图 8-12 砌块缝型示例
(a)平缝 ;(b)高低缝;(c)单槽缝;(d)双槽缝

8.2.3 墙体尺度

(1)墙厚。墙厚主要由块材和灰缝的尺寸组合而成。以常用的实心砖规格 240 mm×115 mm×53 mm(长×宽×厚)为例，用砖的三个方向的尺寸作为墙厚的基数，当错缝或墙厚超过砖块尺寸时，均按灰缝 10 mm 进行砌筑。从尺寸上不难看出，砖厚加灰缝、砖宽加灰缝后与砖长形成 1∶2∶4 的比例，普通砖墙厚度见表 8-2。目前的建筑工程普遍应用钢筋混凝土结构，其填充墙通常采用烧结空心砖或蒸压加气混凝土砌块砌筑为 200 mm 或 100 mm 厚的墙体。这类墙体的厚度主要由块材自身的尺寸确定，如烧结空心砖的规格有 190 mm×190 mm×90 mm，按全顺式砌筑就可达到相应的墙厚。

(2)洞口尺寸。门窗洞口的尺寸应遵循我国现行《建筑模数协调标准》(GB/T 50002—2013)的规定，这样可以减少门窗规格，有利于工厂化生产，提高工业化程度。一般情况下，1 m 以内的洞口尺寸采用基本模数 100 mm 的倍数，如 600 mm、700 mm、800 mm、900 mm、1 000 mm，大于 1 m 的洞口尺寸采用扩大模数 300 mm 的倍数，如 1 200 mm、1 500 mm、1 800 mm 等。

表 8-2 普通砖墙厚度 mm

砖的断面					
尺寸组成	115×1	115×1+53+10	115×2+10	115×3+20	115×4+30
构造尺寸	115	178	240	365	490
标志尺寸	120	180	240	370	490
工程称谓	12 墙	18 墙	24 墙	37 墙	49 墙
习惯称谓	半砖墙	3/4 砖墙	一砖墙	一砖半墙	两砖墙

8.2.4 墙身的细部构造

为保证墙体的耐久性以及墙体与其他构件的连接，应在相应位置进行构造处理。墙身的细部构造包括墙脚、门窗洞口、墙身加固措施等。墙体变形缝构造详见本教材第 13 章。

(1)墙脚构造。墙脚是指室内地面以下、基础以上的这段墙体，如图 8-13 所示。墙脚所处的位置常受到雨水、地表水和土壤中水分的侵蚀，致使墙身受潮，饰面层发霉脱落，影响建筑外观和室内环境卫生。因此，在构造上应采取必要的防潮措施，增强墙脚的耐久性；并且不能使用吸水率较大、对干湿交替作用敏感的块材，如用加气混凝土砌块等砌筑墙脚。

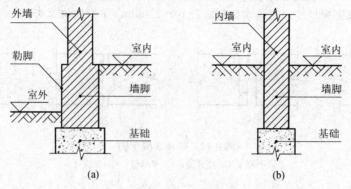

图 8-13 墙脚位置
（a）外墙；（b）内墙

1）墙身防潮。墙身防潮的方法是在墙脚铺设防潮层，防止土壤和地面水渗入墙体。防潮层在构造形式上可分为水平防潮层和垂直防潮层两种。

防潮层位置：当室内地面垫层为混凝土等密实材料时，水平防潮层应设在垫层范围内低于室内地坪 60 mm 处，以隔绝地潮对墙身的影响，且还应至少高于室外地面 150 mm，防止雨水溅湿墙面。当室内地面垫层为透水材料（如碎石、炉渣等）时，水平防潮层设在平齐或高于室内地坪 60 mm 处。若相邻两房间的室内地面存在高差，应在墙身内设置高低两道水平防潮层，并在靠土壤一层设置垂直防潮层。如采用混凝土或石砌勒脚，则可以不设水平防潮层。另外，还可以将地圈梁提高至室内地坪以下来代替水平防潮层。墙身防潮层的位置，如图 8-14 所示。

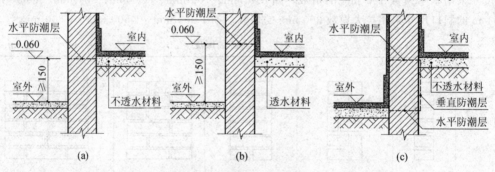

图 8-14 墙身防潮层的位置
（a）地面垫层为不透水材料；（b）地面垫层为透水材料；（c）室内地面有高差

防潮层的做法：水平防潮层通常有三种构造做法，即油毡防潮层、防水砂浆防潮层和细石混凝土防潮层，如图 8-15 所示。垂直防潮层的做法通常是在回填土前（靠填土一侧），先用 1∶2 的水泥砂浆抹面 15～20 mm，再刷冷底子油一道，刷热沥青两道；也可直接采用掺有 3%～5%防水剂的砂浆抹面 15～20 mm 的做法。

2）勒脚构造。勒脚是外墙身下部与室外地坪交接处竖直方向的防水构造，其高度一般是室内地坪与室外地面之间的高差，为了建筑立面的装饰效果，有时也将底层窗台以下的部分作为勒脚。勒脚不仅受到水的侵蚀，还受到外界机械力的影响，所以要求勒脚更加防潮与坚固耐久。另外，勒脚的做法、高低、色彩等应结合建筑造型，选用耐久性好的材料或防水性能好的外墙饰面，通常采用的构造做法如图 8-16 所示。

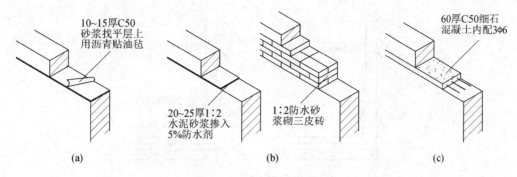

图 8-15 墙身水平防潮层
(a)油毡防潮层；(b)防水砂浆防潮层；(c)细石混凝土防潮层

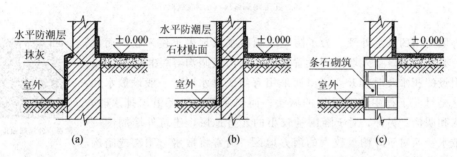

图 8-16 勒脚的构造做法
(a)勒脚表面抹灰；(b)勒脚贴面；(c)勒脚用坚固材料

①勒脚表面抹灰。可采用8～15 mm后的1∶3水泥砂浆打底，12 mm厚1∶2水泥白石子浆、水刷石或斩假石抹面。此法多用于一般建筑，如图8-17(a)所示。

②勒脚贴面。可采用天然石材或人工石材贴面，如花岗岩、水磨石板等。贴面勒脚耐久性强，装饰效果好，用于标准较高的建筑，如图8-17(b)所示。

③勒脚用坚固材料。采用条石、混凝土等坚固耐久的材料来做勒脚，如图8-17(c)所示。

图 8-17 勒脚构造实例
(a)抹灰勒脚；(b)石材贴面勒脚；(c)条石勒脚

3)踢脚构造。踢脚是外墙内侧和内墙两侧与室内地坪交接处的构造，也称为踢脚线或踢脚板，如图8-18所示。踢脚的主要作用是加固并保护内墙脚，遮盖墙面与楼地面的接缝，防止此处渗漏水、掉灰以及扫地时污染墙面。踢脚的高度一般为100～150 mm，有时为了装饰墙面或防潮，也将其延伸至900～1 800 mm，称为墙裙。踢脚材料常采用木材、瓷砖、缸砖等，一般与地面材料保持一致。

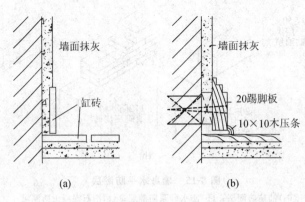

图 8-18 踢脚线

(a)缸砖踢脚线；(b)木踢脚线

4)外墙周围的排水处理。为了防止屋顶落水或地表水侵入勒脚而危害基础，必须沿建筑物外墙四周设置散水、明沟或暗沟等(图 8-19)，以将勒脚附近的积水及时排开。当屋面采用有组织排水时，一般设散水和暗沟，这是目前工程中普遍采用的做法；而当屋面采用无组织排水时，则设散水和明沟。另外，对于降雨量较小的北方地区，建筑外墙周围一般单做散水；而对于降雨量较大的南方地区，通常将散水与明沟或暗沟结合，也可单做明沟。

微课：外墙周围排水处理

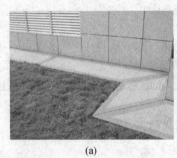
(a)

(b)

(c)

图 8-19 外墙周围的排水处理

(a)散水；(b)明沟；(c)暗沟

①散水。铺设在建筑外墙四周用以防止雨水渗入的保护层称为散水。其做法通常是在夯实素土上铺三合土、混凝土等材料，厚度为 60～70 mm，如图 8-20 所示。散水宽度一般为 0.6～1.0 m，当屋面采用无组织排水时，其宽度应大于屋檐出挑长度 200～300 mm。为保证排水顺畅，散水的排水坡度通常为 3%～5%。为防止外墙沉降时将散水拉裂，应在散水与外墙交接处设置变形缝，并采用弹性材料嵌缝。同时，沿散水纵向应间隔 6～12 m 设置一道伸缩缝，并进行嵌缝处理。对于存在季节性冰冻的地区，散水底部还需用砂石、炉渣、石灰土等非冻胀材料铺设 300 mm 厚的防冻胀层。

②明沟与暗沟。明沟是设在外墙四周的排水沟，其作用是将积水导向集水井后汇入排水系统，以保护墙脚和基础。明沟的可用砖砌、石砌或混凝土现浇，沟底做坡度为 0.5%～1% 的排水纵坡。明沟中心应正对屋檐滴水位置，外墙与明沟之间应做散水，如图 8-21(a)所示；暗沟是设有盖沟板的排水沟，其作用与明沟相同，如图 8-21(b)所示。

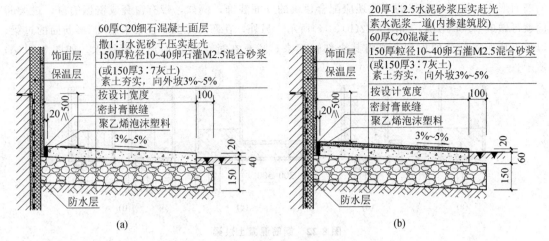

图 8-20 散水构造做法示例
(a)细石混凝土散水；(b)水泥面层散水

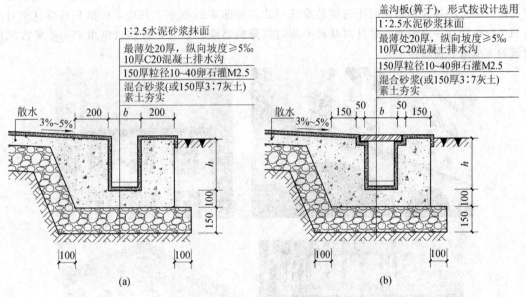

图 8-21 明沟与暗沟构造示例
(图中 b 和 h 按设计确定，且不大于 400 mm)
(a)混凝土散水明沟；(b)混凝土散水暗沟

(2)门窗洞口构造。

1)门窗过梁构造。过梁是用来支撑门窗洞口上方墙体的承重构件，它将所受荷载传递给洞口两侧的墙体，承重墙上的过梁还要承受楼板的荷载。

目前，工程中主要采用钢筋混凝土过梁，它的承载能力较强，可用于较宽的门窗洞口，对建筑的不均匀沉降或振动有一定的适应性，其类型有预制装配式和现浇式两种。过梁的宽度一般与墙厚相同，高度按结构计算确定，但应配合墙体块材的规格，过梁两端伸入墙内的支承长度不应小于 240 mm。外墙的门窗过梁还应在底部抹灰时做好滴水处理，以防止飘落到墙面的雨水沿过梁向外墙内侧流淌。

图 8-22 所示为钢筋混凝土过梁的几种断面形式。其中矩形断面过梁施工方便，是最常采用

的断面形式。同时，过梁的形式还应配合建筑的立面装饰，例如，带有窗套或窗楣的窗，过梁断面就可做成"L"形出挑，如图 8-22(b)、(c)所示。另外，在寒冷地区，也常采用"L"形断面的过梁，以减小其外露部分的面积，或将其全部包起来，防止在过梁内表面产生凝结水，如图 8-22(d)所示。

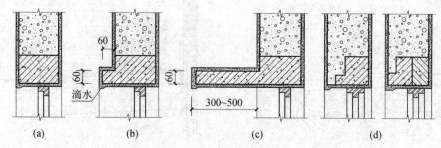

图 8-22 钢筋混凝土过梁
(a)平墙过梁；(b)带窗套过梁；(c)带窗楣过梁；(d)寒冷地区钢筋混凝土过梁

有时，过梁会根据建筑风格和装饰需要采用其他形式，如传统的砖拱和石拱过梁，或结合细部设计而制作的各种钢筋混凝土过梁的变化形式，如图 8-23 所示。其中，砖拱和石拱过梁对门窗洞口的跨度有一定限制，并且对基础不均匀沉降的适应性较差，目前只应用于一些复古风格建筑的非承重装饰墙体中。

图 8-23 其他形式的过梁
(a)砖拱过梁(圆拱)；(b)砖拱过梁(平拱)；(c)石拱过梁；(d)钢筋混凝土拱形过梁

2)窗台构造。窗台是窗洞口下部设置的排水构造，其作用是排除沿窗面流下的雨水，防止其渗入墙身或沿窗缝渗入室内。窗台的形式可分为挑窗台和不悬挑窗台两种，如图 8-24 所示，为便于排水，一般设置为挑窗台。位于内墙或阳台等处的窗不受雨水冲刷，可不必设挑窗台。当外墙面材料为面砖时，墙面易被雨水冲洗干净，也可不设挑窗台。

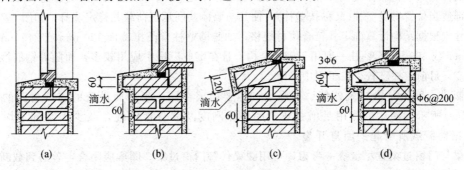

图 8-24　窗台构造
(a)不悬挑窗台；(b)平砌挑砖窗台；(c)侧砌挑砖窗台；(d)混凝土挑窗台

挑窗台可用砖砌，也可用混凝土窗台构件。砖砌挑窗台根据设计要求可分为 60 mm 厚平砌挑砖窗台和 120 mm 厚侧砌挑砖窗台，挑出墙面 60 mm。挑窗台的长度应超过窗洞口两侧至少 120 mm，表面应设有一定的排水坡度，并做抹灰或贴面处理。为避免雨水影响窗下墙面，挑窗台底部边缘处应做滴水槽或斜抹水泥砂浆，引导雨水垂直下落。但实践证明，无论在挑窗台底部是否做有滴水处理，窗下墙面都会出现脏水流淌的痕迹，影响立面美观，因此现在的很多建筑都不设置挑窗台。

为突出建筑立面的装饰效果，可在窗洞口四周由过梁、窗台和窗边挑出的立砖形成窗套；也可将几个窗台连做或将所有的窗台连通形成水平线条(即腰线)，如图 8-25 所示。

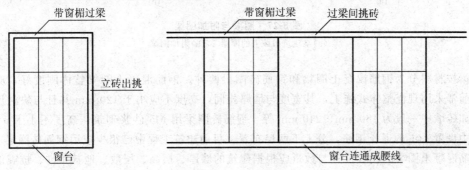

图 8-25　窗套与腰线

(3)墙身加固措施。

1)门垛和壁柱。在墙体上开设门洞时一般应设门垛，特别是在墙体转折处或丁字墙处，用以保证墙身稳定和门框安装，如图 8-26 所示。门垛宽度与墙厚相同，长度与块材的尺寸、规格相对应，且不宜过长，以免影响房间使用。普通砖墙的门垛长度一般为 120 mm 或 240 mm，空心砖墙或加气混凝土砌块墙的门垛宽度一般为 100 mm 或 200 mm。

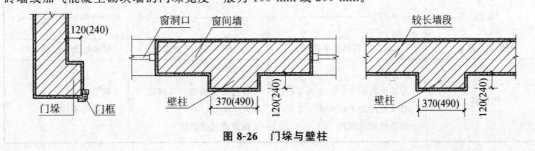

图 8-26　门垛与壁柱

当墙体受集中荷载作用或因墙体过长导致稳定性不足(如240 mm厚、长度超过6 m)时,应在墙身局部适当位置增设壁柱(又称扶壁柱),使其与墙体共同承担荷载并稳定墙身,如图8-26所示。壁柱尺寸应根据结构计算确定并符合块材规格,如砖墙壁柱常凸出墙面120 mm或240 mm,宽度为370 mm或490 mm。壁柱一般用于砌体结构,且在工业厂房中应用较多,而随着钢筋混凝土结构的推广,目前壁柱已较少在工程中采用。

2)圈梁。圈梁是沿建筑外墙、内纵墙和主要横墙在同一水平面设置的连续封闭的梁,如图8-27(a)所示。圈梁的作用是增强建筑的整体刚度及墙身稳定性,减少因基础不均匀沉降或较大振动荷载所引起的墙身开裂。

圈梁与门窗过梁宜尽量统一考虑,可用圈梁代替门窗过梁。圈梁应闭合,若遇到截断圈梁的门窗洞口,则应在洞口上部附加圈梁,进行上、下搭接,如图8-27(b)所示。但对于有抗震要求的建筑,圈梁不宜被洞口截断。

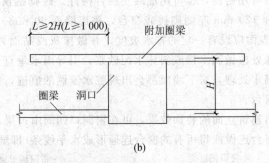

(a) (b)

图8-27 圈梁与附加圈梁

(a)某建筑山墙上的圈梁;(b)附加圈梁

圈梁按材料分为钢筋混凝土圈梁和钢筋砖圈梁两种。钢筋混凝土圈梁整体刚度好,应用广泛,目前常采用现浇整体式施工,其宽度与墙厚相同,高度不应小于120 mm并且与块材尺寸相对应,如砖墙中一般为180 mm、240 mm等。钢筋砖圈梁用M5砂浆砌筑,高度不小于5皮砖,在圈梁中设置4Φ6的通长钢筋,分上下两层布置。目前建筑工程中已很少应用钢筋砖圈梁。

钢筋混凝土圈梁的设置位置与数量应根据建筑的墙厚、层高、层数、地基条件、抗震设防烈度等因素综合考虑。如《砌体结构设计规范》(GB 50003—2011)中规定:对于单层砖砌体结构建筑,当檐口标高为5~8 m时,应在檐口标高处设置一道圈梁;当檐口标高大于8 m时应增设一道圈梁。对于多层砌体结构民用建筑,当层数为3~4层时,应在底层和檐口标高处各设置一道圈梁;当层数超过4层时,还应在所用纵横墙上隔层设置。另外,在抗震设防区,圈梁还应按抗震设防烈度设置,见表8-3。

表8-3 现浇钢筋混凝土圈梁设置要求

墙类	烈度		
	6、7	8	9
外墙和内纵墙	屋盖处及每层楼盖处	屋盖处及每层楼盖处	屋盖处及每层楼盖处
内横墙	同上; 屋盖处间距不应大于4.5 m; 楼盖处间距不应大于7.2 m; 构造柱对应部位	同上; 各层所有横墙,且间距不应大于4.5 m; 构造柱对应部位	同上; 各层所有横墙

3)构造柱。为防止建筑在地震中倒塌,应在砌体结构建筑的墙体中设置现浇钢筋混凝土构造柱,使之与各层圈梁连接,形成空间骨架,提高建筑的整体刚度和稳定性,使墙体在破坏过中具有一定的延伸性,即使墙体受震开裂,也能裂而不倒。

多层砌体结构建筑应在:外墙四角和对应转角、错层部位横墙与外纵墙交接处、较大洞口两侧、大房间内外墙交接处以及楼梯、电梯四角等部位设置构造柱。另外,构造柱还应根据抗震设防烈度的不同来区别设置,见表8-4。

表8-4 砖墙构造柱的设置要求

房屋层数				设置部位	
6度	7度	8度	9度		
四、五	三、四	二、三		楼、电梯间四角,楼梯斜梯段上、下端对应的墙体处; 外墙四角和对应转角; 错层部位横墙与外纵墙交接处; 大房间内外墙交接处; 较大洞口两侧	隔12 m或单元横墙与外纵墙交接处; 楼梯间对应的另一侧内横墙与外纵墙交接处
六	五	四	二		隔开间横墙(轴线)与外墙交接处; 山墙与内纵墙交接处
七	≥六	≥五	≥三		内墙(轴线)与外墙交接处; 内墙的局部较小墙垛处; 内纵墙与横墙(轴线)交接处

构造柱的截面尺寸应与墙体厚度一致。砖墙构造柱的最小截面尺寸应为240 mm×180 mm,竖向钢筋多采用4φ12,箍筋多采用φ6@200~250,且在柱上、下端适当加密,随着抗震设防烈度和建筑层数的增加,外墙四角的构造柱可适当加大截面和配筋。构造柱施工时应先绑扎钢筋,再砌墙,最后浇筑混凝土。构造柱与墙连接处应砌成马牙槎,并沿墙高每隔500 mm设2φ6的拉结钢筋,每边伸入墙内不宜小于1 m,如图8-28所示。构造柱下端应锚固在钢筋混凝土基础或基础梁内,无基础梁时应伸入室外地面下500 mm,上端应锚固在顶层圈梁或女儿墙压顶内,以增强其稳定性。

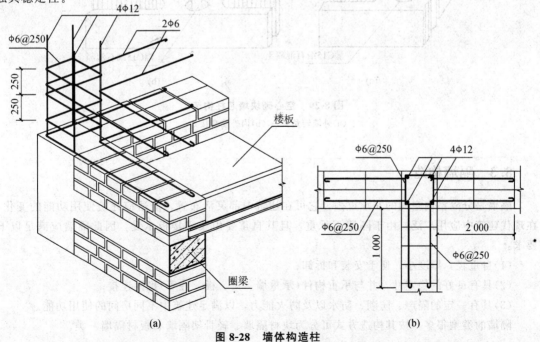

图8-28 墙体构造柱
(a)外墙转角处的构造柱;(b)内外墙交接处的构造柱

图 8-28 墙体构造柱(续)
(c)填充墙构造柱(加气混凝土砌块墙);(d)构造柱与墙连接处砌成马牙槎

4)空心砌块墙芯柱。当墙体采用空心砌块砌筑时,应在建筑外墙四角和对应转角、内外墙交接处、楼梯间及电梯间四角等部位设置芯柱,其作用类似于钢筋混凝土构造柱。芯柱的做法是将砌块孔中插入通常钢筋,再用不低于 C20 的细石混凝土灌孔浇筑,如图 8-29 所示。

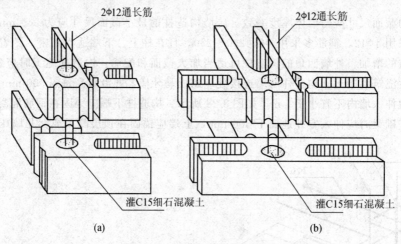

图 8-29 空心砌块墙芯柱构造
(a)外墙转角处 ;(b)内外墙交接处

8.3 隔墙构造

隔墙是分隔室内空间的非承重强,它可在建筑内部灵活布置,能适应建筑使用功能的变化,在现代建筑中应用广泛。由于隔墙不承重,且其自重要由梁或楼板承受,因此隔墙应满足以下要求:
(1)自重轻,厚度小,便于安装和拆卸;
(2)具有良好的稳定性,并与承重构件(承重墙、梁、板、柱等)稳固连接;
(3)具有一定的隔声、防潮、防水以及防火能力,以满足建筑中不同房间的使用功能。
隔墙的类型很多,按其构造方式可分为块材隔墙、轻骨架隔墙和板材隔墙三类。

8.3.1 块材隔墙

块材隔墙采用普通砖、空心砖、加气混凝土砌块等块材砌筑而成。目前的新建建筑普遍采用钢筋混凝土结构(框架结构、剪力墙结构及框架-剪力墙结构等),其隔墙(填充墙)通常以烧结空心砖或加气混凝土砌块为主要材料,而将普通砖用在墙体的局部位置。

(1)半砖隔墙。半砖隔墙用普通砖顺砌,砌筑砂浆宜大于 M2.5,构造如图 8-30 所示。当墙体高度超过 5 m 时应加固,一般沿墙高每隔 500 mm 砌入 2Φ6 的通长钢筋,同时,在隔墙顶部与楼板相接处,应用立砖斜砌一皮(俗称"滚砖"),填塞隔墙与楼板间的空隙。隔墙上有门时,要预埋铁件或将带有木楔的混凝土预制块砌入隔墙中,以固定门框。半砖隔墙坚固耐久,具有一定的隔声能力,但自重大,现场湿作业多,施工麻烦且不易拆除,目前已较少应用。

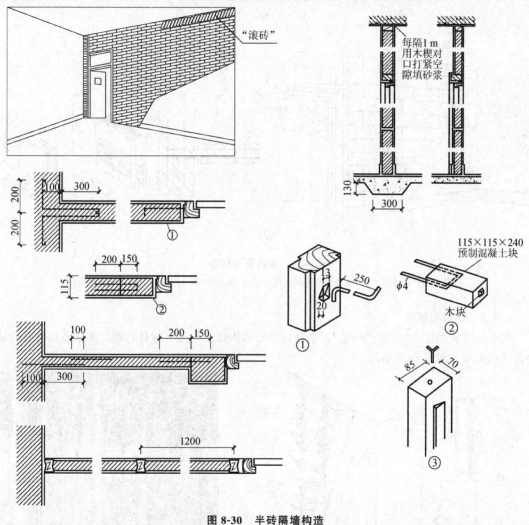

图 8-30 半砖隔墙构造

(2)砌块隔墙。为减少隔墙重量,目前常采用加气混凝土砌块、粉煤灰硅酸盐砌块、烧结页岩空心砖等轻质块材来砌筑隔墙,如图 8-31 所示。墙厚由砌块尺寸决定,一般为 90~120 mm。砌块隔墙具有质轻、隔热性能好等优点,但多数砌块的吸水性强,因此,为满足墙体的防潮要求,应在墙下砌 3~5 皮吸水率较小的普通砖打底;而对于有防水要求的墙体(厨房、卫生间、浴室等处),宜在墙下浇筑不低于 150 mm 的混凝土坎台。隔墙与上层梁、板相接处,应用普通砖斜砌挤紧(即"滚砖"),墙体局部无法用整砌块填满时,也采用普通砖填补缺口。另外,还要对其墙身进行加固处理，构造处理的方法同普通砖隔墙。

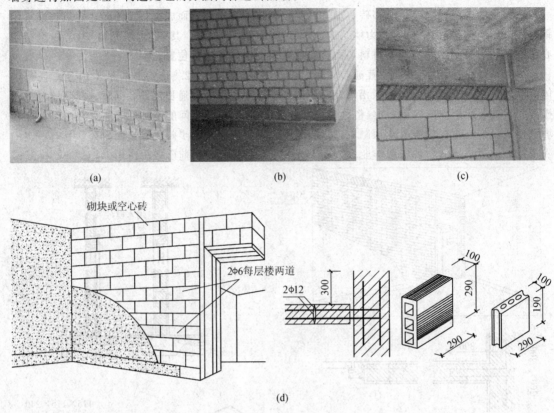

图 8-31 砌块隔墙构造

(a)墙下部普通砖打底；(b)墙下部混凝土坎台；(c)墙上部"滚砖"填缝；(d)墙身加固措施

8.3.2 轻骨架隔墙

轻骨架隔墙也称为"立筋式隔墙"，它是以骨架为依托，把面层材料钉结、涂抹或粘贴在骨架上形成的隔墙，如图 8-32 所示。

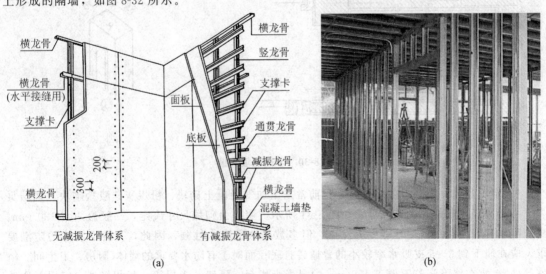

图 8-32 轻骨架隔墙

(a)安装示意图；(b)实例(无减振龙骨体系)

(1)骨架。轻钢骨架是目前常用的骨架类型。另外,还有采用工业废料、地方材料及轻金属制成的骨架,如石棉水泥骨架、浇筑石膏骨架、水泥刨花骨架、木骨架和铝合金骨架等。

轻钢骨架是由各种形式的薄壁型钢制成的。其主要优点是强度高、刚度大、自重轻、整体性好、易于加工和大批量生产,还可根据需要进行组装和拆卸。常用的薄壁型钢有 0.8～1 mm 厚的槽钢和工字钢,如图 8-33(a)所示。轻钢骨架的安装过程是先用螺钉将上槛、下槛(也称导向骨架)固定在楼板上,然后安装轻龙骨(也称墙筋),间距为 400～600 mm,龙骨上留有走线孔,如图 8-33(b)所示。

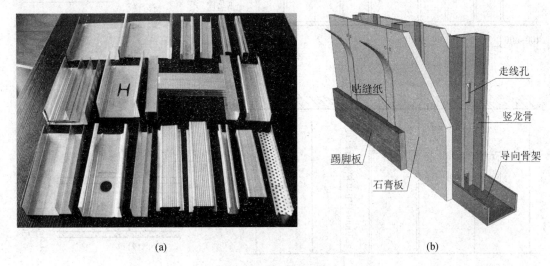

图 8-33　薄壁轻钢骨架
(a)轻钢骨架型材;(b)构造示意图

(2)面层。轻骨架隔墙的面层材料一般为人造板材,常用的有木质板材、石膏板、硅酸钙板、水泥平板等几类。隔墙名称以面层材料而定,如轻钢龙骨纸面石膏板隔墙。

木板材有胶合板和纤维板,多用于木骨架。近年来一种新型木质板材——"欧松板"(学名为定向结构刨花板)在工程中逐渐得到应用,它具有良好的保温、隔声、防潮、防火等性能,绿色环保,能够在建筑中替代多类人造板材,同时强度高,可作为结构材料使用,是未来人造板材发展和应用的新方向。

石膏板有纸面石膏板和纤维石膏板。纸面石膏板是以建筑石膏为主要原料,掺入适量添加剂与纤维做板芯,以特制的板纸为护面,经加工制成的板材。纸面石膏板具有质量轻、隔声、隔热、加工性能强、施工方法简便的特点,是目前应用较多的隔墙面层和建筑装饰材料。纤维石膏板是一种以建筑石膏粉为主要原料,以各种纤维为增强材料的一种新型建筑板材。它是继纸面石膏板取得广泛应用后,又一次成功开发的新产品,具备防火、防潮、抗冲击等优点,比其他石膏板材具有更大的潜力。

人造板材在骨架上的固定方式钉、粘、卡三种。根据不同面板和骨架材料可分别采用钉子、自攻螺钉、膨胀铆钉或金属夹子等,将面板固定在骨架上。如采用轻钢骨架时,往往用骨架上的舌片或特制的夹具将面板卡到轻钢骨架上,这种做法简便、迅速,有利于隔墙的组装和拆卸。如图 8-34 所示为轻钢龙骨石膏板隔墙的构造示例。

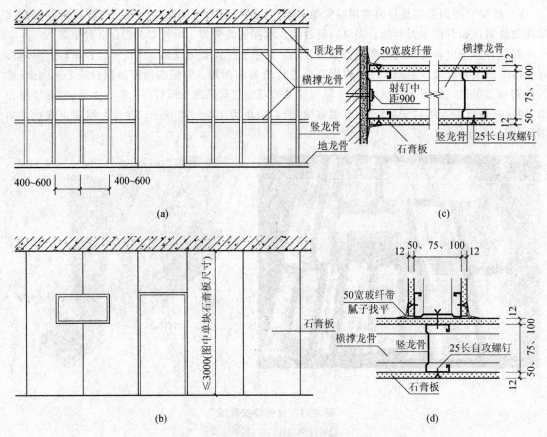

图 8-34 轻钢龙骨石膏板隔墙构造示例
(a)龙骨排列；(b)石膏板排列；(c)靠墙节点；(d)丁字隔墙节点

8.3.3 板材隔墙

板材隔墙是指单板高度相当于房间净高的隔墙。板材隔墙采用轻质大型板材在施工中直接拼装而成，无须安装墙体骨架，具有自重轻、安装方便、施工速度快、工业化程度高等特点。目前，多采用加气混凝土条板、石膏条板、碳化石灰板(图 8-35)、石膏珍珠岩板以及各种复合板(如泰柏板)等。

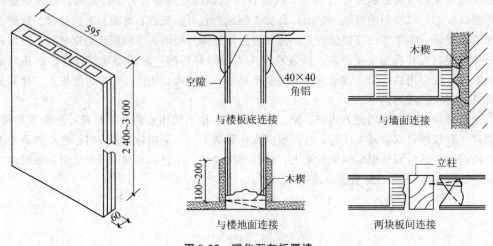

图 8-35 碳化石灰板隔墙

8.4 幕　　墙

幕墙是以板材形式悬挂于主体结构上的外墙，犹如悬挂的幕而得名，是现代公共建筑外墙的一种常见形式，具有装饰效果好、质量轻、安装速度快等优点，是外墙轻型化、装配化比较理想的形式。幕墙一般由专门的幕墙公司设计，它的主要做法是先将骨架安装在主体结构上，再将面板安装在骨架上，最后对面板的接缝进行处理。根据面板的材料不同，可将幕墙分为玻璃幕墙、金属幕墙和石材幕墙等。

8.4.1 玻璃幕墙

玻璃幕墙是一种新颖、美观的墙体类型，它将建筑美学、功能、技术及施工等因素有机结合，使建筑外观可随着玻璃透明度的不同和光线的变化产生动态的美感。特别是随着高层建筑的发展，玻璃幕墙在当前工程中的应用越来越广泛，许多著名的高层建筑都采用玻璃幕墙，如北京央视新台标、上海环球金融中心、香港中环广场、美国芝加哥西尔斯大厦、马来西亚吉隆坡佩重纳斯双塔等。

(1)玻璃幕墙类型。玻璃幕墙根据构造方式不同可分为有框玻璃幕墙和无框玻璃幕墙两类。

有框玻璃幕墙又可分为明框、隐框和半隐框三种，如图 8-36 所示。明框玻璃幕墙的金属骨架暴露在外，形成幕墙表面可见的金属边框；隐框玻璃幕墙的金属骨架隐藏在玻璃背面，在幕墙表面看不到金属边框；半隐框玻璃幕墙是将横向或竖向的金属骨架隐藏起来，在幕墙表面只能看到一个方向的金属框架。

图 8-36　有框玻璃幕墙
(a)明框玻璃幕墙；(b)全隐框玻璃幕墙；(c)隐横框玻璃幕墙；(d)隐竖框玻璃幕墙

无框玻璃幕墙则不设边框，以高强度胶粘剂将玻璃连成整片墙(全玻璃幕墙)，或将玻璃安装在点支承构架上(点支承式玻璃幕墙)，如图 8-37 所示。全玻璃幕墙由玻璃板和玻璃肋制作而成，其支承方式有吊挂式、坐地式和混合式三种。其中，吊挂式只能用于玻璃厚度大于 6 mm 的情况。点支承式玻璃幕墙则采用金属骨架或玻璃肋形成支承系统，并在其上安装连接板或驳接爪，然后将开有圆孔的玻璃用螺栓和扣件与连接板或驳接爪相连。

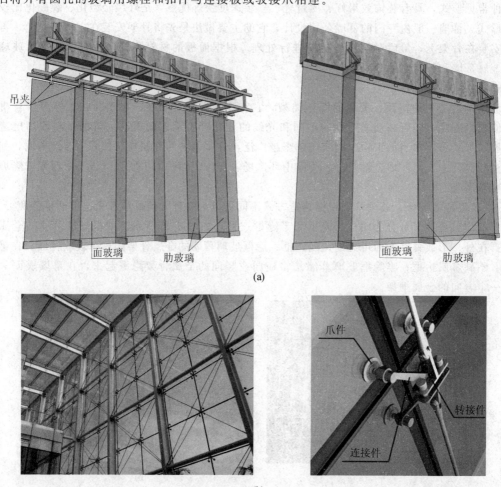

图 8-37 无框玻璃幕墙
(a)全玻璃幕墙构造示意图(左图为吊挂式，右图为坐地式)；(b)点支承式玻璃幕墙示意图

玻璃幕墙按施工方法，可分为构件式玻璃幕墙和单元式玻璃幕墙。构件式幕墙在施工现场依次安装骨架立柱、横梁和玻璃面板；而单元式幕墙先将玻璃面板和金属框架在工厂组装成幕墙单元，然后在现场完成安装，如图 8-38 所示。

(2)构件式玻璃幕墙构造。构件式玻璃幕墙是在施工现场将金属边框、玻璃、填充层和内衬墙以一定顺序进行安装组合而成的幕墙形式，其施工安装的速度较慢，但对安装精度的要求不高，目前在国内应用广泛。构件式玻璃幕墙的组成如下：

1)金属边框。金属边框是支撑玻璃面板并传递荷载的构件，横框称为横档，竖框称为竖梃，可采用铝合金、铜合金、不锈钢等型材制作。铝合金型材易加工、质轻、耐久且外观效果好，是玻璃幕墙最理想的边框材料，目前应用最为广泛。

构件式玻璃幕墙常通过竖梃将自重和风荷载传递到主体结构上，竖梃通过连接件(一般安装在楼板上表面)固定在结构梁、柱上，横档与竖梃通过角形铝铸件或专用铝型材连接，由于竖梃的高度通常等于层高，因此，相邻的竖梃通过套筒进行连接，如图 8-39 所示。

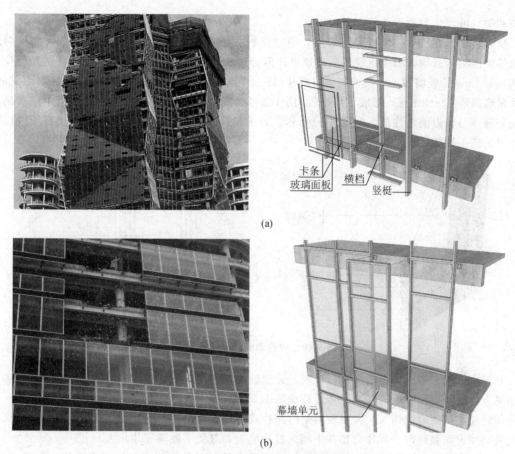

图 8-38 构件式与单元式玻璃幕墙

(a)构件式玻璃幕墙实例与解析;(b)单元式玻璃幕墙

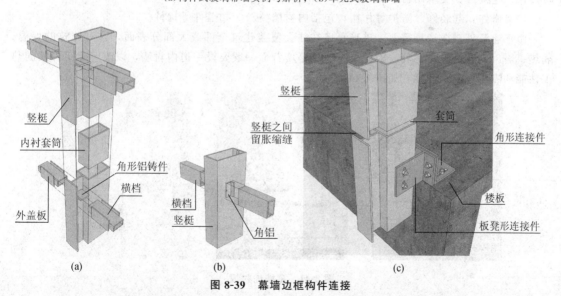

图 8-39 幕墙边框构件连接

(a)竖梃与横档连接(明框);(b)竖梃与横档的连接(隐框);(c)竖梃与楼板连接

2)玻璃:选择幕墙玻璃时,应主要考虑玻璃的安全性能和热工性能。

就热工性能而言,可选择吸热玻璃、反射玻璃、中空玻璃等,目前的建设项目主要采用反射玻璃和中空玻璃作为幕墙及门窗材料。

反射玻璃是在玻璃一侧镀上反射膜,通过反射太阳光的热辐射达到隔热的目的。高反射玻璃能够映照附近景物,增强建筑的立面效果,但会造成光污染,所以,目前应用较多的是低反射玻璃,如 Low-E 玻璃等。中空玻璃是将两片(或三片)玻璃与边框焊接、胶接或熔接密封而成的。两片玻璃间隔 6~12 mm,形成干燥空气间层(也可抽成真空或充入惰性气体),因而中空玻璃具有良好隔声与保温隔热性能,如图 8-40 所示。目前,很多建筑采用 Low-E 中空玻璃幕墙,以改善外墙的热工性能,提高建筑能效。

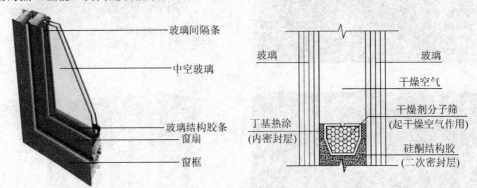

图 8-40 中空玻璃构造示意图

从安全性能来考虑,可选择钢化玻璃、夹层玻璃、夹丝玻璃等,其中钢化玻璃和夹层玻璃的应用最为广泛。钢化玻璃的强度是普通玻璃的 1.53~3 倍,当被打破时,它会变成许多细小、无锐角的碎片,从而避免伤人。夹层玻璃是由两片或多片玻璃用透明胶片(PVB)粘结而成,当夹层玻璃受到冲击而破碎时,碎片会粘在中间的胶片膜上,避免了玻璃碎片伤人。

3)连接固定件:在幕墙与主体结构之间及幕墙元件与元件之间起连接固定作用,有预埋件、转接件、连接件、支承用材等,如图 8-39(b)、(c)所示。

4)装修件:起装修、防护等作用,包括内衬墙(板)、扣盖件等构件。

由于建筑外观或造型需要,玻璃幕墙往往会覆盖建筑全部或大部分表面,这对建筑的保温、隔热、隔声、防火等均不利。因此,在玻璃幕墙背面一般要设一道内衬墙,以改善建筑外墙的热工性能和隔声、防火性能,如图 8-41 所示。

图 8-41 幕墙内衬墙

5)密封材料:起密闭、防水、保温、隔热等作,包括密封膏、密封带、压缩密封件、排除凝结水和变形缝等专用件。

此外,玻璃幕墙还应满足相应的防火要求,例如,玻璃幕墙与各层楼板和隔墙间的缝隙必须采用耐火极限不低于 1 h 的防火材料填堵密实。当幕墙背面不设内衬墙时，可在每层楼板外沿设置耐火极限不小于 1 h，高度不小于 0.8 m 的实体墙裙或防火玻璃墙裙。

8.4.2 金属幕墙

金属幕墙由金属骨架和金属板材构成，类似于玻璃幕墙，也是悬挂在主体结构外侧的非承重围护墙体。金属板材具有出色的加工性能，能适应各种复杂造型的需要，既可以制作出各种凸凹有致的线条，也可以加工成各种曲线线条，为建筑师提供了巨大的创作空间。因此，金属幕墙在近年来倍受建筑师们的青睐，获得了突飞猛进的发展。

金属幕墙的构造组成与隐框玻璃幕墙相似，在其外立面上看不见金属框架，骨架体系与玻璃幕墙相同，也由竖梃和横档组成，通常受力以竖梃为主，以铝板幕墙为例，如图 8-42 所示。骨架材料可采用铝合金和一些型钢、轻型钢材等。金属面板常采用单层铝板、铝塑复合板、蜂窝铝板等，另外，还有部分建筑采用不锈钢钢板、彩钢板、铜板、锌板、钛板等。图 8-43 所示为铝合金骨架体系铝板幕墙的节点构造示例。

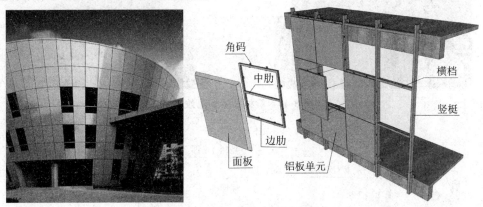

图 8-42 铝板幕墙实例与解析图

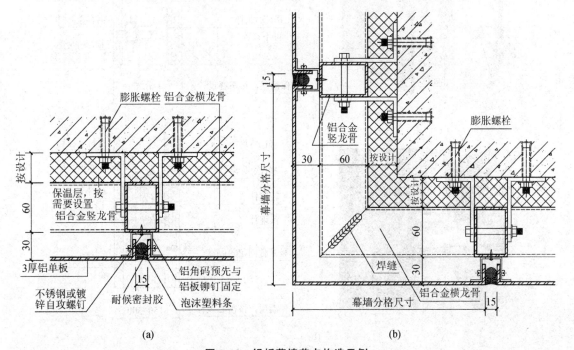

图 8-43 铝板幕墙节点构造示例
(a)水平节点；(b)转角节点(未注明构造与左图相同)

· 187 ·

8.4.3 石材幕墙

当建筑的外墙或内墙表面需大面积使用石材装饰时，通常采用石材"干挂法"，也称为石材幕墙，如图 8-44 所示，它是目前石材墙面采用最多的构造方法。石材幕墙利用各种金属干挂件将石材固定在金属骨架（龙骨）上，金属骨架则连接在建筑的主体结构上，如图 8-45 所示。石材幕墙的优点在于外观质感天然质朴、坚固典雅，石质板材的抗冻性能良好，强度较高；而缺点在于石材重量大，对连接件的质量要求较高，且石材幕墙的防火性能较差，室内大火会使幕墙的金属骨架软化，失去承载能力，造成石板从高空落下，不仅对行人造成危险，也给消防救火造成困难，因此必须加强石材幕墙的防火构造。

图 8-44 石材幕墙外观效果

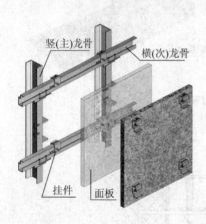
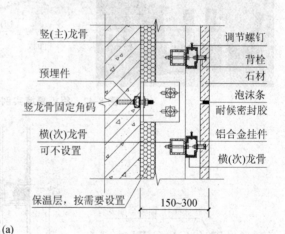

(a)

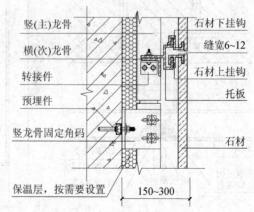

(b)

图 8-45 石材幕墙构造

(a) 背栓式干挂石材幕墙（封闭式）；(b) 托板式干挂石材幕墙（开缝式）

石材的选择多种多样，常采用花岗岩、大理石(常用于室内)、板岩、砂岩等，也有一些建筑采用凝灰岩板。石板厚度不应小于 25 mm，一般为 25～30 mm，单块面积不宜大于 1.5 m^2。由于石质板材(通常为花岗岩)较重，金属骨架的竖梃常采用镀锌方钢、槽钢或角钢，横档常用角钢。

按照石材板块的连接方式，石材幕墙通常可分为背栓式干挂石材幕墙、托板式(元件式)干挂石材幕墙和通长槽式干挂石材幕墙等；按照石材板块间的胶缝处理，石材幕墙可分为封闭式干挂石材幕墙和开缝式干挂石材幕墙。

8.5 墙面装修

8.5.1 墙面装修的作用及分类

墙面装修是建筑装饰的重要内容之一，它可以提高建筑的艺术效果，保护墙体，改善墙体的热工性能、光环境和卫生条件。墙面装修按其所处位置不同，可分为外墙面装修和内墙面装修两类；按装饰材料及施工方式不同，可分为五大类，即抹灰类、贴面类、涂料类、裱糊类和铺钉类。

8.5.2 墙面装修构造

(1)抹灰类。抹灰又称粉刷，是我国传统的饰面做法，其材料来源广泛，施工简便，造价低廉，通过工艺的改变可以获得多种装饰效果，因此在墙面装饰中应用广泛。

抹灰分为一般抹灰和装饰抹灰两类。一般抹灰是指采用砂浆对建筑墙面进行罩面处理，可采用石灰砂浆、混合砂浆和水泥砂浆等；装饰抹灰更注重抹灰的装饰性，常用做法有水刷石饰面、干粘石饰面、斩假石饰面、弹涂饰面等，如图 8-46 所示。由于装饰抹灰的施工较为烦琐，目前已较少采用。

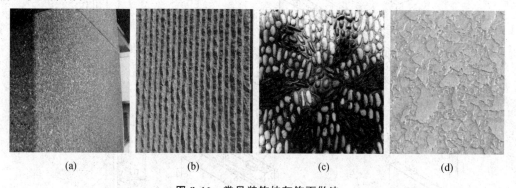

图 8-46 常见装饰抹灰饰面做法
(a)水刷石饰面；(b)斧剁石饰面；(c)干粘石饰面；(d)弹涂饰面

(2)贴面类。贴面类装修是指将各种天然石材或人造板、块，通过绑、挂或直接粘贴于基层表面的装修作法，如图 8-47 所示。它具有耐久性好、装饰性强、容易清洗等优点。常用的贴面材料有花岗岩板、大理石板、水磨石板、水刷石板、面砖、瓷砖、锦砖和玻璃制品等。

1)石板材墙面装修。石板材包括天然石材和人造石材。天然石板强度高、结构密实、不易污染、装修效果好，但加工复杂、价格昂贵，多用于高级墙面装修中。人造石板一般由白水泥、彩色石子、颜料等配合而成，具有天然石材的花纹和质感、质量轻、表面光洁、色彩多样、造价较低等优点。

石板安装可采用"干挂法"和"栓挂法"。"干挂法"即前述石材幕墙；"栓挂法"采用先绑扎后灌浆的固定方式，板材与墙面结合紧密，适合室内墙面装修，但其缺点是灌浆易污染板面，且在使

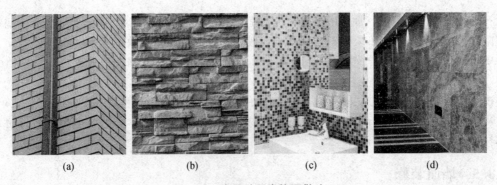

图 8-47 常见贴面类饰面做法
(a)面砖饰面；(b)文化石饰面；(c)陶瓷锦砖(马赛克)饰面；(d)石板饰面(栓挂法)

用阶段板面易泛碱，影响装饰效果，目前已较少采用。"栓挂法"一般先在墙身或柱内预埋 φ6 铁箍，在铁箍内立 φ8～φ10 竖筋和横筋，形成钢筋网，再用双股铜线或镀锌铅丝穿过事先在石板上钻好的孔眼，将石板绑扎在钢筋网上，上、下两块石板用不锈钢卡销固定。石板与墙之间一般留设 30 mm 缝隙，上部用定位活动木楔做临时固定，校正无误后，在板与墙之间分层浇筑 1:2.5 水泥砂浆，每次灌入高度不应超过 200 mm。待砂浆初凝后，取掉定位活动木楔，继续上层石板的安装，如图 8-48 所示。

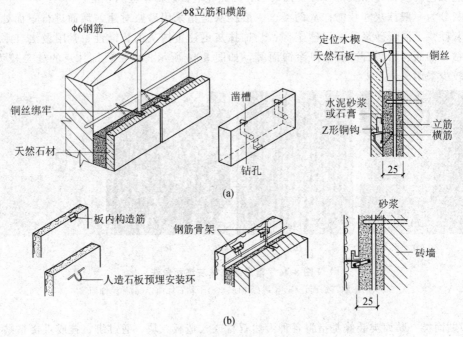

图 8-48 "栓挂法"石板墙面装修
(a)天然石板墙面装修；(b)人造石板墙面装修

2)陶瓷砖墙面装修。面砖多数是以陶土和瓷土为原料，压制成型后煅烧而成的饰面块，由于面砖既可以用于墙面又可用于地面，所以也被称为墙地砖。面砖分挂釉和不挂釉、平滑和有一定纹理质感等不同类型。无釉面砖主要用于高级建筑外墙面装修；釉面砖主要用于高级建筑内外墙面及厨房、卫生间的墙裙贴面。面砖质地坚固、防冻、耐蚀、色彩多样。陶土面砖常用的规格有 113 mm×77 mm×17 mm、145 mm×113 mm×17 mm、233 mm×113 mm×17 mm 和 265 mm×

113 mm×17 mm 等；瓷土面砖常用的规格有 108 mm×108 mm×5 mm、152 mm×152 mm×5 mm、100 mm×200 mm×7 mm、200 mm×200 mm×7 mm 等。

陶瓷马赛克，是以优质陶土烧制而成的小块瓷砖，有挂釉和不挂釉之分。常用规格有 18.5 mm×18.5 mm×5 mm、39 mm×39 mm×5 mm、39 mm×18.5 mm×5 mm 等，有方形、长方形和其他不规则形。马赛克一般用于内墙面，也可用于外墙面装修。马赛克与面砖相比，造价较低。与陶瓷锦砖相似的玻璃马赛克(玻璃锦砖)是透明的玻璃质饰面材料，它质地坚硬、色泽柔和典雅，具有耐热、耐蚀、不龟裂、不褪色、雨后自洁、自重轻、造价低的特点，是目前广泛应用的理想材料之一。

面砖的铺贴方法是将墙(地)面清洗干净后，先抹 15 mm 厚 1∶3 水泥砂浆打底找平，再抹 5 mm 厚 1∶1 水泥细砂砂浆粘贴面砖。镶贴面砖须留出缝隙，面砖的排列方式和接缝大小对立面效果有一定影响，通常有横铺、竖铺、错开排列等几种方式。锦砖一般按设计图纸要求，在工厂反贴在标准尺寸为 325 mm×325 mm 的牛皮纸上，施工时将纸面朝外整块粘贴在 1∶1 水泥细砂砂浆上，用木板压平，待砂浆硬结后，洗去牛皮纸即可。

(3)涂料类。涂料类饰面是在木基层表面或抹灰饰面上喷、刷涂料涂层的饰面装修。建筑涂料可以在墙体表面形成完整牢固的薄膜层，从而起到保护和装饰墙面作用。涂料类饰面具有造价低、装饰性好、工期短、工效高、自重轻，以及操作简单、维修方便、更新快等特点，目前在建筑工程中应用广泛，并具有较好的发展前景。按涂料成膜物质不同，可分为无机涂料和有机涂料两大类。

1)无机涂料。无机涂料有普通无机涂料和无机高分子涂料之分。普通无机涂料，如石灰浆、大白浆、可赛银浆等，多用于一般标准的室内装修；无机高分子涂料有 JH80-1 型、JH80-2 型、JHN84-1 型、F832 型、LH-82 型、HT-1 型等，多用于外墙面装修和有耐擦洗要求的内墙面装修。

2)有机涂料。有机涂料有溶剂型涂料、水溶性涂料和乳液涂料三类。溶剂型涂料有传统的油漆涂料、苯乙烯内墙涂料、聚乙烯醇缩丁醛内(外)墙涂料、过氯乙烯内墙涂料等；常见的水溶性涂料有聚乙烯醇水玻璃内墙涂料(即 106 涂料)、聚合物水泥砂浆饰面涂层、改性水玻璃内墙涂料、108 内墙涂料、ST-803 内墙涂料、JGY-821 内墙涂料、801 内墙涂料等；乳液涂料又称乳胶漆，常见的有乙丙乳胶涂料、苯丙乳胶涂料等，是目前外墙和内墙装修的常用涂料。

建筑涂料的施涂方法，一般分刷涂、滚涂和喷涂。施涂时，后一遍涂料必须在前一遍涂料干燥后进行，否则易发生皱皮、开裂等质量问题。每遍涂料均应施涂均匀，各层结合牢固。当采用双组分和多组分的涂料时，应严格按产品说明书规定的配合比使用，根据使用情况可分批混合，并在规定的时间内用完。

在湿度较大，特别是遇明水部位的外墙和厨房、厕所、浴室等房间内施涂时，应选用优质腻子，待腻子干燥、打磨整光、清理干净后，再选用耐洗刷性较好的涂料和耐水性能好的腻子材料(如聚醋酸乙烯乳液水泥腻子等)，以确保涂层质量。

用于外墙的涂料，考虑到其长期直接暴露于自然界中，经受日晒雨淋的侵蚀，因此要求除应具有良好的耐水性、耐碱性外，还应具有良好的耐洗刷性、耐冻融循环性、耐久性和耐污染性。当外墙施涂涂料面积过大时，可以外墙的分格缝、墙的阴角处或落水管等处为分界线，在同一墙面应用同一批号的涂料，每遍涂料不宜施涂过厚，涂料要均匀，颜色应一致。另外，应在正立面等涂料饰面较少处，每层高线设置与涂料颜色一致的塑料条，山墙面等大面积涂料外墙则每隔 500～700 mm 设置一条，以防止涂料开裂。

(4)裱糊类。裱糊类墙面装修是将各种装饰性的墙纸、墙布、织锦等卷材类的装饰材料粘贴在墙面上的一种装修作法，广泛应用于内墙面装修。常用的装饰材料有 PVC 塑料壁纸、复合壁纸、玻璃纤维墙布等。裱糊类墙体饰面装饰性强、施工方法简捷高效、材料更换方便，并且在曲面和墙面转折处粘贴，可以顺应基层，获得连续的饰面效果，但造价较涂料类饰面偏高。

(5)铺钉类。铺钉类墙面装修是将各种天然或人造薄板镶钉在墙面上的装修做法，其构造与骨架隔墙相似，由骨架和面板两部分组成。施工时，先在墙面上立骨架(墙筋)，然后在骨架上铺钉装饰面板。

骨架分木骨架和金属骨架两种。采用木骨架时，为考虑防火安全，应在木骨架表面涂刷防火涂料。骨架间及横档的距离一般根据面板的尺度确定。为防止因墙面受潮而损坏骨架和面板，常在立筋前先于墙面抹一层 10 mm 厚的混合砂浆，并涂刷热沥青两道，或粘贴油毡一层。面板材料一般采用硬木条板、胶合板、纤维板、石膏板及各种吸声板等。硬木条板装修是将各种截面形式的条板密排竖直镶钉在横档上，其构造如图 8-49 所示。

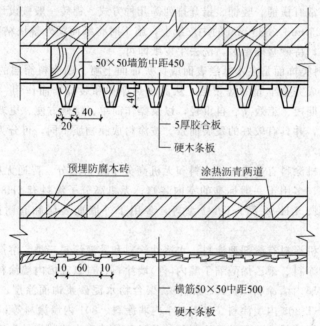

图 8-49　硬木条板墙面装修构造

墙体是建筑物的重要组成部分，它不仅起着围护、分隔空间的作用，在某些建筑结构(如砖混结构、剪力墙结构等)中还起承重的作用。通过对第 8 章的学习，要求掌握以下要点：

1. 墙体的作用、类型及设计要求，选择正确的构造方法，以达到既适用、安全，又美观、经济的最佳效果。

2. 墙体的热工性能和隔声性能是考虑墙体构造的重要因素。

3. 块材墙的材料组成及细部构造，如勒脚、散水、明沟、墙身防潮层、窗台、门窗过梁、墙垛、壁柱、圈梁、构造柱等，要求掌握各种构造措施的特点。其中，勒脚和踢脚是保护墙体并起到美观作用；防潮层、散水和明沟属于外墙的防潮、排水构造；过梁承担洞口上部的荷载并将其传给洞口两侧的墙体；墙垛和壁柱是为增加墙体的刚度和稳定性，防止墙体变形而设置的；圈梁和构造柱可以形成骨架、拉结墙体，以提高建筑的整体刚度和抗震性能。另外，防火墙一般设在防火性能要求比较高的建筑中，例如一些重要的建筑或人流比较密集的场所。

4. 隔墙、幕墙和墙面装修：要求掌握隔墙、幕墙及墙面装修的类型、构造方式及施工要点。

隔墙是分隔建筑物的室内空间的墙体；幕墙是现代民用建筑尤其是公共建筑广泛采用的外墙形式，装饰效果突出。玻璃幕墙晶莹、轻巧、光亮、透明；金属幕墙新颖、别致、简洁、明快；石材幕墙厚重、粗犷、朴实、自然，突出了建筑艺术这一特点。墙面装修分为五大类，要求掌握每一类构造特点和常用材料。

8.1 简述墙体类型的分类方式和类别。

8.2 墙体的设计应满足哪些要求？

8.3 砖墙和砌块墙的组砌要求有哪些？

8.4 勒脚的作用是什么？其常用做法有哪些？

8.5 墙身水平防潮层的做法有哪些？水平防潮层应设在什么位置？

8.6 什么情况下设置垂直防潮层？试简述其构造做法。

8.7 散水和明沟的作用是什么？其构造做法有哪几种？

8.8 块材墙的加固措施有哪些？

8.9 圈梁的位置和数量如何确定？

8.10 什么情况下设附加圈梁？附加圈梁如何设置？

8.11 构造柱起什么作用？一般设置在什么位置？

8.12 隔墙有哪些类型？

8.13 幕墙有哪些类型？各有什么特点？

8.14 墙面装修的常用做法有哪几类？各类做法的常用材料有哪些？

8.15 根据各学生所在学校的教学楼勒脚与散水做法，测量并用1∶20比例绘制其构造详图。

8.16 根据各学生所在学校的教学楼的附加圈梁与原圈梁的构造做法，测量并用1∶20比例绘制其构造详图。

8.17 根据各学生所在学校的教学楼的窗洞口构造做法，测量并用1∶20比例绘制其构造详图。

8.18 设计各学生所在学校的教学楼的墙身水平防潮层，并用1∶20比例绘制其构造详图。

第 9 章 楼地面

主要学习楼地层的类型及设计要求,重点应掌握钢筋混凝土楼板的构造处理、地面的装饰做法以及阳台与雨篷等的构造处理形式。

9.1 楼地层的类型及设计要求

楼板层和地坪层都是分隔建筑空间的水平构件;楼板层是分隔楼层空间的水平承重构件;地坪层是指底层房间与土壤相交接处的水平构件。地面是指楼板层和地坪的面层部分,面层为直接承受各种物理和化学作用的表面层。它们各处在不同的部位,发挥着各自的作用,因此对其结构、构造有着不同的要求。

微课:楼板层的类型及设计要求

9.1.1 楼地层的类型及组成

(1)楼板层的类型及组成。

1)楼板层的类型。楼板按所用材料不同,可分为木楼板、砖拱楼板(已不使用)、钢筋混凝土楼板、压型钢板组合楼板等几种类型,如图 9-1 所示。

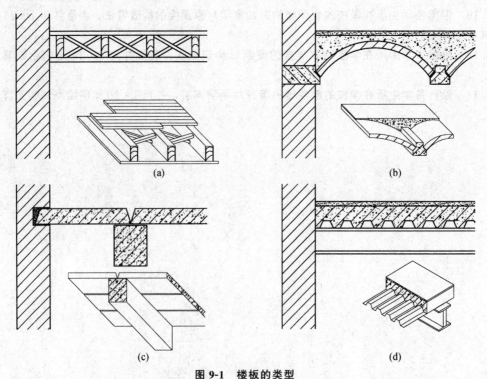

图 9-1 楼板的类型
(a)木楼板;(b)砖拱楼板;(c)钢筋混凝土楼板;(d)压型钢板组合楼板

木楼板是我国传统做法，它具有构造简单、表面温暖、施工方便、自重轻等优点，但隔声、防火及耐久性差，木材消耗量大，因此，目前已极少采用。

钢筋混凝土楼板具有强度高、刚度好、耐火、耐久、可塑性好的特点，便于工业化生产和机械化施工，是目前房屋楼板建造中广泛运用的一种楼板形式。

压型钢板组合楼板强度高，整体刚度好，施工速度快，是目前大力推广应用的一种新型楼板。

2) 楼板层的组成。楼板层主要由面层、结构层和顶棚层等组成，另外，还可按使用需要增设附加层，如图 9-2 所示。当楼板层的基本构造不能满足使用或构造要求时，可增设结合层、隔离层、填充层、找平层等其他构造层。

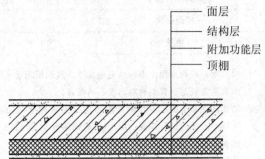

图 9-2 现浇钢筋混凝土楼板层的基本组成

①面层是楼板层的上表面部分，起着保护楼板、承受并传递荷载的作用，同时对室内装饰和清洁起着重要作用。

②结构层是楼板层的承重部分，包括板和梁。它承受楼层上的全部荷载及自重并将其传递给墙或柱，同时对墙身起水平支撑作用，以加强建筑物的整体刚度。

③附加层是为满足隔声、防水、隔热、保温等使用功能要求而设置的功能层。

④顶棚层是楼层的装饰层，起着保护楼板、方便管线敷设、改善室内光照条件和装饰美化室内环境的作用。

选择地面类型时，所需要的面层、结合层、填充层、找平层的厚度和隔离层的层数，可按表 9-1～表 9-5 中不同材料及其特性采用。

表 9-1 面层厚度

面层名称	材料强度等级	厚度/mm
混凝土(垫层兼面层)	≥C15	按垫层确定
细石混凝土	≥C20	30～10
陶瓷马赛克(陶瓷锦砖)	—	5～8
地面陶瓷砖(板)	—	8～20
花岗石、条石	≥MU60	80～120
大理石、花岗石		20
块石		100～150
铸铁板	—	7
木板(单层)	—	18～22
(双层)		12～18
薄型木地板		8～18
格栅式通风地板	—	高 300～400
软聚氯乙烯板	—	2～3
塑料地板(地毯)	—	1～2

续表

面层名称	材料强度等级	厚度/mm
导静电塑料板	—	1～2
聚氨酯自流平	—	3～4
树脂砂浆		5～10
地毯	—	5～12

注：1. 双层木地板面层厚度不包括毛地板厚，其面层用硬木制作时，板的净厚度宜为12～18 mm。
2. 本表参考规范沥青类材料均指石油沥青。
3. 防油渗混凝土的抗渗性能宜按照现行国家标准《普通混凝土长期性能和耐久性能试验方法标准》(GB/T 50082—2009)进行检测，用10号机油为介质。以试件不出现渗油现象的最大不透油压力为1.5 MPa。
4. 防油渗涂料粘结抗拉强度为≥0.3 MPa。
5. 铸铁板厚度系指面层厚度。

表 9-2　结合层厚度

面层名称	结合层材料	厚度/mm
预制混凝土板	砂、炉渣	20～30
陶瓷马赛克（陶瓷锦砖）	1∶1水泥砂浆	5
	或干硬性水泥砂浆	20～30
烧结普通砖、煤矸石砖、耐火砖、水泥花砖	砂、炉渣	20～30
	1∶2水泥砂浆	15～20
	或干硬性水泥砂浆	20～30
块石	砂、炉渣	20～50
花岗石条石	1∶2水泥砂浆	15～20
大理石、花岗石、预制水磨石板	1∶2水泥砂浆	20～30
地面陶瓷砖（板）	1∶2水泥砂浆	10～15
铸铁板	1∶2水泥砂浆	45
	砂、炉渣	≥60
塑料、橡胶、聚氯乙烯塑料等板材	胶粘剂	
木地板	粘结剂、木板小钉	
导静电塑料板	配套导静电粘结剂	

表 9-3　填充层厚度

填充层材料	强度等级或配合比	厚度/mm
水泥炉渣	1∶6	30～80
水泥石灰炉渣	1∶1∶8	30～80
轻骨料混凝土	C7.5	30～80
加气混凝土块		≥50
水泥膨胀珍珠岩块		≥50
沥青膨胀珍珠岩块		≥50

表 9-4 找平层厚度

找平层材料	强度等级或配合比	厚度/mm
水泥砂浆	1:3	≥15
混凝土	C10～C15	≥30

表 9-5 隔离层厚度

隔离层材料	层数或道数
石油沥青油毡	一～二层
混凝土	一层
沥青玻璃布油毡	一层
再生胶油毡	一层
软聚氯乙烯卷材	一层
防水冷胶料	一布三胶
聚氨酯类涂料	二～三道
热沥青	二道
防油渗胶泥玻璃纤维布	一布二胶

注：1. 石油沥青油毡不应低于 350 g。
2. 防水涂膜总厚度一般为 1.5～2 mm。
3. 防水薄膜(农用薄膜)作隔离层时，其厚度为 0.4～0.6 mm。
4. 沥青砂浆作隔离层时，其厚度为 10～20 mm。
5. 用于防油渗隔离层可采用具有防油渗性能的防水涂膜材料。

(2)地坪层的类型及组成。
1)地坪层的类型。地坪层按面层所用材料和施工方式的不同，可分为以下几类地面：
①整体地面：如水泥砂浆地面、细石混凝土地面、沥青砂浆地面等。
②块材地面：如砖铺地面、墙地砖地面、石板地面、木地面等。
③卷材地面：如塑料地板、橡胶地毯、化纤地毯、手工编织地毯等。
④涂料地面：如多种水溶性、水乳性、溶剂性涂布地面等。
2)地坪层的组成。地坪层的基本组成部分有面层、垫层、基层等部分，如图 9-3 所示。
地坪的面层与楼板层的类似，这里不再赘述。
①垫层是地坪中起传递荷载和承重作用的主要构造层次，按其所处位置及功能要求的不同，通常有三合

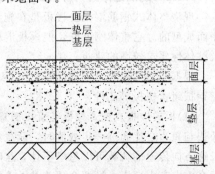

图 9-3 地坪层的基本组成

土、素混凝土、毛石混凝土等几种做法。

②基层为地坪层的承重层，也称地基。当其土质较好、上部荷载不大时，一般采用原土夯实或填土分层夯实；否则，应对其进行换土或夯入碎砖、砾石等处理。

9.1.2 楼地层设计要求

（1）具有足够的强度和刚度。强度要求楼地层应保证在自重和荷载作用下平整光洁、安全可靠，不发生破坏；刚度要求楼地层应在一定荷载作用下不发生过大的变形和磨损，做到不起尘、易清洁，以保证正常使用和美观。

（2）具有一定的隔声能力。为保证上下楼层使用时相互影响较小，楼板层应具有一定的隔声能力。通常提高楼板层隔声能力的措施有采用空心楼板、板面铺设柔性地毯、做弹性垫层和在板底做吊顶棚等，如图9-4所示。

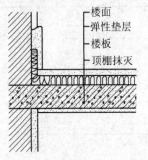
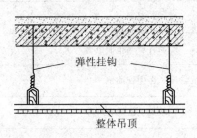

图 9-4 隔声措施

（3）具有一定的热工及防火能力。楼地层一般应有一定的蓄热性，以保证人们使用时的舒适感；同时，还应有一定的防火能力，以保证火灾时人们逃生的需要。

（4）具有一定的防潮、防水能力。对于卫生间、厨房和化学实验室等地面潮湿、易积水的房间应做好防潮、防水、防渗漏和耐腐蚀处理。

（5）满足管线敷设要求。楼地层应满足各种管线的敷设要求，以保证室内平面布置更加灵活，空间使用更加完整。

（6）满足经济要求，适应建筑工业化。在结构选型、结构布置和构造方案确定时，应按建筑质量标准和使用要求，尽量减少材料消耗，降低成本，满足建筑工业化的需要。

9.2 钢筋混凝土楼板构造

钢筋混凝土楼板按施工方法的不同，可分为现浇整体式、预制装配式和装配整体式三种。目前以现浇整体式楼板为主。

9.2.1 现浇整体式钢筋混凝土楼板

现浇整体式钢筋混凝土楼板是在施工现场经支模板、绑扎钢筋、浇灌混凝土、养护等施工程序而成型的。它整体刚度好，但模板消耗大、工序繁多、湿作业量大、工期长，适合于抗震设防及整体性要求较高的建筑。

根据受力情况的不同现浇整体式钢筋混凝土楼板有板式楼板、梁板式楼板、无梁楼板和压型钢板组合楼板等几种。

（1）板式楼板。板式楼板是直接搁置在墙上的，它有单向板和双向板之分。当四边支承板的长边与短边之比超过一定数值时，荷载主要是通过沿板的短边方向的弯曲（剪切）作用传递的，沿长边方向传递的荷载可以忽略不计，这时可称其为"单向板"。"双向板"在荷载作用下，将在纵横两个方向产生弯矩，沿两个垂直方向配置受力钢筋。根据《混凝土结构设计规范（2015年版）》

(GB 50010—2010)第9.1.1条规定，混凝土板应按下列原则进行计算：

1）两对边支承的板应按单向板计算。

2）四边支承的板应按下列规定计算：

①当长边与短边长度之比不大于2.0时，应按双向板计算；

②当长边与短边长度之比大于2.0，但小于3.0时，宜按双向板设计；

③当长边与短边长度之比不小于3.0时，宜按沿短边方向受力的单向板计算，并应沿长边方向布置构造钢筋。

这种板的板底平整美观、施工方便，适宜于厕所、厨房和走道等小跨度房间。

(2)梁板式楼板。当房间的跨度较大时，为使楼板结构的受力与传力更加合理，常在楼板下设梁，以减小板的跨度，使楼板上的荷载先由板传给梁，然后由梁再传给墙或柱。这样的楼板结构称梁板式楼板，如图9-5所示。其梁有主梁与次梁之分，板有单向板和双向板之分(图9-6)。

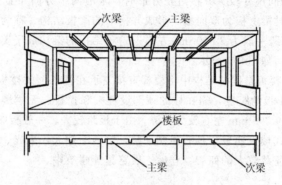

图9-5 梁板式楼板

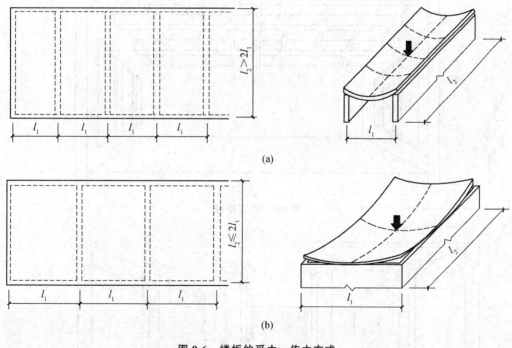

图9-6 楼板的受力、传力方式

(a)单向板；(b)双向板

梁板式楼板常用的经济尺寸见表9-6。

表9-6 梁楼板的经济跨度

构件名称	经济尺寸		
	跨度 L	梁高、板厚 h	梁宽 b
主梁	5~8 m	$(1/14~1/8)L$	$(1/3~l/2)h$
次梁	4~6 m	$(1/18~1/12)L$	$(1/3~l/2)h$
板	1.5~3 m	简支板$(1/35)L$ 连续板$(1/40)L$, (60~80 mm)	

(3)井式楼板。当房间尺寸较大并接近正方形时，常沿两个方向布置等距离、等截面高度的梁(不分主、次梁)，此时梁上板为双向板，形成井格形的梁板结构，称为井式楼板。其梁跨常为10 000~24 000 mm，板跨一般为3 000 mm左右。这种结构的梁构成了美丽的图案，在室内能形成一种自然的顶棚装饰，如图9-7所示。

(4)无梁楼板。无梁楼板是框架结构中将楼板直接支承在柱子上的楼板，如图9-8所示。为了增大柱的支承面积和减小板的跨度，需在柱的顶部设柱帽和托板。无梁楼板的柱应尽量按方形网格布置，间距为7 000~9 000 mm左右较为经济。由于板跨较大，一般板厚应不小于150 mm。

无梁式楼板与梁板式楼板比较，具有顶棚平整，室内净空大，采光、通风好，施工较简单等优点。它多用于楼板上荷载较大的商店、仓库、展览馆等建筑中。

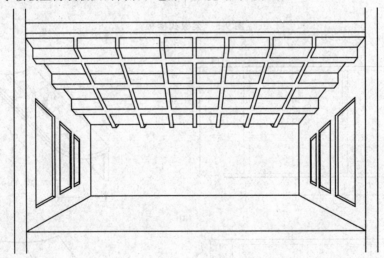

图9-7 井式楼板

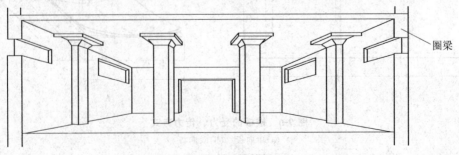

图9-8 无梁楼板

(5)压型钢板组合楼板。压型钢板组合楼板实质上是一种钢与混凝土组合的楼板。是利用压型钢板作衬板与现浇混凝土浇筑在一起,搁置在钢梁上,构成整体型的楼板支承结构。它适用于空间较大的高、多层民用建筑中。

钢衬板组合楼板主要由楼面层、组合板与钢梁几部分构成,在使用压型钢板组合楼板时应注意以下几个问题:

1)在有腐蚀的环境中应避免使用;

2)应避免压型钢板长期暴露,以防钢板梁生锈,破坏结构的连接性能;

3)在动荷载的作用下,应仔细考虑其细部设计,并注意保持结构组合作用的完整性和共振问题。

4)压型钢板应考虑涂刷防火涂料以保证达到建筑要求的耐火极限。

9.2.2 预制装配式钢筋混凝土楼板

预制装配式钢筋混凝土楼板是指在构件预制厂或施工现场预先制作,然后运到工地进行安装的楼板。它提高了机械化施工水平,缩短了工期,促进了建筑工业化,在2007年之前应用较为广泛。但楼板整体性较差,抗震性能很差,故目前已经很少使用。

9.2.3 装配整体式钢筋混凝土楼板

装配整体式钢筋混凝土楼板是一种预制装配和现浇相结合的楼板,它整体性强、节省模板。其包括叠合楼板、密肋空心砖楼板和预制小梁现浇板等,如图9-9所示。

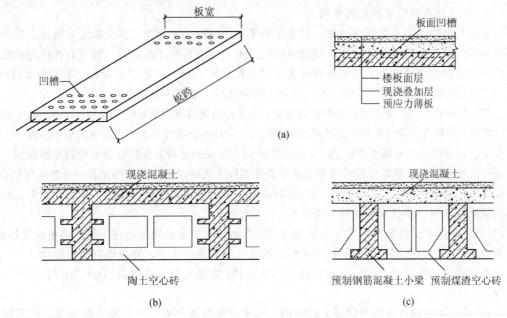

图 9-9　装配整体式钢筋混凝土楼板
(a)叠合楼板;(b)密肋空心砖楼板;(c)预制小梁现浇板

9.3　地面构造

9.3.1　地面的设计要求

楼板层的面层和地坪的面层统称为地面,它们的类型、构造要求和做法基本相同。地面类型的选择,应根据生产工艺、建筑功能、使用要求,经综合技术经济比较确定。当局部地段受到较严重的物理或化学作用时,应采取局部措施。

(1)具有足够的坚固性。要求在各种外力作用下不易被磨损、破坏,且要求表面平整、光洁、易清洁和不起灰。

(2)保温性能好。作为人们经常接触的地面,应给人们以温暖舒适的感觉,保证寒冷季节的舒适性。

(3)具有一定的弹性。当人们行走时不致有过硬的感觉,同时有弹性的地面对减弱撞击声有利。

(4)满足隔声要求。隔声要求主要在楼板层,可通过选择楼面垫层的厚度与材料类型来达到。

(5)其他要求。对有水作用的房间,地面应防潮防水;对有火灾隐患的房间,地面应防火耐燃烧;对有酸碱作用的房间,则要求地面具有耐腐蚀的能力等。

9.3.2 地面类型的选择

(1)有清洁和弹性要求的地面。有清洁和弹性要求的地面,地面类型的选择应符合下列要求:

1)有一般清洁要求时,可采用水泥石屑面层、石屑混凝土面层。

2)有较高清洁要求时,宜采用水磨石面层或涂刷涂料的水泥类面层或其他板、块材面层等。

3)有较高清洁和弹性等使用要求时,宜采用菱苦土或聚氯乙烯板面层,当上述材料不能完全满足使用要求时,可局部采用木板面层或其他材料面层。菱苦土面层不应用于经常受潮湿或有热源影响的地段。在金属管道、金属构件同菱苦土的接触处,应采取非金属材料隔离。

4)有较高清洁要求的底层地面,宜设置防潮层。

5)木板地面应根据使用要求,采取防火、防腐、防蛀等相应措施。

(2)有空气洁净度要求的建筑地面。

1)有空气洁净度要求的建筑地面,其面层应平整、耐磨、不起尘,并易除尘、清洗。其底层地面应设防潮层。面层应采用不燃、难燃或燃烧时不产生有毒气体的材料,并宜有弹性与较低的导热系数。面层应避免眩光,面层材料的光反射系数宜为0.15~0.35。必要时应不易积聚静电。

2)空气洁净度为100级、1 000级、10 000级的地段,地面不宜设变形缝。

①空气洁净度为100级垂直层流的建筑地面,应采用格栅式通风地板,其材料可选择钢板焊接后电镀或涂塑、铸铝等。通风地板下宜采用现浇水磨石、涂刷树脂类涂料的水泥砂浆或瓷砖等面层。

②空气洁净度为100级水平层流、1 000级和10 000级的地段宜采用导静电塑料贴面面层、聚氨酯等自流平面层。导静电塑料贴面面层宜用成卷或较大块材铺贴,并应用配套的导静电胶粘合。

③空气洁净度为10 000级和100 000级的地段,可采用现浇水磨石面层,也可在水泥类面层上涂刷聚氨酯涂料、环氧涂料等树脂类涂料。

(3)有防静电要求的地面。生产或使用过程中有防静电要求的地面,应采用导静电面层材料,其表面电阻率、体积电阻率等主要技术指标应满足生产和使用要求,并应设置静电接地。

导静电地面的各项技术指标应符合现行国家标准《数据中心设计规范》(GB 50174—2017)的有关规定。

(4)有水或非腐蚀性液体经常浸湿的地面。有水或非腐蚀性液体经常浸湿的地面,宜采用现浇水泥类面层。底层地面和现浇钢筋混凝土楼板,宜设置隔离层;装配式钢筋混凝土楼板,应设置隔离层。

1)经常有水流淌的地面,应采用不吸水、易冲洗、防滑的面层材料,并应设置隔离层。

隔离层可采用防水卷材类、防水涂料类和沥青砂浆等材料。

2)防潮要求较低的底层地面,也可采用沥青类胶泥涂覆式隔离层或增加灰土、碎石灌沥青等垫层。

3)湿热地区非空调建筑的底层地面,可采用微孔吸湿、表面粗糙的面层。

(5)采暖房间的地面。采暖房间的地面,可不采取保温措施,但遇下列情况之一时,应采取局部保温措施:

1)架空或悬挑部分直接对室外的采暖房间的楼层地面或对非采暖房间的楼层地面;

2)当建筑物周边无采暖通风管沟时,严寒地区底层地面,在外墙内侧 0.5~1.0 m 范围内宜采取保温措施,其热阻值不应小于外墙的热阻值。

(6)季节性冰冻地区非采暖房间的地面及其他。季节性冰冻地区非采暖房间的地面以及散水、明沟、踏步、台阶和坡道等,当土壤标准冻深大于 600 mm,且在冻深范围内为冻胀土或强冻胀土时,宜采用碎石、矿渣地面或预制混凝土板面层。当必须采用混凝土垫层时,应在垫层下加设防冻胀层。

9.4 楼地面装修构造

楼地面的装修构造做法很多,下面仅介绍几种常见地面的构造处理:

(1)水泥砂浆地面。水泥砂浆地面简称水泥地面,它坚固耐磨、防潮防水、构造简单、施工方便、造价低廉,但吸湿能力差、容易返潮、易起灰、不易清洁,是目前清水房使用最普遍的一种低档地面,如图 9-10 所示。

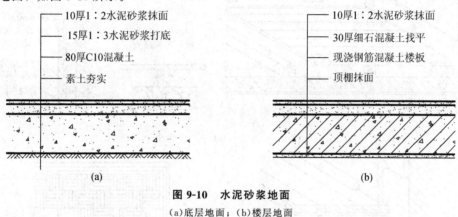

图 9-10 水泥砂浆地面
(a)底层地面;(b)楼层地面

(2)块材地面。凡利用各种人造的或天然的预制块材、板材镶铺在基层上的地面称块材地面。包括:烧结普通砖、大阶砖、水泥花砖、缸砖、陶瓷马赛克、人造石板、天然石板以及木地面等,如图 9-11 所示。它们用胶结料铺砌或粘贴在结构层或垫层上。胶结料既起粘结作用,又起找平作用。

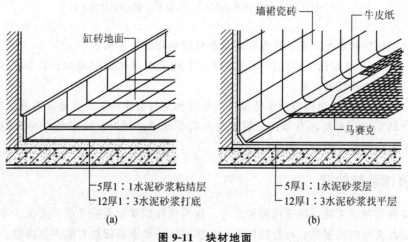

图 9-11 块材地面
(a)缸砖地面;(b)陶瓷马赛克地面

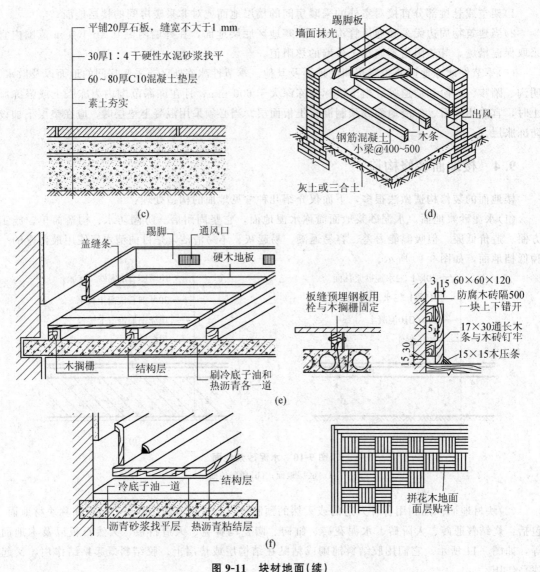

图 9-11 块材地面(续)
(c)石板地面；(d)空铺木地面；(e)实铺木地面；(f)粘贴地面

常用的胶结材料有水泥砂浆、沥青胶以及各种聚合物改性胶粘剂等。

(3)卷材地面。卷材地面主要是用各种卷材、半硬质块材粘贴的地面。常见的有塑料地面、橡胶毡地面及无纺织地毯地面等。

(4)涂料地面。常见的涂料包括水乳型、水溶型和溶剂型涂料。涂料地面要求基层坚实平整，涂料与基层粘结牢固，不允许有掉粉、脱皮及开裂等现象。同时，涂层色彩要均匀，表面要光滑、清洁，给人以舒适、明净、美观的感觉。

9.5 顶棚装修构造

顶棚层又称吊顶或天花，是室内饰面之一。作为顶棚层要求表面光洁、美观，并能起反射光照的作用，以改善室内的照度。对有特殊要求的房间，还要求顶棚具有隔声、保温、隔热等方面的功能。

顶棚的形式根据房间用途的不同有弧形、凹凸形、高低形及折线形等；依其构造方式的不同有直接式和悬吊式顶棚两种，如图 9-12 所示。

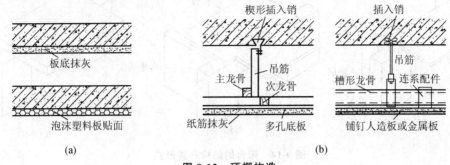

图 9-12 顶棚构造
(a)直接式顶棚；(b)悬吊式顶棚

(1)直接式顶棚。直接式顶棚是指直接在楼板下抹灰或喷、刷、粘贴装修材料的一种构造方式。多用于居住建筑、工厂、仓库以及一些临时性建筑中。直接式顶棚装修常见的有以下几种处理：

1)当楼板底面平整时，可直接在楼板底面喷刷大白浆涂料或 106 涂料。

当楼板底部不够平整或室内装修要求较高时，可先将板底打毛，然后抹 10～15 mm 厚 1∶2 水泥砂浆，一次成活，再喷(或刷)涂料，如图 9-12(a)所示。

2)对一些装修要求较高或有保温、隔热、吸声要求的建筑物，如商店营业厅，公共建筑大厅等，可在顶棚上直接粘贴装饰墙纸、装饰吸声板以及着色泡沫塑胶板等材料，如图 9.12(a)所示。

(2)悬吊式顶棚。悬吊式顶棚简称吊顶，吊顶是由吊筋、龙骨和板材三部分构成，如图 9-12(b)所示。常见龙骨形式有木龙骨、轻钢龙骨、铝合金龙骨等；板材常用的有各种人造木板、石膏板、吸声板、矿棉板、铝板、彩色涂层薄钢板、不锈钢钢板等。

为提高建筑物的使用功能和观感，往往需借助于吊顶来解决建筑中的照明、给水排水管道、空调管、火灾报警、自动喷淋、烟感器、广播设备等管线的敷设问题。

9.6 阳台与雨篷构造

9.6.1 阳台

阳台是建筑中房间与室外接触的平台，人们可以利用阳台休息、乘凉、晾晒衣物、眺望或从事其他活动。它是多层尤其是高层住宅建筑中不可缺少的构件。

(1)阳台的类型。按与外墙所处位置的不同，阳台可分为挑阳台、凹阳台、半挑半凹阳台以及转角阳台等几种形式，如图 9-13 所示。

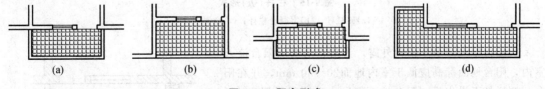

图 9-13 阳台形式
(a)挑阳台；(b)凹阳台；(c)半挑半凹阳台；(d)转角阳台

按阳台的结构布置形式的不同可分为挑板式、压梁式和挑梁式三种，如图 9-14 所示。

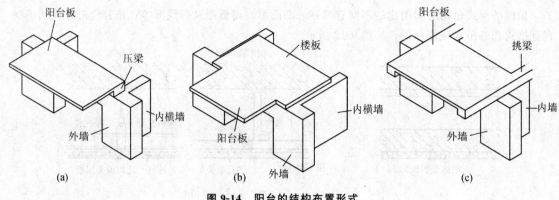

图 9-14 阳台的结构布置形式
(a)压梁式；(b)挑板式；(c)挑梁式

(2)阳台的细部构造。

1)阳台栏杆。阳台栏杆是在阳台周边设置的垂直构件，其作用一是承担人们倚扶的侧向推力，以保人身安全；二是对整个建筑物起一定装饰作用。因此，作为栏杆，既要考虑坚固，又要考虑美观。栏杆竖向净高一般不小于 1 050 mm，高层建筑不小于 1 100 mm，但不宜超过 1 200 mm，栏离地面 100 mm 高度内不应留空。从外形上看，栏杆有实体与空花之分，实体栏杆又称栏板。从材料上看，栏杆有砖砌、钢筋混凝土和金属栏杆之分，金属栏杆的竖杆之间的净空距离不能大于 110 mm，如图 9-15 所示。

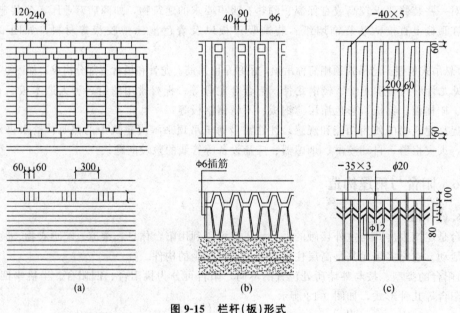

图 9-15 栏杆(板)形式
(a)砖栏杆；(b)混凝土栏杆；(c)金属栏杆

2)阳台排水。由于阳台外露，为防止雨水从阳台流入室内，阳台地面标高应低于室内地面 20~30 mm，并在阳台一侧栏杆下设水舌，阳台地面用防水砂浆粉设置出 1% 的排水坡，将水导向落水管，如图 9-16 所示。

9.6.2 雨篷

雨篷是建筑物入口处外门上部用以遮挡雨水、保护外

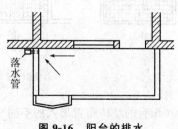

图 9-16 阳台的排水

门免受雨水侵害的水平构件，多采用钢筋混凝土悬臂板，其悬挑长度一般为 1 000～1 500 mm。雨篷有板式和梁板式两种，如图 9-17 所示。板式雨篷多做成变截面形式，一般板根部厚度不小于 70 mm，板端部厚度不小于 50 mm。梁板式雨篷为使其底面平整，常采用翻梁形式。当雨篷外伸尺寸较大时，其支承方式可采用立柱式，即在入口两侧设柱支承雨篷，形成门廊，立柱式雨篷的结构形式多为梁板式。

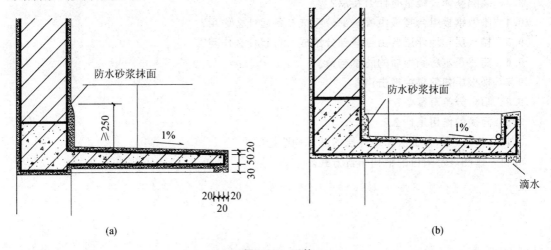

图 9-17　雨篷
(a)板式雨篷；(b)梁板式雨篷

雨篷在构造上需解决好两个问题：一是防倾覆，保证雨篷梁上有足够的压力；二是板面上要作好防水和排水处理。采用刚性防水层，即在雨篷顶面用防水砂浆抹面；当雨篷面积较大时，也可采用柔性防水。通常沿板四周用砖砌或现浇混凝土做凸檐挡水，板面用防水砂浆抹面，防水砂浆应顺墙上卷至少 300 mm。

雨篷表面的排水有两种方式，一种是无组织排水，雨水经雨篷边缘自由泻落，或雨水经滴水管直接排至地表；另一种是有组织排水，雨篷表面集水经地漏、雨水管有组织地排至地下。为保证雨篷排水通畅，雨篷上表面向外侧或滴水管处或向地漏处应做 1% 的排水坡度。

小　结

楼地层是建筑物的重要组成部分，是建筑物的水平承重构件，同时也是墙或柱在水平方向的支撑。本章主要从以下方面介绍：

1. 楼地层的设计要求及构造组成。楼地面是直接与人、家具、设备等接触的部位，必须坚固耐久。

2. 楼地层不仅承受着上部荷载，而且在水平方向对墙体、柱起着连接作用，在楼板的构造连接时，必须根据当地的抗震设防要求，用钢筋将楼板、墙、梁等拉接在一起，以增强建筑物的整体刚度。

3. 在用水房间，必须对楼地层做防水、防潮处理，以避免渗漏和墙体受潮。

4. 对隔声要求比较高的房间，楼层应做隔声构造，以避免撞击传声。

5. 阳台和雨篷是建筑立面的重要组成部分。在阳台和雨篷的设计中，不仅要重视阳台和雨篷在结构与构造连接上保证安全，防止倾覆的问题，而且还要注意其造型的美观性。

6. 阳台栏杆和扶手、栏杆和阳台板以及栏杆扶手与墙体之间要有可靠的连接和锚固措施。

复习思考题

9.1　楼地层的设计要求是什么?
9.2　现浇钢筋混凝土楼板的特点和适用范围是什么?
9.3　装配整体式楼板有什么特点?
9.4　压型钢板组合楼板由哪些部分组成?各起什么作用?
9.5　楼板层和地坪层各由哪些部分组成?各起什么作用?
9.6　简述用水房间地面的防水构造。
9.7　楼板层如何隔绝撞击声?
9.8　阳台分类有哪些?
9.9　雨篷的作用是什么?
9.10　作图表示楼板层和地坪层的基本构造组成。
9.11　作图表示阳台的结构布置方式。

第 10 章 楼梯和电梯

认识楼梯的类型及设计要求、钢筋混凝土楼梯构造、台阶与坡道构造、有高差无障碍设计的构造、电梯与自动扶梯简介。学习目标是掌握有关现浇钢筋混凝土楼梯的类型、设计要求、构造及细部构造知识。

10.1 楼梯的类型及设计要求

10.1.1 楼梯的类型

建筑中楼梯的形式较多,一般可按以下原则进行分类:

按楼梯的材料分类,有钢筋混凝土楼梯、金属楼梯、木楼梯及组合材料楼梯。

按照楼梯的位置分类,有室内楼梯和室外楼梯。

按照楼梯的使用性质分类,有主要楼梯、辅助楼梯、疏散楼梯及消防楼梯。

微课:楼梯的类型

按楼梯间的平面形式分类,有开敞楼梯、封闭楼梯和防烟楼梯,如图 10-1 所示。

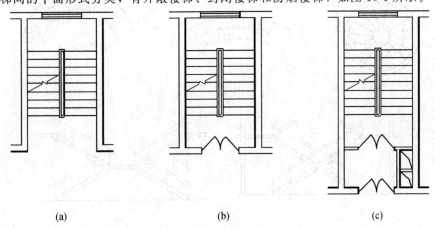

图 10-1 楼梯间平面形式
(a)开敞楼梯间;(b)封闭楼梯间;(c)防烟楼梯间

楼梯形式的选择取决于所处位置、楼梯间的平面形状与大小、层高与层数、人流的多少与缓急等因素,设计时需综合考虑。

(1)直行单跑楼梯。如图 10-2(a)所示,两层之间只有一个梯段,无中间平台,由于单跑梯段踏步数一般不超过 18 级,故仅用于层高较低的建筑。

(2)直行双跑楼梯。如图 10-2(d)所示,平行双跑楼梯两层之间有两个梯段和一个中间平台。

直行跑梯段给人以直接、畅通的感觉,导向性强,在公共建筑中常用于人流较多的大厅。但是由于其缺乏方位上回转上升的连续性,仅用于只上一层楼的建筑。

(3)平行双跑楼梯。如图10-2(e)所示,平行双跑楼梯两层中间有平行的两个梯段和一个中间平台,由于上完一层楼刚好回到原起步方向,与楼梯上升的空间回转往复性吻合,比直跑楼梯节约面积并缩短人流行走距离,是较常用的楼梯形式之一。

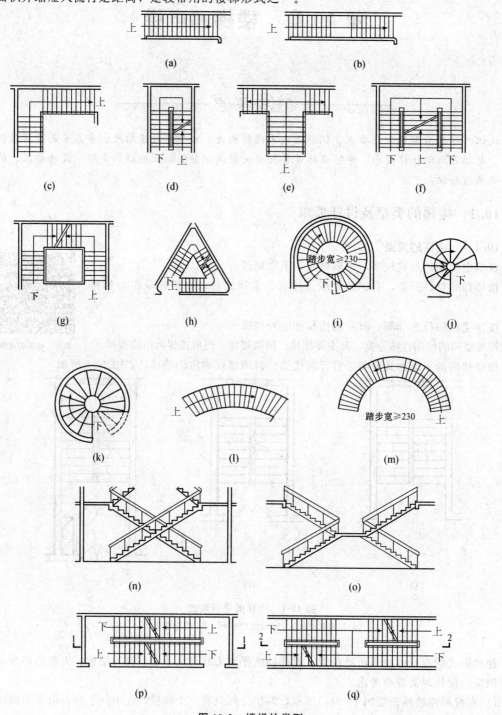

图10-2 楼梯的类型

(4)平行双分双合楼梯。如图10-2(f)所示,双分双合楼梯是在平行双跑楼梯基础上演变产生的。其梯段平行、行走方向相反,且第一跑在中部上行,然后其中间平台处往两边以第一跑的二分之一梯段宽，各上一跑到楼层面，通常在人流多、梯段宽度较大时采用。常用作办公类建筑的主要楼梯。

(5)螺旋楼梯。如图10-2(i)所示，螺旋形楼梯通常是围绕一根单柱布置，平面呈圆形。其平台和踏步均为扇形平面，踏步内侧宽度很小，并形成较陡的坡度，构造复杂且行走时不安全。这种楼梯不能作为主要的交通和疏散楼梯，但是由于其流线型造型美观，常作为建筑小品布置于庭院或室内。

(6)交叉跑(剪刀)楼梯。如图10-2(n)所示，交叉跑(剪刀)楼梯可认为是由两个直行单跑楼梯交叉并列布置而成的，通行的人流量较大，且为上下楼层的人流提供了两个方向，对于空间开敞、楼层人流方向进出有利，但仅适合层高较低的建筑。当层高较高时，可设置中间平台，中间平台为人流变换行走方向提供了条件，适合于层高较高且楼层人流有多向性选择要求的建筑，如商场、教学楼、办公楼等。

10.1.2 楼梯的设计要求

楼梯作为建筑空间竖向联系的主要部件，其位置应该明显，以起到提示引导人流的作用，并要充分考虑其造型美观、通行顺畅、行走舒适、结构坚固、防火安全，同时，还应满足施工和经济条件的要求。因此，需要合理的选择楼梯的形式、坡度、材料、构造做法，精心处理好其细部构造，设计时需要综合考虑这些因素：

(1)作为主要楼梯，应与主要出入口邻近且位置明显；同时，还应保证垂直交通与水平交通在交接处不拥挤、不堵塞。

(2)楼梯的间距、数量及宽度应经过计算确定，并应满足防火疏散要求。楼梯间内不得有影响疏散的凸出部分，以免挤伤人；楼梯间除允许直接对外开窗采光外，不得向室内任何房间开窗；楼梯间四周墙壁必须为防火墙；对防火要求高的建筑物特别是高层建筑，应该设计成封闭式楼梯间或防烟楼梯间。

(3)楼梯间必须有良好的自然采光。

10.1.3 楼梯的组成

楼梯一般由楼梯段、楼梯平台、栏杆(或栏板)和扶手四部分组成，楼梯所处的空间称为楼梯间，如图10-3所示。

微课：楼梯的组成

(1)楼梯段。楼梯段简称梯段又称为楼梯跑，是楼层之间的倾斜构件，同时，也是楼梯的主要使用部分和承重部分。它由若干个踏步组成。为减少人们上下楼梯时的疲劳和适应人们行走的习惯，一个梯段的踏步数要求最多不超过18级，最少不少于3级。

(2)楼梯平台。楼梯平台是指楼梯段与楼面连接的水平段或连接两个楼梯段之间的水平段，供楼梯转折或使用者略做休息之用。标高与楼层标高相一致的平台称为楼层平台，标高介于两楼层之间的平台称为中间平台。平台宽应大于等于梯段宽。

(3)梯井。楼梯的两梯段或三梯段之间形成的竖向空隙，称为梯井。在住宅建筑和公共建筑中，根据使用和空间效果不同而确定不同的取值。住宅建筑应尽量减小梯井宽度，以增大楼梯段净宽，取值一般不大于120 mm，并应满足消防要求。

(4)栏杆(栏板)和扶手。栏杆(栏板)和扶手是楼梯段的安全设施，一般设置在楼梯段和平台的临空边缘。要求它必须坚固、可靠，有足够的安全高度，并应在其上部设置供人们手扶使用的扶手。在公共建筑中，当楼梯段较宽时，常在楼梯段和平台靠墙一侧设置靠墙扶手。根据现行国家标准《民用建筑设计统一标准》(GB 50352—2019)相关要求，24 m以下临空高度(相当于低层、多层建筑的高度)的栏杆高度不应低于1.05 m，超过24 m临空高度(相当于高层及中高层住宅的高度)的栏杆高度不应低于1.1 m。

当楼梯宽度不大时(小于 1 400 mm):可只在梯段临空面设置扶手;
当楼梯宽度较大时(大于 1 400 mm 且小于 2 200 mm):非临空面也应加设扶手;
当楼梯宽度很大时(大于 2 200 mm):还应在梯段中间加设扶手。

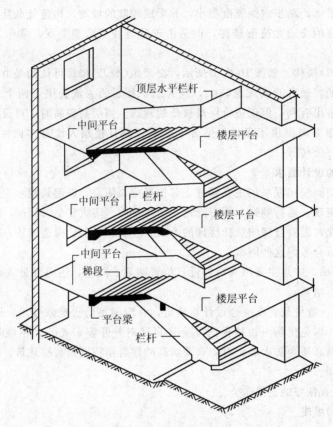

图 10-3　楼梯的组成

10.1.4　楼梯的坡度

通常,楼梯的坡度越小,行走越舒适。但是,当楼层的高度一定时,楼梯的坡度越小,所需要的楼梯间进深尺寸则越大,这从经济性角度来看又是不合理的。如图 10-4 所示,示意了通过统计学和人体工程学得出的坡道、台阶、楼梯、专用楼梯以及爬梯等各自适宜的坡度范围,从图中可以看出,楼梯适宜的坡度在 20°～45°,其中以 30°左右较为常用。45°～60°的坡度范围可用于人流小且不常用的专用楼梯,60°以上的坡度范围常用于供防火或检修用的爬梯。

在实际工程中,楼梯坡度的大小是通过踏步的尺寸(即图 10-5 中的 b 与 h)来体现的,此尺寸具体数值的确定既取决于建筑的性质,也与楼梯具体的使用对象具有密切的关系。

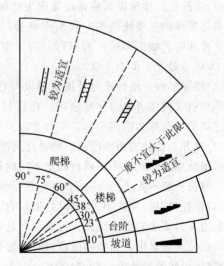

图 10-4　楼梯、台阶和坡道坡度的适用范围

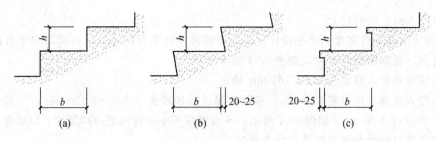

图 10-5 踏步处理

(a)正常处理的踏步;(b)踢面倾斜;(c)加做踢步檐

10.1.5 楼梯的尺寸

(1)踏步尺寸。踏步高度与人的步距有关,宽度则应与人脚的长度相适应。确定和计算踏步尺寸的方法和公式很多,通常采用两倍的踏步高度加踏步宽度等于一般人行走的步距的经验公式确定,即

$$2h+b=600\sim620 \text{ mm}$$

式中 h——踏步高度(称为踢面);

b——踏步宽度(称为踏面)。

微课:楼梯的主要尺度

600~620 mm——一般人行走时的平均步距。

在民用建筑中,楼梯踏步的最小宽度与最大高度限制值的规定,见表 10-1。

表 10-1 楼梯踏步最小宽度和最大宽度   m

楼梯类别		最小宽度 b(常用宽度)	最大高度 h
住宅楼梯	住宅公用楼梯	0.260	0.175
	住宅套内楼梯	0.220	0.200
宿舍楼梯	小学宿舍楼梯	0.260	0.150
	其他宿舍楼梯	0.270	0.165
老年人建筑楼梯	住宅建筑楼梯	0.300	0.150
	公共建筑楼梯	0.320	0.130
托儿所、幼儿园楼梯		0.260	0.130
小学校楼梯		0.260	0.150
人员密集且竖向交通繁忙的建筑和大、中学校楼梯		0.280	0.165
其他建筑楼梯		0.260	0.175
超高层建筑核心筒内楼梯		0.260	0.180
检修及内部服务楼梯		0.220	0.200

注:摘自《民用建筑设计统一标准》(GB 50352—2019)。

对成年人而言,楼梯踢面高度以 150 mm 左右最为舒适,不应高于 175 mm。踏面的宽度以 300 mm 左右为宜,不应窄于 260 mm。当踏面宽度过大时,将导致楼梯段长度增加;而踏面宽度过窄时,行走时会产生危险。在实际工程中经常采用出挑踏面的方法,使得在梯段总长度不变情况下增加踏步面宽,如图 10-5(c)所示。一般踏面的出挑长度为 20~30 mm。

一般取值的原则是:使用楼梯的人流量大或使用者体能较弱时,b 取值较大而 h 取值较小;

反之 b 取值较小而 h 取值较大。

(2)梯段宽度与平台宽度。楼梯设计主要是楼梯梯段和平台的设计，而梯段和平台的尺寸与楼梯间的开间、进深和层高有关，如图10-6所示。

梯段宽度按每股人流宽为550～700 mm确定。

一般单股人流通行梯段宽850 mm；双股人流通行梯段宽1 200～1 400 mm；三股人流通行时梯段宽1 500～2 100 mm，如图10-7所示。平台宽应不小于梯段的(净)宽度，以确保通过楼梯段的人流和货物也能顺利地在楼梯平台上通过。

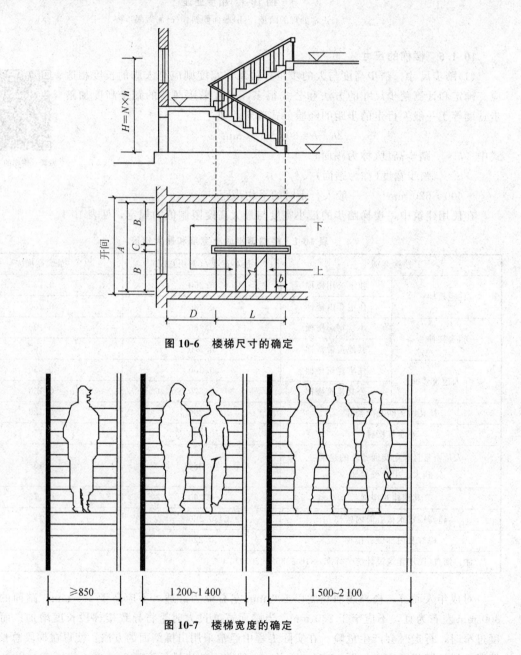

图10-6 楼梯尺寸的确定

图10-7 楼梯宽度的确定

(3)梯段宽度与平台宽的计算。

1)梯段宽 B：

$$B=\frac{A-C}{2}$$

式中　A——开间净宽；

　　　C——两梯段之间的缝隙宽（梯井宽），考虑消防、安全和施工的要求，$C=60\sim120$。

平台宽 D：$D \geqslant B$。

2）踏步的尺寸与数量的确定。

$$N=\frac{H}{h}$$

式中　H——层高；

　　　h——踢面高。

3）梯段长度计算。梯段长度取决于踏步数量。当 N 已知后，两段等跑的楼梯梯段长 L 为

$$L=\left(\frac{N}{2}-1\right)b$$

式中　b——踏面宽。

(4) 楼梯净空高度。楼梯的净空高度包括梯段的净高和平台过道处的净高。梯段间的净高是指梯段空间的最小高度，即下层梯段踏步前缘至其正上方梯段下表面的垂直距离，与人体尺度、楼梯的坡度有关；平台过道处的净高是指平台过道地面至上部结构最低点（通常为平台梁）的垂直距离。在确定两个净高时，还应充分考虑人们肩扛物品对空间的实际需要，避免由于碰头而产生压抑感。《民用建筑设计统一标准》(GB 50352—2019)规定，梯段净高不应小于 2 200 mm，平台过道处净高不应小于 2 000 mm，起止踏面前缘与顶部凸出物内边缘线的水平距离不应小于 300 mm，如图 10-8 所示。

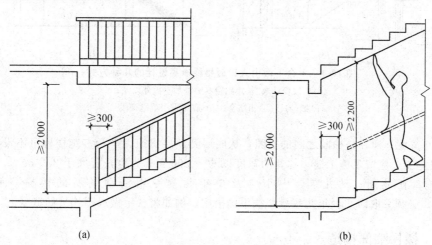

图 10-8　梯段及平台部位净高要求

当楼梯底层中间平台下做通道时，为求得下面空间净高 $\geqslant 2\,000$ mm，常采用如图 10-9 所示的几种处理方法：

1）将楼梯底层设计成"长短跑"，让第一跑的踏步数多些，第二跑踏步数少些，利用踏步数的多少来调节下部净空的高度。

2）增加室内外高差。

3）将上述两种方法结合，即降低底层中间平台下的地面标高，同时增加楼梯底层第一个梯段的踏步数量。

4）将底层采用单跑楼梯，这种方式多用于少雨地区的住宅建筑。

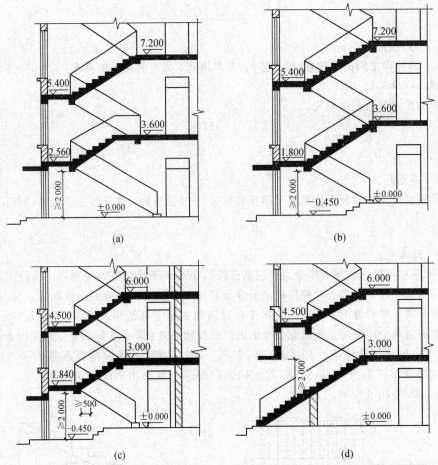

图 10-9 平台下做出入口时楼梯净高设计的几种方式
(a)底层设计成"长短跑"；(b)增加室内外高差；
(c)把(a)、(b)相结合；(d)底层采用单跑梯段

(5)梯井宽度。梯井是梯段之间的空隙，从底层到顶层贯通。平行多跑楼梯可不设梯井，但为方便梯段施工，应留足施工缝。梯井的宽度以 60～200 mm 为宜，若大于 200 mm，应考虑设置安全措施。托儿所、幼儿园、中小学及少年儿童专用活动场所的楼梯，梯井大于 110 mm 时，必须采取防止少年儿童攀爬扶手的措施，例如将扶手做成不连贯的造型。

10.2 楼梯细部构造

10.2.1 踏步面层及防滑处理

踏步面层及防滑处理。楼梯踏步面层做法一般与楼地面相同，踏步的上表面要求耐磨，便于清洁。现浇楼梯拆模后表面粗糙、不美观、更不利于行走，故需做面层处理。常用的做法有人造石、缸砖贴面、大理石、花岗岩等面层(图 10-10)。

人流较为集中且拥挤的建筑，若踏步面层太过光滑，则行人容易滑跌，所以踏步表面应有防滑措施，最简单的防滑措施是在做踏步面层时留出 2～3 道凹槽，但使用中易被灰尘填堵，防滑效果不好。要求高的建筑可铺地毯或防滑塑料或橡胶贴面，一般建筑常在近踏步口做 1～2 条防滑条或防滑包口(图 10-11)。防滑条长度一般按踏步长度每边减去 150 mm，材料可采用塑料条、橡皮条、金属条、马赛克、折角铁等。

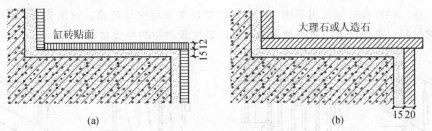

图 10-10 踏步面层构造
(a)缸砖踏步面层；(b)大理石或人造石踏步面层

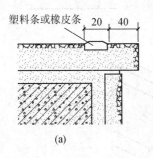 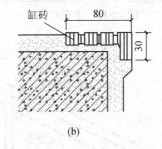 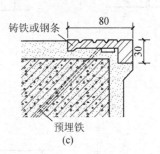

图 10-11 踏步防滑条构造
(a)镶橡皮防滑条；(b)缸砖包口；(c)铸铁包口

10.2.2 栏杆、栏板和扶手构造

(1)楼梯栏杆的基本要求。楼梯栏杆(或栏板)和扶手是上下楼梯或踏步的安全设施，也是建筑中装饰性较强的构件。在设计中应满足以下基本要求：

1)人流密集场所梯段或台阶高度超过 750 mm 时，应设栏杆。

2)楼梯扶手的高度与楼梯的坡度、楼梯的使用要求有关。很陡的楼梯，扶手的高度矮一些，坡度平缓时高度可稍大。楼梯坡度在 30°左右时常采用 900 mm 高的扶手；儿童使用的楼梯扶手一般为 600 mm。一般室内楼梯扶手≥900 mm，靠梯井一侧水平栏杆长度＞500 mm 时，其高度≥1 000 mm，室外楼梯栏杆高≥1 050 mm，如图 10-12 所示。

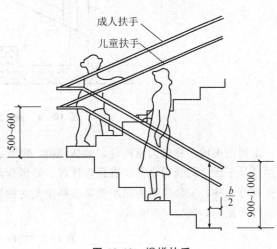

图 10-12 楼梯扶手

(2)栏杆形式。

1)透空式栏杆。栏杆多采用方钢、圆钢钢管等材料并可焊接或铆接成各种图案，既有防护作用又起装饰作用，如图 10-13 所示。

方钢截面边长与圆钢的直径一般为 15～25 mm，栏杆钢条花格的间隙对居住建筑或儿童使用的楼梯均不宜超过 110 mm，同时为防止儿童攀爬，不应设水平横杆。

2)栏板和组合式栏杆。栏板多采用钢筋混凝土，也可用透明钢化玻璃或有机玻璃镶嵌于栏杆立柱之间。钢筋混凝土实心栏板可以现浇，也可以预制。

将透空栏杆和栏板组合在一起构成组合式栏杆。栏杆作为主要的抗侧力构件，栏板作为防护和装饰构件。栏杆竖杆常采用不锈钢等材料,栏板常采用夹丝玻璃、钢化玻璃(图 10-14)等轻质和美感的材料,夹丝玻璃抗水平冲击力较强,是比较理想的栏板材料。

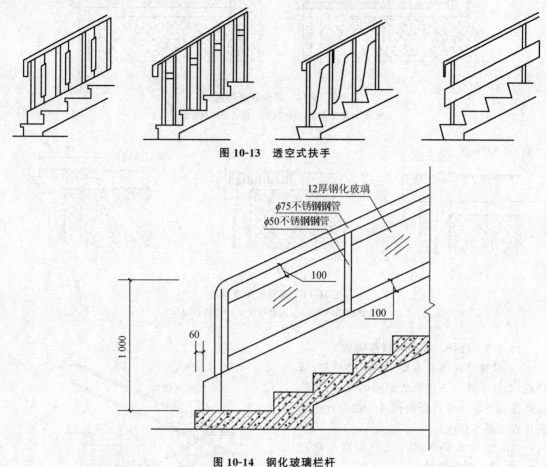

图 10-13 透空式扶手

图 10-14 钢化玻璃栏杆

常用的楼梯栏杆多为钢构件,包括圆钢、钢管、方钢、扁钢等的组合。其中立杆与钢筋混凝土梯段及平台之间的固定方式有预埋件焊、开脚预埋(或留空后装)、预埋件拴接、直接用膨胀螺栓固定等几种,安装位置为踏步侧面或踏步上面的边沿部分,见表 10-2;横杆则多采用焊接方式与立杆连接,如图 10-15 所示。

表 10-2 栏杆立柱位置

固定方式	立柱位于踏步侧面	立柱位于踏步表面
预埋件焊接		

续表

固定方式	立柱位于踏步侧面	立柱位于踏步表面
开脚预埋		
预埋件栓接		
直接用膨胀螺栓固定		

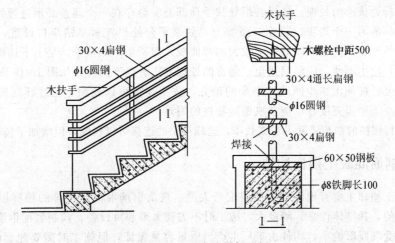

图 10-15 组合式栏杆示例

(3)扶手构造。楼梯的防护栏杆和扶手,通常设置于楼梯段和平台临空一侧,三股人流时两侧高扶手,四股人流时加中间扶手。

扶手一般多用硬木制作,也有金属扶手、塑料扶手。

1)栏杆与扶手的连接。木扶手靠木螺栓通过一个通长扁铁与空花栏杆连接,扁铁与栏杆顶端焊接并每隔300 mm左右开一小孔,穿过木螺钉固定;金属扶手是通过焊接的方法连接;塑料扶手是利用其弹性卡固定在扁钢带上,如图10-16所示。

栏杆扶手与墙、柱的连接,靠墙扶手以及楼梯顶层的水平栏杆扶手应与墙、柱连接。可以在砖墙上预留孔洞,将栏杆扶手插入洞内并嵌固;也可以在混凝土柱相应的位置上预埋铁件,再与栏杆扶手的铁件焊接,如图10-17所示。

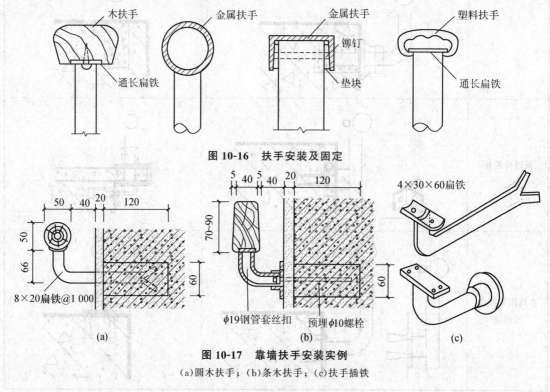

图10-16 扶手安装及固定

图10-17 靠墙扶手安装实例
(a)圆木扶手;(b)条木扶手;(c)扶手插铁

2)楼梯转折处扶手的处理。楼梯转折处扶手顶部通常会存在一个高差必须进行处理,当上行楼梯和下行楼梯的第一个踏步口设在一条线上,如果平台处栏杆紧靠踏步口设置,侧栏杆扶手的顶部高度突然变化,扶手需做成一个较大的弯曲线,即所谓鹤颈扶手,是上下连接。这种处理方法费工费料,使用不便,应尽量避免。通常的处理方法有以下两种,如图10-18所示。

①在平台处栏杆伸出踏步回线约半步的地方,扶手连接可以较顺,但这样处理使平台在栏杆处的净宽缩小了半步宽度,可能造成搬运物件的困难。

②将上下行楼梯的踏步错开一步或数步,这样扶手的连接可以较顺,但增加了楼梯间的长度。

10.3 钢筋混凝土楼梯构造

钢筋混凝土楼梯主要有现浇和预制装配两大类。现浇钢筋混凝土楼梯的楼梯段和平台是整体浇筑在一起的,其整体性好、刚度大,施工时不需要大型起重设备;预制装配钢筋混凝土楼梯施工进度快、受气候影响小,构件由工厂生产、质量容易保证,但施工时需要配套的起重设备、投资较多、整体性差、抗震性能差。

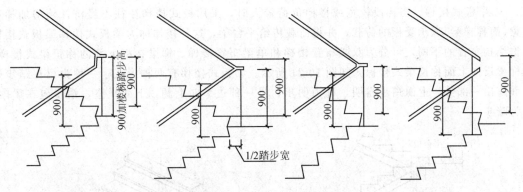

图 10-18　楼梯转折处扶手的处理

目前建筑中较多采用的是现浇钢筋混凝土楼梯。

10.3.1　现浇式钢筋混凝土楼梯

现浇楼梯的楼梯段、平台等为整体浇筑，其整体性好，刚度大、对抗震有利。

现浇楼梯按梯段根据传力特点的不同，可分为板式楼梯和梁板式楼梯。

(1)板式楼梯。由梯段板承受该梯段全部荷载的楼梯，称为板式楼梯。这种楼梯的结构特点是楼梯段作为一块整板，斜搁在楼梯的平台梁上。平台梁之间的距离便是这块板的跨度，如图 10-19 和图 10-20 所示。

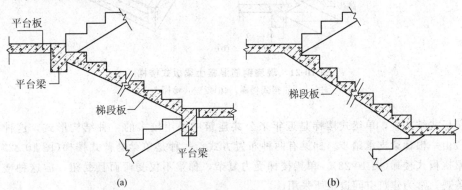

图 10-19　现浇钢筋混凝土板式楼梯

图 10-20　板式楼梯实例

（2）梁板式楼梯。当梯段较宽或楼梯负荷较大时，采用板式楼梯往往不经济，须增加梯段斜梁（简称梯梁）以承受板的荷载，并将荷载传给平台梁，这种楼梯称为梁板式楼梯。梁板式楼梯根据结构布置的不同，可分为双梁布置楼梯和单梁布置楼梯。梯梁在板下部的称正梁式楼梯，将梯梁反向上面称反梁式楼梯，如图 10-21 所示。梁板式楼梯有两种形式：一种为梁在踏步板下面露出一部分，上面踏步露明，称为明步；另一种边梁向上翻，下面平整，踏步包在梁内，称为暗步。

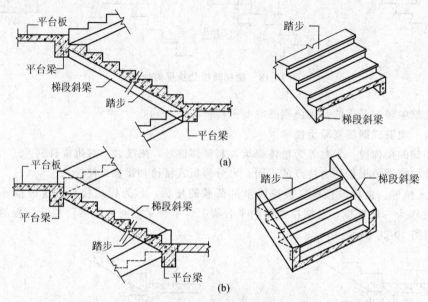

图 10-21　现浇钢筋混凝土梁板式楼梯
(a)正梁式楼梯；(b)反梁式楼梯

在梁板式结构中，单梁式楼梯是近年来公共建筑中采用较多的一种结构形式，这种楼梯的每个梯段由一根梯梁支承踏步。梯梁有两种布置方式：一种是单梁悬臂式楼梯（图 10-22）；另一种是单梁挑板式楼梯（图 10-23）。单梁楼梯受力复杂，梯梁不仅受弯而且受扭，但这种楼梯外形轻巧、美观，常为建筑空间造型所采用。

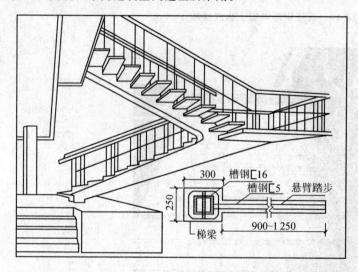
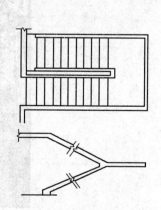

图 10-22　单梁悬臂式楼梯

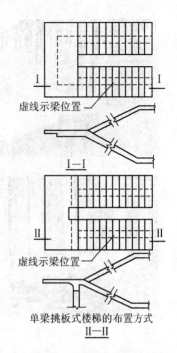

图 10-23 单梁挑板式楼梯

10.3.2 装配式钢筋混凝土楼梯

装配式钢筋混凝土楼梯具有节约模板和人工、减少现场湿作业、加快施工速度、提高工程质量的优点，它的大量应用还有利于提高建筑的工业化程度。但由于装配式钢筋混凝土楼梯的整体性较差，所以在抗震等级较高地区要慎用。

装配式钢筋混凝土楼梯根据生产、运输、吊装和建筑体系的不同而有许多不同的构造形式，如根据构件尺寸大小的不同，可分为小型构件式与中、大型构件式两种。其中，小型构件装配式楼梯的预制踏步和其支撑结构通常是分开的，主要特点就是构件小且轻、易制作，但施工繁而慢，有些还要用较多的人力和湿作业，适合于施工条件较差的地区；而中、大型构件装配式楼梯可以减少预制构件的品种和数量，可以利用吊装工具进行安装，对于简化施工过程、加快施工进度、减小劳动强度等都十分有利。另外，若按梯段的构造与支承方式分，则还有梁承式、墙承式、悬挑式、悬吊式等数种，但由于整体性差、刚性差，目前使用较少。

10.4 台阶与坡道构造

建筑入口处室内外高差的问题主要是通过台阶与坡道来解决的。若为人流交通，则应设台阶和残疾人坡道；若为机动车交通，则应设机动车坡道或台阶和坡道结合。

台阶和坡道通常位于建筑的主要入口处，台阶和坡道除适用外，还要求造型美观，如图 10-24 所示。

10.4.1 台阶

(1) 台阶尺度。台阶由踏步和平台组成，其形式有单面踏步式、三面踏步式等。台阶坡度较楼梯平缓，每级踏步高为 100～150 mm，踏面宽为 300～400 mm。当台阶高度超过 1 m 时，宜有护栏设施。平台设置在出入口和踏步之间，起缓冲之用，宽度一般不小于 1 000 mm。为防止雨水积聚并溢入室内，平台标高应比室内地面低 30～50 mm，并向外找坡 1%～2%，以便排水。

(2) 台阶的垫层。步数较少的台阶，其垫层做法和地面垫层做法类似。一般采用素土夯实后按台阶形式尺寸做 C10 混凝土垫层或砖、石垫层，标准较高的或地基土质较差的还可在垫层下加铺一层碎砖或碎石层。

图 10-24　台阶与坡道的形式

对于步数较多的或地基土质太差的台阶，可根据情况架空成钢筋混凝土台阶，以避免过多填土或产生不均匀沉降。

严寒地区的台阶还需考虑地基土冻胀因素，可用含水率低的砂石垫层换土至冰冻线以下。

(3) 台阶的面层。台阶构造与地坪构造相似，由面层和结构层构成。由于台阶位于易受雨水侵蚀的环境之中，需要慎重考虑防滑和抗风化问题。其面层材料应选择防滑、抗冻、抗水性能好，且质地坚实的材料，常见的台阶基础有就地砌造、勒脚挑出、桥式三种。台阶踏步有砖砌踏步、混凝土踏步、钢筋混凝土踏步、石踏步四种，台阶构造如图 10-25 和图 10-26 所示。

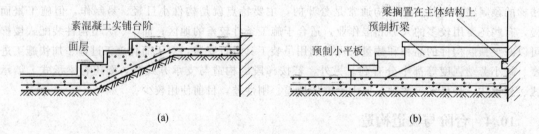

图 10-25　台阶构造示意
(a) 实铺；(b) 架空

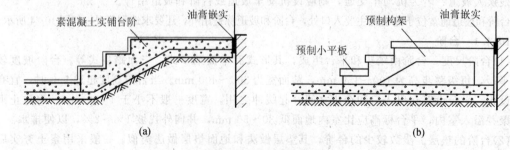

图 10-26　台阶变形处理
(a) 实铺；(b) 架空

10.4.2 普通坡道

坡道多为单面坡形式,极少三面坡的,坡道坡度应以有利推车通行为佳,一般为1:8~1:10,也有1:30的。还有些大型公共建筑,为考虑汽车能在大门入口处通行,常采用台阶与坡道相结合的形式。坡道的坡度一般应小于或等于10°,特殊情况下可以取15°(但是坡道的长度应受到限制)。当坡道的坡度小于6°时,因其属于平缓坡道而可以不考虑其表面的防滑问题,否则应有适当的防滑措施。

(1)坡道的坡度。一般1:6~1:12左右(不宜大于1:10,室内不宜大于1:8),供轮椅使用坡度不应大于1:12,1:10较为舒适,大于1:8者须做防滑措施,如做锯齿形或做防滑条,如图10-27所示。

图10-27 坡道表面防滑处理
(a)表面带锯齿形;(b)表面带防滑条

(2)坡道的宽度。室内坡道水平投影长度超过15 m时宜设休息平台,根据《无障碍设计规范》(GB 50763—2012)的要求,室内坡道的最小宽度应不小于900 mm,室外坡道平台的最小宽度应不小于1 500 mm;相关坡道平台所应具有的最小宽度如图10-28所示。

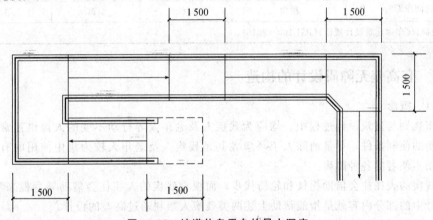

图10-28 坡道休息平台的最小深度

供轮椅使用的坡道两侧应设高度为650 mm的扶手。

(3)坡道的构造。坡道材料一般用混凝土,面层用水泥砂浆提浆抹光,当坡度较陡时,在其表面必须做防滑处理,如图10-29所示。

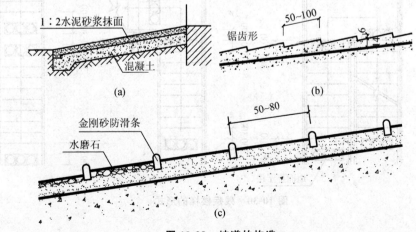

图10-29 坡道的构造

10.4.3 车用坡道

车用坡道的设计应满足对于其宽度、坡度,与建筑的距离等要求。

(1)宽度:不小于 4 m。

(2)坡度:不大于 10%。

(3)最小转弯半径不小于 6 m。

(4)汽车与汽车之间以及汽车与墙、柱之间的间距,详见表 10-3。

表 10-3 汽车与汽车之间及汽车与墙、柱之间的间距

项目	机动车类型	微型车、小型车	轻型车	中型车、大型车
平行式停车时机动车间纵向净距/m		1.20	1.20	2.40
垂直式、斜列式停车时机动车间纵向净距/m		0.50	0.70	0.80
机动车与墙间净距/m		0.60	0.80	1.00
机动车与柱间净距/m		0.30	0.30	0.40
机动车与墙、护栏及其他构筑物间净距/m	纵向	0.50	0.50	0.50
	横向	0.60	0.80	1.00

注:本表摘自《车库建筑设计规范》(JGJ 100—2015)。

10.5 有高差无障碍设计的构造

10.5.1 概念

在城市规划与建筑设计过程中,均应为残疾人及老年人等行动不变的人提供正常生活和参加社会活动的便利条件,尽量消除人工环境尤其是残疾人及老年人较为集中使用的有关场所中不利于行动不便者的各种障碍。

下肢残疾的人往往会借助拐杖和轮椅代步,而视觉残疾的人往往会借助导盲棍来帮助行走。无障碍设计中的部分内容就是指能帮助上述两类残疾人顺利通过高差的设计。

10.5.2 楼梯

(1)楼梯的形式及尺寸。供挂拐者及视力残疾者使用的楼梯,应采用直行形式,例如直跑楼梯、对折的双跑楼梯或成直角折行的楼梯等,如图 10-30 所示,不宜采用弧形楼梯或在平台上设置扇步。

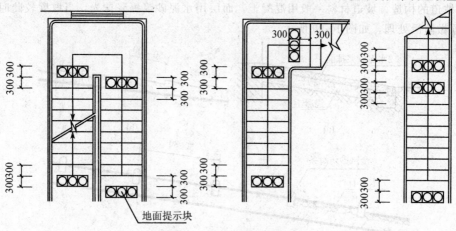

图 10-30 残疾楼梯的形式

楼梯的坡度应尽量平缓,其坡度宜在35°以下,踢面高不宜大于170 mm,且每步踏步应保持等高。楼梯的梯段宽度不宜小于1 200 mm。楼梯踏步应选用合理的构造形式及饰面材料,注意无直角突缘,以防发生勾拌行人或其助行工具的意外事故(图10-31);还应注意表面不滑,不积水,防滑条不高出踏面5 mm以上。

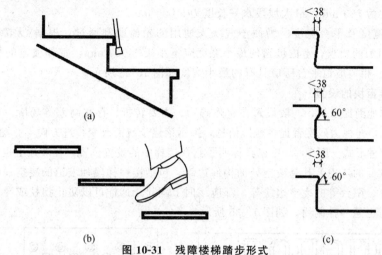

图10-31　残障楼梯踏步形式
(a)有直角突缘者不可用；(b)踏步无踏面者不可；(c)踏步线型光滑者可用

(2)栏杆扶手。楼梯、坡道的栏杆扶手应坚固适用,且应在梯段或坡道的两侧都设置。公共楼梯可设上下双层扶手。在楼梯的梯段(或坡道的坡段)的起始及终结处,扶手应自其前缘向前伸出300 mm以上,两个相邻梯段的扶手应该连通；扶手末端应向下或伸向墙面,如图10-32所示。扶手的断面形式应便于抓握,如图10-33所示。

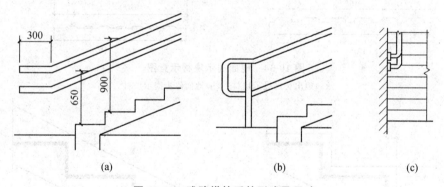

图10-32　残障梯扶手的形式及尺寸
(a)扶手尺寸；(b)扶手向下收头；(c)扶手向墙面收头

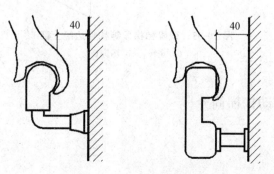

图10-33　便于抓握的扶手

10.5.3 坡道

坡道最适合残疾人的轮椅通过，还适合行人拄拐杖和借助导盲棍通过。除了坡度必须较为平缓外，还必须有一定的宽度，以下是有关的规定：

(1)坡道的坡度。我国对坡道的坡度要求是不大于1∶12，同时，还规定与之相匹配的每段坡道的最大高度为750 mm，最大坡段水平长度为9 000 mm。

(2)坡道的宽度及平台宽度。为便于残疾人使用的轮椅顺利通过，根据《无障碍设计规范》(GB 50763—2012)的要求，室内坡道的最小宽度应不小于1 000 mm，室外坡道的最小宽度应不小于1 200 mm。相关坡道平台所应具有的最小宽度如图10-28所示。

10.5.4 导盲块的设置

导盲块又称地面提示块，一般设置在有障碍物、需要转折、存在高差等场所，利用其表面上的特殊构造形式，向视力残疾者提供触摸信息，揭示该停步或需改变行进方向等。图10-34所示为常用导盲块的两种形式。图10-30中已经标明了它在楼梯中的设置位置，在坡道上也同样适用。

鉴于安全方面的考虑，凡是凌空处的构件边缘，包括楼梯梯段和坡道的凌空一侧、室内外平台如回廊、外廊、阳台等的凌空边缘等，都应该向上翻起。这样可以防止拐杖或导盲棍等工具向外滑出，对轮椅也是一种制约，如图10-35所示。

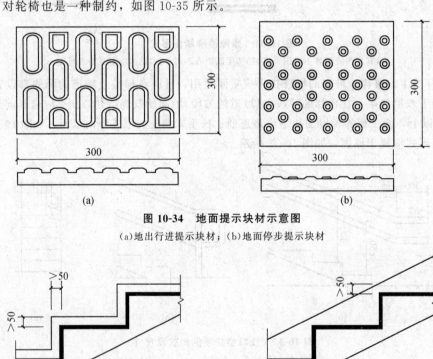

图 10-34 地面提示块材示意图
(a)地出行进提示块材；(b)地面停步提示块材

图 10-35 残障梯梯段等构件边缘上翻
(a)立缘；(b)踢脚板

10.6 电梯与自动扶梯简介

10.6.1 电梯

(1)电梯的类型。

1)按使用性质分:

①客梯:主要用于人们在建筑物中的垂直交通。

②货梯:主要用于运送货物及设备。

③消防电梯:用于发生火灾、爆炸等紧急情况下用于安全疏散人员和消防人员紧急救援使用。

④观光电梯:将垂直交通工具和登高流动观景相结合的电梯。透明的轿厢使电梯内外景观互相沟通。

2)按运行速度划分:

①高速电梯:速度大于 2 m/s,梯速随层数增加而提高,消防电梯常用高速。

②中速电梯:速度在 2 m/s 之内,一般货梯,按中速考虑。

③低速电梯:运送食物电梯常用低速,速度在 1.5 m/s 以内。

3)其他分类:有按单台、双台分;按交流电梯、直流电梯分;按轿厢容量分;按电梯开启方向分等。

(2)电梯布置考虑因素。

1)防火。

2)多台并列的布置

3)与楼梯合用前室。

4)水平布置。

(3)垂直运行分区设计。

当建筑的层数超过 25 层或建筑高度超过 75 m 时,电梯宜采用分区设计。

1)分区原则:下区层数多一些,上区层数少一些。

2)分区高度或停站数:每 50 m 或 12 个停站为一个分区。

速度分区:第一个 50 m 分区 1.75/s,然后每隔 50 m 提高 1.5 m/s。

(4)电梯的组成。

1)电梯井道。电梯井道是电梯运行的通道,井道内包括出入口、电梯轿厢、导轨及其支架、平衡锤及缓冲器等。不同用途的电梯,井道的平面形式不同,如图 10-36 所示。

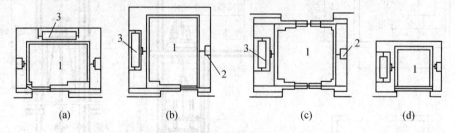

图 10-36 电梯分类及井道平面

(a)客梯(双扇推拉门); (b)病床梯(双扇推拉门); (c)货梯(中分双扇推拉门); (d)小型杂物货梯

1—电梯厢; 2—导轨及撑架; 3—平衡重

2)电梯机房。电梯机房一般设在井道的顶部。机房和井道的平面相对位置允许机房任意向一个或两个相邻方向伸出,并满足机房有关设备安装的要求。机房楼板应按机器设备要求的部位预留孔洞。

3)井道地坑。井道地坑在最底层平面标高下≥1 500 mm,考虑电梯停靠时的冲力,作为轿厢下降时所需的缓冲器的安装空间。消防电梯坑要考虑排水措施。

4)组成电梯的有关部件。

①轿厢：是直接载人、运货的厢体。电梯轿厢应造型美观，经久耐用，当今轿厢采用金属框架结构，内部用光洁有色钢板壁面或有色有孔钢板壁面，花格钢板地面，荧光灯局部照明以及不锈钢操纵板等。入口处则采用钢材或坚硬铝材制成的电梯门槛。

②井壁导轨和导轨支架：支承、固定厢上下升降的轨道。

③牵引轮及其钢支架、钢丝绳、平衡锤、轿厢开关门、检修起重吊钩等。

④有关电器部件：交流电动机、直流电动机、控制柜、继电器、选层器、动力、照明、电源开关、厅外层数指示灯和厅外上下召唤盒开关等。

(5)电梯与建筑物相关部位的构造。

1)井道、机房建筑的一般要求。

①通向机房的通道和楼梯宽度不小于1 200 mm，楼梯坡度不大于45°。

②机房楼板应平坦整洁，能承受6 kPa的均布荷载。

③井道壁多为钢筋混凝土井壁或框架填充墙井壁。井道壁为钢筋混凝土时，应预留150 mm方、150 mm深孔洞、垂直中距2 000 mm，以便安装支架。

④框架(圈梁)上应预埋铁板，铁板后面的焊件与梁中钢筋焊牢。每层中间加圈梁一道，并需设置预埋铁板。

⑤电梯为两台并列时，中间可不用隔墙而按一定的间隔放置钢筋混凝土梁或型钢过梁，以便安装支架。

2)电梯导轨支架的安装。安装导轨支架分预留孔插入式和预埋铁件焊接式，如图10-37所示。

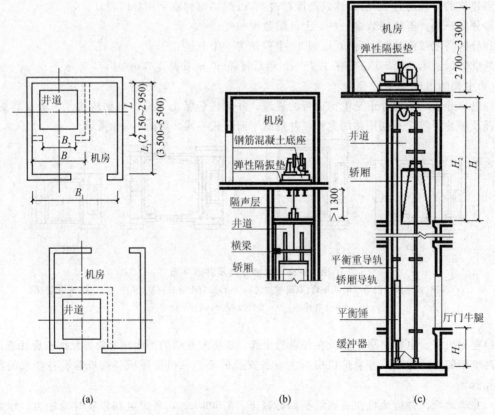

图 10-37　电梯构造示意

(a)平面；(b)有隔声层(平行电梯门剖面)；(c)无隔声层(通过电梯门剖面)

(6)电梯井道构造。

1)电梯井道的设计。电梯井道的设计应满足如下要求：

①井道的防火。井道是建筑中的垂直通道，极易引起火灾的蔓延，因此，井道四周应为防火结构。井道壁一般采用现浇钢筋混凝土或框架填充墙井壁。同时，当井道内超过两部电梯时，需用防火围护结构予以隔开。

②井道的隔振与隔声。电梯运行时产生振动和噪声。一般在机房机座下设弹性垫层隔振；在机房与井道间设高1 500 mm左右的隔声层，如图10-37所示。

③井道的通风。为使井道内空气流通，火警时能迅速排除烟和热气，应在井道肩部和中部适当位置（高层时）及地坑等处设置不小于300 mm×600 mm的通风口，上部可以和排烟口结合，排烟口面积不少于井道面积的3.5%。通风口总面积的1/3应经常开启。通风管道可在井道顶板上或井道壁上直接通往室外。

④其他。地坑应注意防水、防潮处理，坑壁应设爬梯和检修灯槽。

2)电梯井道细部构造。电梯井道的细部构造包括厅门的门套装修及厅门的牛腿处理，导轨支架与井壁的固结处理等。

电梯井道可用砖砌加钢筋混凝土圈梁，但大多为钢筋混凝土结构。井道各层的出入口即为电梯间的厅门，在出入口处的地面应向井道内挑出一牛腿。

由于厅门是人流或货流频繁经过的部位，因此不仅要求做到坚固适用，而且还要满足一定的美观要求。具体的措施是在厅门洞口上部和两侧装上门套。门套装修可采用多种做法，如水泥砂浆抹面、水磨石板、大理石板以及硬木板或金属板贴面。除金属板为电梯厂定型产品外，其余材料均系现场制作或预制。厅门门套装修构造如图10-38所示，厅门牛腿部位构造如图10-39所示。

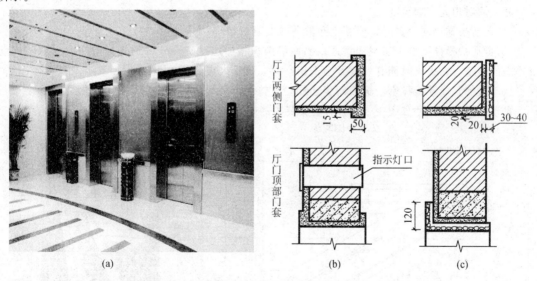

图10-38 厅门门套装修构造
(a)电梯厅外视图；(b)水泥砂浆门套；(c)水磨石门套

10.6.2 自动扶梯

自动扶梯是建筑物层间运输效率最高的载客设备，适用于有大量人流上下的公共场所，如车站、超市、商场、地铁车站等。自动扶梯可正、逆两个方向运行，可作提升及下降使用，机器停转时可作普通楼梯使用。

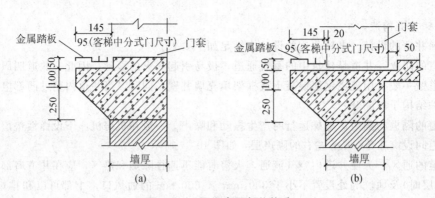

图 10-39 厅门牛腿部位构造

自动扶梯应符合以下规定：
(1)自动扶梯不得作为安全疏散通道。
(2)出入口畅通区的宽度不应小于 2.50 m，畅通区有密集人流穿行时，其宽度应当加大。
(3)栏板应平整、光滑和无突出物。扶手带的顶面距自动扶梯踏步阳角、距自动人行道踏板面或胶带面的垂直高度不应小于 0.90 m；扶手带的外边至任何障碍物不应小于 0.50 m，否则应采取措施防止障碍物伤人。
(4)扶手带中心线与平行墙面或楼板开口边缘间的距离以及两电梯相邻平行交叉设置时，扶手带中心线之间的水平距离不宜小于 0.50 m，否则应采取措施防止障碍物伤人。
(5)自动扶梯的梯级的踏板或胶带上空，垂直净高不应小于 2.30 m。
(6)自动扶梯的倾斜角不应超过 30°，当提升高度不超过 6 m，额定速度不超过 0.50 m/s 时，倾斜角允许增至 35°。
(7)自动扶梯单向设置时，应就近布置与之配套的楼梯。
(8)自动扶梯导致上下层空间贯通，当两层面积相加超过防火分区的规模时，应采取防火卷帘一类的措施，在火灾时能有效隔开上下层空间，防止火灾蔓延。

自动扶梯是电动机械牵动梯段踏步连同栏杆扶手带一起运转，机房悬挂在楼板下面。
自动扶梯基本尺寸如图 10-40 所示，安装实例如图 10-41 所示。

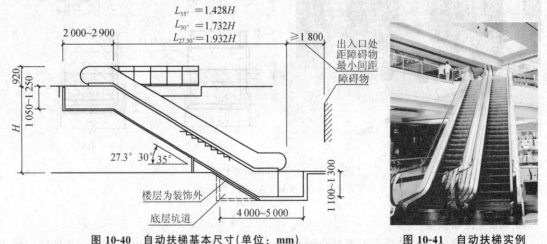

图 10-40　自动扶梯基本尺寸(单位：mm)　　　图 10-41　自动扶梯实例

自动扶梯的坡道比较平缓，一般采用 300，运行速度为 0.5~0.7 m/s，宽度按输送能力有单人和双人两种。其型号规格见表 10-4。

表 10-4　自动扶梯型号规格

梯型	输送能力/(人·h^{-1})	提升高度 H	速度/(m·s^{-1})	扶梯宽度	
				净宽 B/mm	外宽 B_1/mm
单人梯	5 000	3~10	0.5	600	1 350
双人梯	8 000	3~8.5	0.5	1 000	1 750

注：摘自《自动扶梯和自动人行道的制造与安装安全规范》(GB 16899—2011)。

小　结

1. 楼梯是建筑物的垂直交通设施之一，应满足交通及疏散作用。楼梯是由楼梯段、楼梯平台及栏杆(或栏板)和扶手四部分组成。梯段、踏步、平台、净空高度等多个尺寸均应满足相关要求。

2. 现浇钢筋混凝土楼梯根据楼梯段的传力与结构形式的不同，分成板式楼梯和梁板式楼梯两种。

3. 台阶由踏步和平台组成。其形式有单面踏步式、三面踏步式等。台阶坡度较楼梯平缓，每级踏步高为 100~150 mm，踏面宽为 300~400 mm。当台阶高度超过 1 m 时，宜有护栏设施。

4. 坡道多为单面坡形式，极少三面坡的，坡道坡度应以有利于推车通行为佳，一般为 1∶8~1∶10，也有 1∶30 的。还有些大型公共建筑，为考虑汽车能在大门入口处通行，常采用台阶与坡道相结合的形式。

5. 对于住宅七层以上(含七层)、楼面高度 16 m 以上、标准较高的建筑和有特殊需要的建筑等，一般设置电梯。对于高层住宅则应该根据层数、人数和面积来确定是否设置。一台电梯的服务人数应在 400 人以上，服务面积在 450~500 m^2，服务层数应在 10 层以上，比较经济。电梯的组成一般由电梯井道、电梯机房、井道地坑及其他有关零部件。

复习思考题

10.1　楼梯主要是由哪几部分组成？
10.2　楼梯的分类及其作用是什么？
10.3　楼梯和坡道的坡度范围是多少？楼梯的适宜坡度是多少？
10.4　楼梯段的最小净宽有何规定？平台宽度和梯段宽度的关系如何？
10.5　楼梯的净空高度有哪些规定？如何调整首层通行平台下的净高？
10.6　现浇钢筋混凝土楼梯有哪几种？在荷载的传递上有何不同？
10.7　简述室外台阶的构造，并图示。
10.8　踏步的防滑措施有哪些？各有何特点？
10.9　绘制出学生所在学校教学楼的楼梯平面图与剖面图。

第 11 章 屋 顶

主要学习屋顶的类型及设计要求、平屋顶构造、坡屋顶构造、屋顶保温与隔热构造。重点掌握有关平屋顶的形式、卷材防水屋面和刚性防水屋面的构造组成及屋顶的保温与隔热构造。美观的屋顶使整个建筑美观大气,增加学生对国内建筑的喜爱,进而增加爱国情怀。本章的屋顶防水和屋顶设计是各种比赛和考证的必考点。

11.1 屋顶的类型及设计要求

11.1.1 屋顶的类型

根据屋顶的外形和坡度划分,屋顶可以分为平屋顶、坡屋顶和其他形式的屋顶。

(1)平屋顶。平屋顶的屋面通常采用防水性能好的材料,但为了排水也要设置坡度,平屋顶的坡度小于5%,常用的坡度范围为2%~3%,其一般构造是用现浇的钢筋混凝土屋面板做基层,上面铺设卷材防水层或其他类型防水层,如图11-1所示。

微课:屋顶的类型

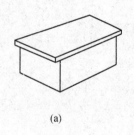 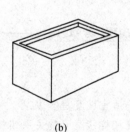 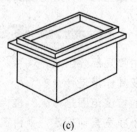 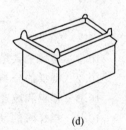

(a)　　　　　　(b)　　　　　　(c)　　　　　　(d)

图 11-1 平屋顶的形式

(a)挑檐;(b)女儿墙;(c)挑檐女儿墙;(d)盝(盒)顶

(2)坡屋顶。坡屋顶是传统常用的屋顶类型,屋面坡度大于10%,有单坡、双坡、四坡、歇山等多种形式,单坡顶用于跨度小的房屋,双坡和四坡顶用于跨度较大的房屋。传统的坡屋顶的屋面多以各种小块瓦作为防水材料,所以坡度一般较大;但用波形瓦、镀锌钢板等作为防水材料时,坡度也可以较小。坡屋顶排水快,保温、隔热性能好,但是承重结构的自重较大,施工难度也较大。如图11-2所示。现在的坡屋顶建筑多根据建筑造型需要设置,坡屋顶的屋面材料采用钢筋混凝土,而瓦材只起装饰作用。

(3)其他形式的屋顶。随着科学技术的发展,出现了许多新型的屋顶结构形式,如拱结构、薄壳结构、悬索结构、网架结构屋顶等。这类屋顶受力合理,能充分发挥材料的力学性能,节约材料,但施工复杂,造价较高,多用于较大跨度的大型公共建筑,如图11-3所示。

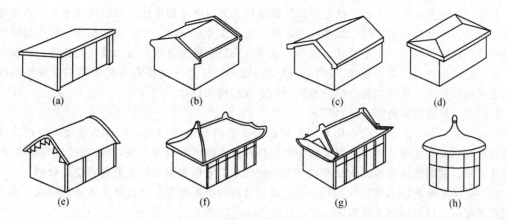

图 11-2 坡屋顶的形式
(a)单坡顶；(b)硬山两坡顶；(c)悬山两坡顶；(d)四坡顶；
(e)卷棚顶；(f)庑殿顶；(g)歇山顶；(h)圆形攒尖顶

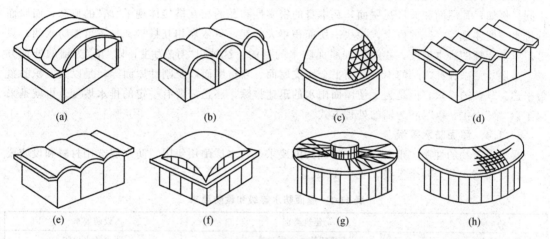

图 11-3 其他形式的屋顶
(a)双曲拱屋顶；(b)砖石拱屋顶；(c)球形网壳屋顶；(d)V形网壳屋顶；
(e)筒壳屋顶；(f)扁壳屋顶；(g)车轮形悬索屋顶；(h)鞍形悬索屋顶

11.1.2 屋顶的设计要求

(1)功能要求。屋顶应具有良好的围护作用，并具有防水、保温和隔热性能。其中防止雨水渗漏是屋顶的基本功能要求，也是屋顶设计的核心。

1)防水要求。屋顶防水是屋顶构造设计最基本的功能要求。一方面，屋面应该有足够的排水坡度及一套相应的排水设施，将屋面积水迅速排除；另一方面，要采用相应的防水材料，采取妥善的构造做法，防止渗漏。

2)保温和隔热要求。屋面为外围护结构，应具有一定的热阻能力，以防止热量从屋面过分散失。在北方寒冷地区，为保持室内正常的温度，减少能耗，屋顶应采取保温措施；南方炎热地区的夏季，为避免强烈的太阳辐射和高温对室内的影响，屋顶应采取隔热措施。

(2)结构要求。要求具有足够的强度、刚度和稳定性。能承受风、雨、雪、施工、上人等荷载，地震区还应考虑地震荷载对它的影响，满足抗震要求，并力求做到自重轻、构造层次简单、就地取材、施工方便、造价经济、便于维修，适用耐久。

(3)建筑艺术要求。建筑屋顶是城市"第五立面"，要精心打造，提升屋顶设计与城市环境、城市文脉、建筑美学的契合度，低、多层建筑屋顶宜采用坡屋顶形式，高层建筑屋顶结合功能优先采用退台、收分等造型变化。滨水临山建筑、城市重要眺望点、传统风貌街区、机场起降区等建筑屋顶要对建筑高度、屋顶形式、色彩、风格以及绿化种植等进行专门设计与论证。要满足人们对建筑艺术即美观方面的需求，中国古建筑的重要特征之一就是有变化多样的屋顶外形和装修精美的屋顶细部，现代建筑也应注重屋顶形式及其细部设计。

11.1.3 屋面防水的"导"与"堵"

屋面防水功能主要是依靠选用不同的屋面防水盖料和与之相适应的排水坡度，经过合理的构造设计和精心施工而达到的。屋面的防水盖料和排水坡度的处理方法，可以从"导"和"堵"两个方面来概括，它们之间是相辅相成和相互关联的关系，来作为屋面防水的构造设计原则。

"导"：按照屋面防水盖料的不同要求，设置合理的排水坡度，使得降水屋面的雨水，因势利导地排离屋面，以达到防水的目的。

"堵"：利用屋面防水盖料在上下左右的相互搭接，形成一个封闭的防水覆盖层，以达到防水的目的。

在屋面防水的构造设计中，由于各种防水盖料的特点和铺设的方式不同，处理方式也随之不同。例如，瓦屋面和波形瓦屋面，瓦本身的密实性和瓦的相互搭接体现了"堵"的概念，而屋面的排水坡度体现了"导"的概念，一块一块面积不大的瓦，只依靠相互搭接，是不可能防水的，只有采取了合理的排水坡度，才能达到屋面防水的目的。这种以"导"为主，以"堵"为辅的处理方式，是以"堵"来弥补"导"的不足。而平金属皮屋面、卷材屋面以及刚性屋面等，是以大面积的覆盖来达到"堵"的要求，但是为了使屋面雨水的迅速排除，还是需要有一定的排水坡度。也就是采取了以"堵"为主，以"导"为辅的处理方式。

11.1.4 屋面防水等级

根据建筑物的性质、重要等级、使用功能要求、防水层耐用年限、防水层选用材料和设防要求，将屋面防水分为两个等级，见表11-1。

表11-1 屋面防水等级和设防要求

防水等级	建筑类别	设防要求
Ⅰ级	重要建筑和高层建筑	两道防水设防
Ⅱ级	一般建筑	一道防水设防

注：摘自《屋面工程技术规范》(GB 50345—2012)表 3.0.5。

11.2 平屋顶构造

11.2.1 平屋顶组成

平屋顶主要应解决防水、保温隔热、承重三个方面的问题，由于各种材料性能上的差别，目前很难有一种材料兼备以上三种作用，因此决定了平屋顶的构造特点为多层次，使防水、保温隔热、承重多种材料叠合在一起，各尽其能。

微课：平屋顶组成

(1)承重层。平屋顶的承重层与钢筋混凝土楼板相同，可采用现浇钢筋混凝土板，现浇屋面板整体性好、屋面刚度大、无接缝，渗漏的可能性较少。

屋面板一般直接支承于墙上，当房间较大时，可增设梁，形成梁板结构。屋面板应有足够的刚度，减少板的挠度和变形，防止因屋面板变形而导致防水层开裂。

(2)防水层。防水层是平屋顶防水构造的关键。由于平屋顶的坡度很小，屋面雨水不易排走，要求防水层本身必须是一个封闭的整体，不得有任何缝隙，否则即使所采用的防水材料本身的防水性能很好，也不能得到预期的防水效果。工程实践证明，雨水渗漏都是由于破坏了防水层的封闭整体性而造成的。如地基沉陷、外加荷载、地震等因素使承重基层位移变形，导致防水层开裂漏水，再如檐沟、泛水、烟囱等交接处的防水层处理不严密，出现裂缝而漏水或者受自然气候的影响而开裂漏水等。所以，在设计与施工中应采取有效措施，使防水层形成一个封闭的整体。目前常用的防水层有柔性防水层和刚性防水层。

(3)其他构造。保温隔热层应根据气候特点选择材料及构造方案，其位置则视具体情况而定。一般保温层设置在承重层与防水层之间，通风隔热层可设置在防水层之上或承重层之下。

防水层应铺设在平整而具有一定强度的基层上，通常须设置找平层。有时为了使防水层粘结牢固，需设结合层；为了避免防水层受自然气候的直接影响和使用时的磨损，应在防水层上设置保护层；为了防止室内水蒸气渗入保温层，使保温材料受潮降低保温效果，故在保温层下加设隔气层等。总之，各种构造层次的设置，是根据各种构造设计方案的需要，以及所选择的材料性能而定的。

11.2.2 平屋顶的排水

(1)排水坡度。屋面排水通畅，必须选择合适的屋面排水坡度。从排水角度考虑，排水坡度越大越好；但从结构上、经济上以及上人活动等的角度考虑，又要求坡度越小越好。一般根据屋面材料的表面粗糙程度和功能需要而定，常见的不上人防水卷材屋面和混凝土屋面，多采用2‰～3‰的排水坡度(其中混凝土屋面应采用结构找坡，且坡度不小于3‰)，而上人屋面多采用1‰～2‰的排水坡度。

微课：平屋顶的排水

(2)排水方式。平屋顶的排水坡度较小，要把屋面上的雨、雪水尽快地排除而不积存，就要组织好屋顶的排水系统。屋顶排水可分为无组织排水和有组织排水两类。排水系统的组织又与檐部做法有关，要与建筑外观结合起来统一考虑。

1)外檐自由落水。外檐自由落水又称无组织排水。屋面伸出外墙，形成挑出的外檐，使屋面的雨水经外檐自由落下至地面。这种做法构造简单、经济，但落水时，雨水将会溅湿勒脚，有风时雨水还可能冲刷墙面。一般适用于低层及雨水较少(年降雨量<900 mm)的地区。

2)外檐沟排水。屋面可以根据房屋的跨度和外形需要，做成单坡、双坡或四坡排水，同时相应地在单面、双面或四面设置排水檐沟，如图11-4所示。雨水从屋面排至檐沟，沟内垫出不小于0.5%的纵向坡度，把雨水引向雨水口经水落管排泄到地面的明沟和集水井并排到地下的城市排水系统中。为了上人或造型需要也可在外檐内设置栏杆或易于泄水的女儿墙，如图11-4(d)所示。

3)女儿墙内檐排水。设有女儿墙的平屋顶，可在女儿墙里面设内檐沟[图11-5(b)]或近外檐处垫坡排水[图11-5(a)]，雨水口可穿过女儿墙，在外墙外面设落水管，也可在外墙的里面设管道井并设落水管。

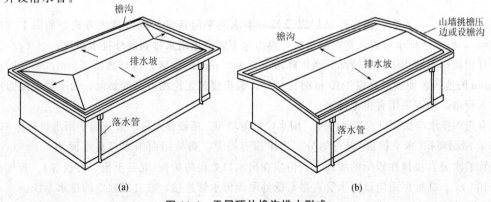

图11-4 平屋顶外檐沟排水形式
(a)四周檐沟；(b)两面檐沟，山墙出顶

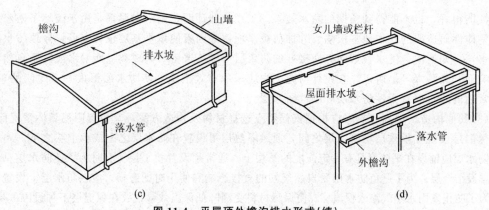

图 11-4 平屋顶外檐沟排水形式(续)
(c)四周檐沟或山墙挑檐压边;(d)两面檐沟,设女儿墙

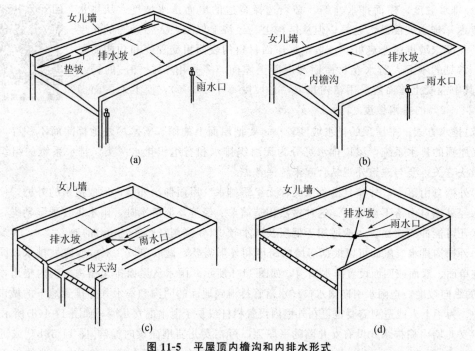

图 11-5 平屋顶内檐沟和内排水形式
(a)女儿墙内垫排水坡;(b)内天沟排水;(c)女儿墙内檐沟;(d)内排水

4)内排水。大面积、多跨、高层以及特种要求的平屋顶常做成内排水方式,如图 11-5(c)、(d)所示,雨水经雨水口流入室内落水管,再由地下管道把雨水排到室外排水系统。

有组织排水适用于以下情况:当年降雨量＞900 mm 的地区,檐口高度＞8 m;年降雨量＜900 mm 的地区,而檐口高度＞10 m 时。另外,临街建筑无论檐口高度如何,为了避免屋面雨水落入人行道,均需采用有组织排水。

有组织排水应做到排水通畅简捷,雨水口负荷均匀。屋面排水区一般按每个雨水口排除 150～200 m² 屋面面积(水平投影)进行划分。当屋顶有高差,高处屋面雨水口集水面积＜100 m² 时,雨水管的水可直接排在较低的屋面上,但应在出水口处设防护板(混凝土板、石板等)。若集水面积＞100 m²,高处屋面应设雨水管直接与低处屋面雨水管连接,或自成独立的排水系统。

为了防止暴雨时积水产生倒灌或雨水外泄,檐沟净宽不应小于 200 mm,分水线处最小深度应大于 80 mm。

雨水管的最大间距：挑檐平屋顶为 24 000 mm，女儿墙外排水平屋顶及内檐沟暗管排水平屋顶为 18 000 mm。雨水管直径，民用建筑采用 75～100 mm，常用直径为 100 mm。

(3)排水坡度的形式。

1)搁置坡度。也称撑坡或结构找坡。坡度不小于 3％。屋顶的结构层根据屋面排水坡度搁置成倾斜，如图 11-6 所示，再铺设防水层。这种做法不需另加找坡层，荷载轻、施工简便，造价低，但不另吊顶棚时，建筑顶层房间顶面稍有倾斜。房屋平面凹凸变化时应另加局部垫坡，如图 11-6(d)所示。

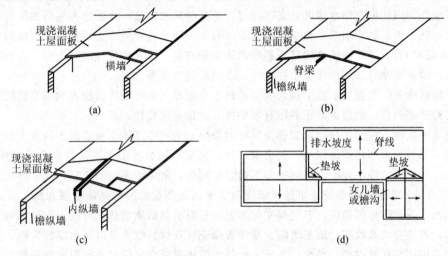

图 11-6　平屋顶搁置坡度
(a)横墙搁置屋面板；(b)纵墙搁置屋面板；(c)纵梁搁置屋面板；(d)搁置屋面板的局部垫坡

2)<u>垫置坡度</u>。垫置坡度也称填坡或材料找坡。坡度不小于 2％。屋顶结构层可像楼板一样水平搁置，采用价廉、质轻的材料，如炉渣加水泥或石灰等来垫置屋面排水坡度，上面再做防水层，如图 11-7 所示。垫置坡度不宜过大，避免徒增材料和荷载。需设保温层的地区，也可用保温材料来形成坡度。

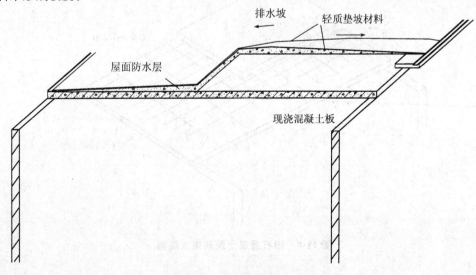

图 11-7　平屋顶垫置坡度

11.2.3 刚性防水屋面

刚性防水屋面,是以防水砂浆抹面或密实混凝土浇捣而成的刚性材料防水层,其主要优点是施工方便、节约材料、造价经济和维修较为方便;缺点是对温度变化和结构变形较为敏感,施工技术要求较高,较易产生裂缝而渗漏水,要采取防止开裂的构造措施。

(1)刚性防水层的构造。刚性屋面的水泥砂浆和混凝土在施工时,当用水量超过水泥水凝过程所需的用水量,多余的水在硬化过程中,逐渐蒸发形成许多空隙和互相连贯的毛细管网;另外过多的水分在砂石骨料表面,形成一层游离的水,相互之间也会形成毛细通道。这些毛细通道都是砂浆或混凝土收水干缩时表面开裂而形成的屋面渗水通道。由此可见,普通的水泥砂浆和混凝土是不能作为刚性屋面防水层的,必须经过以下几种防水措施,才能作为屋面的刚性防水层。

1)增加防水剂。防水剂系由化学原料配制,通常为憎水性物质、无机盐或不溶解的肥皂,如硅酸纳(水玻璃)类、氯化物或金属皂类制成的防水粉或浆。掺入砂浆或混凝土后,能与之生成不溶性物质,填塞毛细孔道,形成憎水性壁膜,以提高其密实性。

2)采用微膨胀。在普通水泥中掺入少量的矾土水泥和二水石粉等所配置的细石混凝土,在结硬时产生微膨胀效应,抵消混凝土的原有收缩性,以提高抗裂性。

3)提高密实性。控制水胶比,加强浇筑时的振捣,均可提高砂浆和混凝土的密实性。细石混凝土屋面在初凝前表面用铁滚碾压,使余水压出,初凝后加少量干水泥,待收水后用铁板压平、表面打毛,然后盖席浇水养护,从而提高了面层密实性,避免了表面的龟裂。

(2)刚性防水层的变形与防止措施。刚性防水屋面最严重的问题是防水层在施工完成后出现裂缝而漏水。裂缝的原因很多,有气候变化和太阳辐射引起的屋面热胀冷缩;有屋面板受力后的挠曲变形;有墙身坐浆收缩、地基沉陷、屋面板徐变以及材料收缩等对防水层的影响。其中最常见的原因是屋面层在室内外、早晚、冬夏,包括太阳辐射所产生的温差所引起的胀缩、移位、起挠和变形。

为了适应防水层的变形,常采用以下几种处理方法:

1)配筋。细石混凝土屋面防水层的厚度一般为 35~45 mm,为了提高其抗裂和应变的能力,常配置 Φ6@200 的双向钢筋。由于裂缝易在面层出现,钢筋宜置于中层偏上,使上面有 15 mm 保护层即可,如图 11-8 所示。

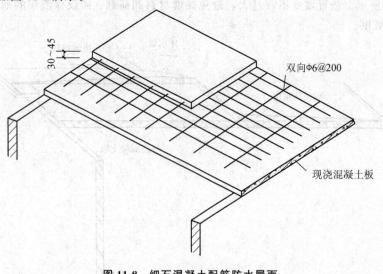

图 11-8 细石混凝土配筋防水屋面

2)设置分仓缝。分仓缝也称分格缝,是防止屋面不规则裂缝以适应屋面变形而设置的人工缝。分仓缝应设置在屋面温度年温差变形的许可范围内和结构变形的敏感部位，如图 11-9 所示。

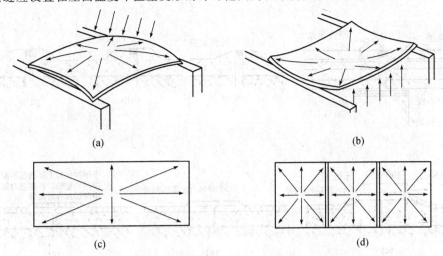

图 11-9　刚性屋面室外温差变形与分仓缝间距大小的应力变化关系

(a)阳光辐射下，屋面内外温度不同出现起鼓状变形；(b)室外气温低，室内温度高，出现挠起状变形分仓缝；
(c)长形屋面温度引起的内应力变形大(对角线最大)；(d)设分仓缝后，内应力变形变小

由此可见，分仓缝服务的面积宜控制在 15～25 m²，间距控制在 3～5 m 为好。在预制屋面板为基层的防水层，分仓缝应设置在支座轴线处和支承屋面板的墙和大梁的上部较为有利，长条形房屋，进深在 10 m 以下者可在屋脊设纵向缝；进深大于 10 m 者，最好在坡中某一板缝上再设一道纵向分仓缝，如图 11-10 所示。

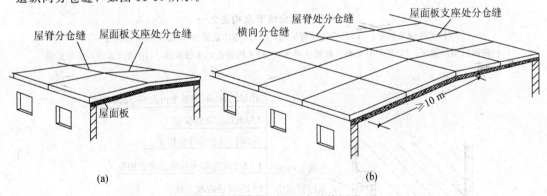

图 11-10　刚性屋面分仓缝的划分

(a)房屋进深小于 10 m，分仓缝的划分；(b)房屋进深大于 10 m，分仓缝的划分

分仓缝宽度可做 20 mm 左右，分仓缝处防水层应采用点粘卷材空铺，如图 11-11(a)所示。

为了施工方便，近来混凝土刚性屋面防水层施工中，常将大面积细石混凝土防水层一次性连续浇筑，然后用电锯切割分仓缝。这种做法，切割缝宽度只有 5～8 mm，对温差的胀缩尚可适应，但无法进行油膏灌缝，只能按图 11-11(d)用于铺卷材层方式进行防水。

横向支座的分仓缝为了避免积水，常将细石混凝土面层抹成凸出表面 30～40 mm 高的梯形或弧形的分水线[图 11-11(b)]，为了防止油膏老化，可在分仓缝上用卷材贴面，如图 11-11(c)、(d)所示，也有在防水层的凸口上盖瓦而省去嵌缝油膏的做法[图 11-11(g)、(h)]，但要注意盖瓦坐浆方法，不能因坐浆太满，而产生爬水现象[图 11-11(f)]。

刚性防水屋面的纵向分仓缝构造如图 11-12 所示。在屋面有高差处，与墙体也应分开留有分仓缝。

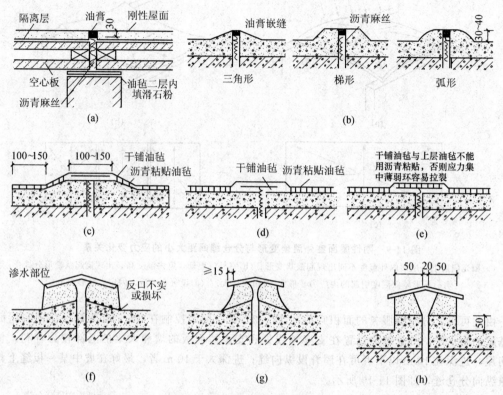

图 11-11 分仓缝节点构造之一

(a)平缝油膏嵌缝；(b)凸形缝油膏嵌缝；(c)凸缝油毡盖缝；(d)平缝油毡盖缝；
(e)贴油毡错误做法；(f)坐浆不正确引起爬水渗水；(g)正确做法，坐浆缩进；(h)做出反口，坐浆正确

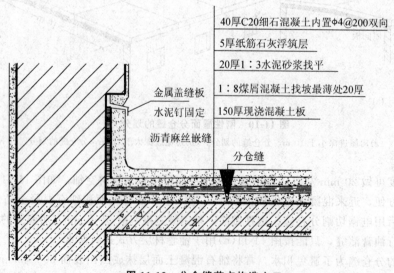

图 11-12 分仓缝节点构造之二

3) 设置浮筑层。浮筑层即隔离层，是在刚性防水层与结构层之间增设一隔离层，使上下分离以适应各自的变形，从而减少由于上下层变化不同而导致的变形。一般先在结构层上面用水泥砂

浆找平，再用废机油、沥青、油毡、黏土、石灰砂浆、纸筋石灰等作隔离层[图 11-13(a)、(b)]。有保温层或找坡层的屋面，可利用保温层做隔离层，然后再做刚性防水层。

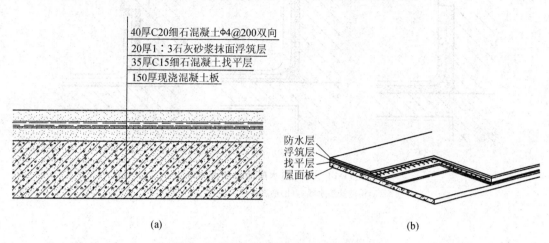

图 11-13　刚性防水屋面设置浮筑层构造
(a)刚性防水屋面浮筑层示例；(b)浮筑屋面构造层次

另外，设计刚性防水屋面时还应注意以下几个方面的问题：

①材料方面：细石混凝土强度等级应≥C20，宜采用普通硅酸盐水泥。当其强度等级≥42.5级用洗净的坚硬碎石或砾石，其粒径为 5~13 mm 号，水泥用量应≥320 kg/m²，水胶比以 0.5~0.55 为宜。砂子的粒径为 0.3~0.5 mm，含泥量不超过 3%。

②结构方面：刚性防水屋面的支承结构，应有良好的整体性，为防止屋面板产生过大变形，选择屋面板时应以板的刚度作为主要依据，同时考虑施工荷载。

③施工方面：为了使屋面板与防水层更紧密的结合，屋面板应先浇水湿润，并纵横各刷一道水胶比为 0.6 的纯水泥浆。

浇筑混凝土后，应用重 30~50 kg 的石滚来回纵横滚压，直到压出拉毛状的水泥浆时，随即抹平。使表面光滑平整，当防水层表面能走动不留脚印时，覆盖浇水养护七昼夜。

屋面宜做结构找坡，坡度不宜小于 3%。屋面板下的非承重墙应与板底脱开 20 mm，缝内填弹性材料如沥青麻丝等。

(3)刚性防水屋面的节点构造。

1)泛水构造。泛水是指屋面防水层与突出构件之间的防水构造。凡屋面防水层与垂直墙面的交接处均须做泛水处理，如山墙、女儿墙和烟囱等部位，一般做法是将细石混凝土防水层直接引申到垂直墙面上 60 mm×60 mm 的凹槽内嵌固(图 11-14)，泛水高度应大于 250 mm，细石混凝土内的钢筋网片也应同时上弯。这种处理方式是为了使原来为水平面的缝升高为垂直面的缝，采用"导"的方式来弥补"堵"的不足。这种构造形式对现浇屋面基层时较为有效。

2)檐口构造。

①自由落水挑檐。可采用钢筋混凝土屋面板直接挑出，将细石混凝土防水层做到檐口，但要做好屋面板的滴水线，如图 11-15(b)所示。也可利用细石混凝土直接支模挑出，除设置滴水线外，挑出长度不宜过大，要有负弯矩钢筋并设浮筑层，如图 11-15(a)所示。

②檐沟挑檐。采用现浇檐沟要注意其与屋面板之间变形不同可能引起的裂缝渗水，如图 11-16 所示。

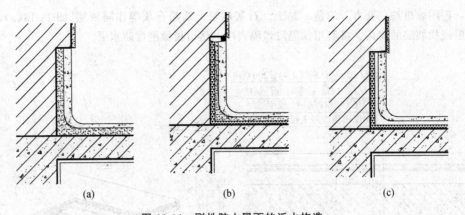

图 11-14 刚性防水屋面的泛水构造
(a)挑砖抹滴水线；(b)油膏嵌缝；(c)铁皮盖缝

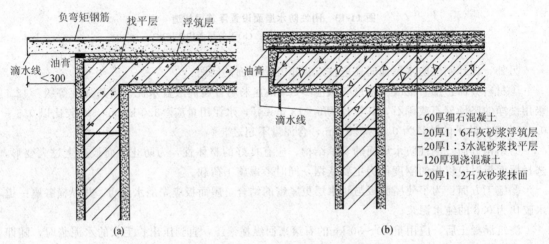

图 11-15 刚性防水屋面自由落水檐口构造
(a)屋面直接挑檐口；(b)挑梁檐口构造

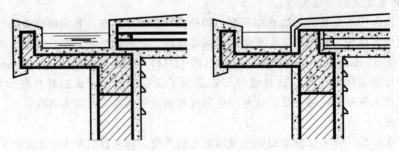

图 11-16 刚性防水檐沟构造

③包檐外排水。有女儿墙的外排水，一般采用侧向排水的雨水口，在接缝处应嵌油膏，最好上面再贴一段卷材或玻璃布刷防水涂料，铺入管内不少于 50 mm，如图 11-17(a)所示。也可加设外檐沟，女儿墙开洞，如图 11-17(b)所示。

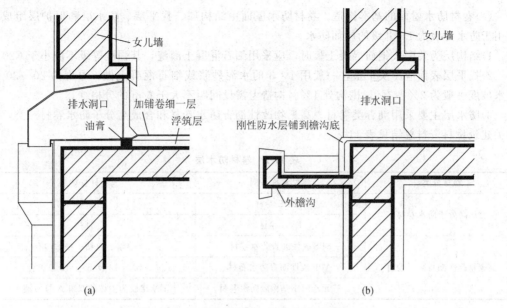

图 11-17 刚性防水屋面包檐外排水构造
(a)包檐外排水;(b)外檐沟包檐外排水

11.2.4 柔性防水屋面

柔性防水屋面是将柔性的防水卷材或片材用胶结材料粘贴在屋面上,形成一个大面积的封闭防水覆盖层,是典型的以"堵"为主的防水构造。这种防水层材料有一定的延伸性,有利于适应直接暴露在大气层的屋面和结构的温度变形,故称柔性防水屋面,也称卷材防水屋面。

我国过去一直沿用沥青油毡作为屋面的主要防水材料,这种防水屋面优点是造价经济,有一定的防水能力,但须热施工、污染环境、低温脆裂、高温流淌、7~8年即要重修。为改变这种情况,已出现一批新的卷材或片材防水材料,常用的有APP改性沥青卷材、三元丁橡胶防水卷材、OMP改性沥青卷材、氯丁橡胶卷材、氯化聚乙烯橡胶共混防水卷材、水貂LYX-603防水卷材、铝箔面油毡等。这些材料的优点是冷施工、弹性好、寿命长,但目前有些价格尚较高一些。其节点构造如图11-18所示。

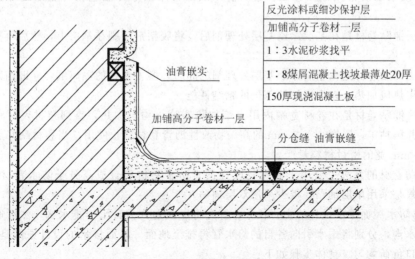

图 11-18 高分子卷材防水屋面节点构造

(1)卷材防水屋面的基本构造。卷材防水屋面由结构层、找平层、防水层和保护层组成,它适用于防水等级为Ⅰ~Ⅱ级的屋面防水。

1)结构层为装配式钢筋混凝土板时,应采用细石混凝土灌缝,其强度等级不应小于C20。

2)找平层表面应压实平整,一般用1:3的水泥砂浆或细石混凝土做,厚度为20~30 mm,排水坡度一般为2‰~3‰,檐沟处1‰。构造上需间距不大于6 m的分格缝。

3)防水层主要采用沥青类卷材、高聚物改性沥青防水卷材和合成高分子防水卷材三类,根据相关建筑材料资料总结见表11-2。

表11-2 卷材防水层

卷材分类	卷材名称举例	卷材胶粘剂
合成高分子防水卷材	HDPE卷材	自粘
	PVC卷材	自粘
高聚物改性沥青防水卷材	SBS改性沥青防水卷材	热熔、自粘、粘贴均有
	APP改性沥青防水卷材	BX-12及BX-12乙组合
	三元乙丙丁基橡胶防水卷材	丁基橡胶为主体的双组A与B液1:1

4)保护层分为不上人屋面保护层和上人屋面保护层。

(2)卷材厚度的选择。为了确保防水工程质量,使屋面在防水层合理使用年限内不发生渗漏,除卷材的材质因素外,其厚度也应考虑为最主要的因素,见表11-3。

表11-3 卷材厚度选用

屋面防水等级	设防道数	合成高分子防水卷材	高聚物改性沥青防水卷材		
			聚酯胎、玻纤胎、聚乙烯胎	自粘聚酯胎	自粘无胎
Ⅰ级	二道设防	不应小于1.2 mm	不应小于3 mm	不应小于2 mm	不应小于1.5 mm
Ⅱ级	一道设防	不应小于1.5 mm	不应小于4 mm	不应小于3 mm	不应小于2 mm

注:本表摘自《屋面工程技术规范》(GB 50345—2012)第4.5.5条。

(3)卷材防水层的常用铺贴方法。卷材防水层的常用铺贴方法包括冷粘法、自粘法、热熔法等。

1)冷粘法铺贴卷材是在基层涂刷基层处理剂后,将胶粘剂涂刷在基层上,然后再把卷材铺贴上去。

2)自粘法铺贴卷材是在基层涂刷基层处理剂的同时,撕去卷材的隔离纸,立即铺贴卷材,并在搭接部位用热风加热,以保证接缝部位的粘结性能。

3)热熔法铺贴卷材是在卷材宽幅内用火焰加热器喷火均匀加热,直到卷材表面有光亮黑色即可粘合,并压粘牢,厚度小于3 mm的高聚物改性沥青卷材禁止使用。当卷材贴好后还应在接缝口处用10 mm宽的密封材料封严。

以上粘贴卷材的方法主要用于高聚物改性沥青防水卷材和合成高分子防水卷材防水屋面,在构造上一般是采用单层铺贴,极少采用双层铺贴。

(4)卷材防水屋面排水设计的主要任务。首先将屋面划分为若干个排水区,然后通过适宜的排水坡和排水沟,分别将雨水引向各自的落水管再排至地面。屋面排水的设计原则是排水通畅、简捷,雨水口负荷均匀。具体步骤如下:

1)确定屋面坡度的形成方法和坡度大小;

2) 选择排水方式，划分排水区域；

3) 确定天沟的断面形式及尺寸；

4) 确定落水管所用材料、大小及间距。单坡排水的屋面宽度不宜超过 12 000 mm，矩形天沟净宽不宜小于 200 mm，天沟纵坡最高处离天沟上口的距离不小于 120 mm。落水管的内径不宜小于 75 mm，落水管间距一般为 18 000～24 000 mm，每根落水管可排除约 200 m² 的屋面雨水，如图 11-19 所示。

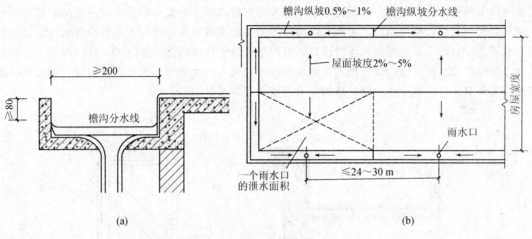

图 11-19 屋面排水组织设计

(5) 卷材防水屋面的节点构造。卷材防水屋面在檐口、屋面与凸出构件之间、变形缝、上人孔等处特别容易产生渗漏，所以应加强这些部位的防水处理。

1) 泛水。泛水高度不应小于 250 mm，转角处应将找平层做成半径不小于 20 mm 的圆弧或 45°斜面，使防水卷材紧贴其上，贴在墙上的卷材上口易脱离墙面或张口，导致漏水，因此上口要做收口和挡水处理，收口一般采用钉木条、压铁皮、嵌砂浆、嵌配套油膏和盖镀锌铁皮等处理方法。对砖女儿墙，防水卷材收头可直接铺压在女儿墙压顶下，压顶应做防水处理，也可在墙上留凹槽，卷材收头压入凹槽内固定密封，凹槽上部的墙体也应做防水处理，对混凝土墙，防水卷材的收头可采用金属压条钉压，并用密封材料封固，如图 11-20 所示。进出屋面的门下踏步也应做泛水收头处理，一般将屋面防水层沿墙向上翻起至门槛踏步下，并覆以踏步盖板，踏步盖板伸出墙外约 60 mm。

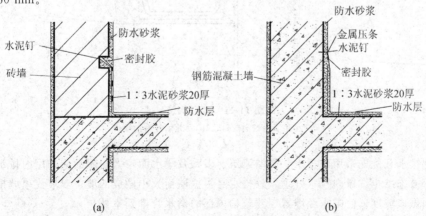

图 11-20 泛水的做法

(a) 墙体为砖墙；(b) 墙体为钢筋混凝土墙

2)檐口。檐口是屋面防水层的收头处,此处的构造处理方法与檐口的形式有关,檐口的形式由屋面的排水方式和建筑物的立面造型要求来确定,一般有无组织排水檐口、挑檐沟檐口、女儿墙檐口和斜板挑檐檐口等。

①无组织排水檐口是当檐口出挑较大时,常采用钢筋混凝土屋面板直接出挑,但出挑长度不宜过大,檐口处做滴水线。

②有组织排水檐口是将聚集在檐沟中的雨水分别由雨水口经水斗、雨水管(又称水落管)等装置导入室外明沟内。在有组织的排水中,通常可有檐沟排水和女儿墙排水两种情况。檐沟可采用钢筋混凝土制作,挑出墙外,挑出长度大时可用挑梁支承檐沟。檐沟内的水经雨水口流入雨水管,如图 11-21(a)所示。在女儿墙的檐口,檐沟也可设于外墙内侧,如图 11-21(b)所示。并在女儿墙上每隔一段距离设雨水口,檐沟内的水经雨水口流入雨水管中。也有不设檐沟,雨水顺屋面坡度直通至雨水口排出女儿墙外,或借弯头直接通至雨水管中。

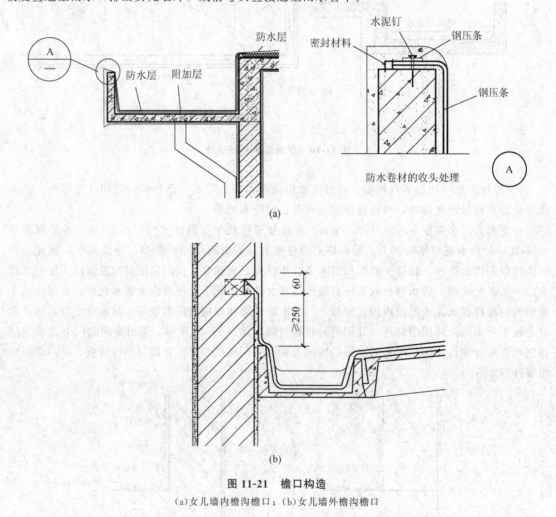

图 11-21 檐口构造
(a)女儿墙内檐沟檐口;(b)女儿墙外檐沟檐口

有组织排水宜优先采用外排水,高层建筑、多跨及集水面较大的屋面应采用内排水。北方为防止排水管被冻结也常做内排水处理。外排水是根据屋面大小做成四坡、双坡或单坡排水。内排水也将屋面做成坡度。使雨水经埋置于建筑物内部的雨水管排到室外。

檐沟根据檐口构造不同可设在檐墙内侧或出挑在檐墙外。檐沟设在檐墙内侧时,檐沟与女儿墙相连处要做好泛水处理,如图 11-22(a)所示,并应具有一定纵坡,一般为 0.5%~1%。挑檐檐沟为防止暴雨时积水产生倒灌或排水外泄，沟深(减去起坡高度)不宜小于150 mm。屋面防水层应包入沟内，以防止沟与外檐墙接缝处渗漏，沟壁外口底部要做滴水线，防止雨水顺沟底流至外墙面，如图11-22(b)所示。

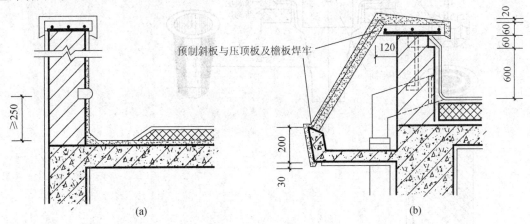

图 11-22　女儿墙檐口构造
(a)女儿墙内檐沟檐口；(b)女儿墙外檐沟檐口

内排水屋面的落水管往往在室内，依墙或柱子，万一损坏，不易修理。雨水管应选用能抗腐蚀及耐久性好的铸铁管和铸铁排水口，也可以采用镀锌钢管或PVC管。由于屋面的排水坡度在不同的坡面相交处就形成了分水线，将整个屋面明确地划分为一个个排水区。排水坡的底部应设屋面落水口。屋面落水口应布置均匀，其间距取决于排水量，有外檐天沟时不宜大于24 m，无外檐天沟或内排水时不宜大于15 m。

3)雨水口。雨水口是屋面雨水排至落水管的连接构件，通常为定型产品，多用铸铁、钢板制作。雨水口可分为直管式和弯管式两大类。直管式用于内排水中间天沟，外排水挑檐等，弯管式只适用女儿墙外排水天沟。

直管式雨水口是根据降雨量和汇水面积选择型号，套管呈漏斗型，安装在挑檐板上，防水卷材和附加卷材均粘在套管内壁上，再用环形筒嵌入套管内，将卷材压紧，嵌入深度不小于100 mm，环形筒与底座的接缝须用油膏嵌缝。雨水口周围直径500 mm范围内坡度不小于5%，并用密封材料涂封，其厚度不小于2 mm，雨水口套管与基层接触处应留宽20 mm、深20 mm的凹槽，并嵌填密封材料，如图11-23(a)所示。弯管式雨水口呈90°弯状，由弯曲套管和铸铁两部分组成。弯曲套管置于女儿墙预留的孔洞中，屋面防水卷材和泛水卷材应铺到套管的内壁四周，铺入深度至少50 mm，套管口用铸铁遮挡，防止杂物堵塞水口，如图11-23(b)所示。

4)变形缝。当建筑物须设变形缝时，由于变形缝在屋顶处破坏了屋面防水层的整体性，留下了雨水渗漏的隐患，所以必须加强屋顶变形缝处的处理。屋顶在变形缝处的构造分为等高屋面变形缝和不等高屋面变形缝两种。等高屋面变形缝的构造又可分为不上人屋面和上人屋面两种做法。

不上人屋面变形缝，屋面上不考虑人的活动，从有利于防水考虑，变形缝两侧应避免因积水导致渗漏。一般构造为在缝两侧的屋面板上砌筑半砖矮墙，高度应高出屋面至少250 mm，屋面与矮墙之间按泛水处理，矮墙的顶部用镀锌薄钢板或混凝土压顶进行盖缝，如图11-24所示。

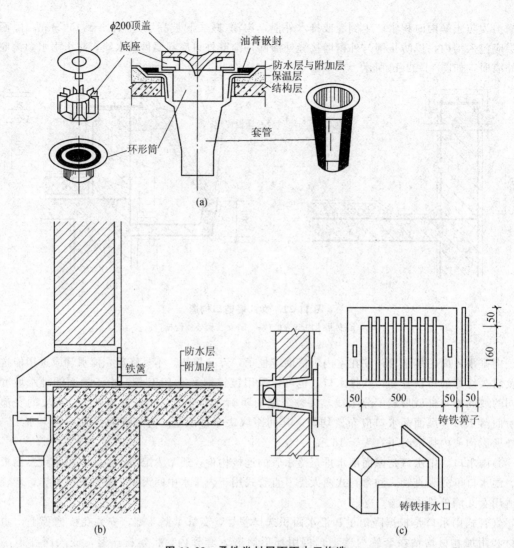

图 11-23　柔性卷材屋面雨水口构造
(a)直管式雨水口；(b)横管式雨水口；(c)弯管式雨水口

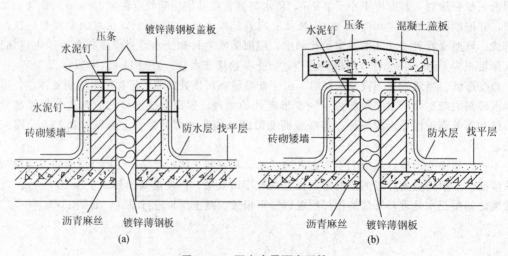

图 11-24　不上人屋面变形缝
(a)横向变形缝泛水之一；(b)横向变形缝泛水之二

上人屋面变形缝，屋面上需考虑人的活动的方便，变形缝处在保证不渗漏、满足变形需求时，应保证平整，以有利于行走，如图 11-25 所示。

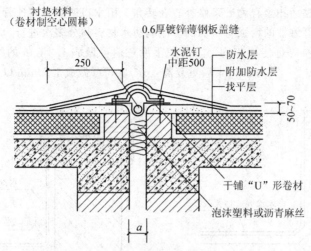

图 11-25　上人屋面变形缝

不等高屋面变形缝，应在低侧屋面板上砌筑半砖矮墙，与高侧墙体之间留出变形缝。矮墙与低侧屋面之间做好泛水，变形缝上部用由高侧墙体挑出的钢筋混凝土板或在高侧墙体上固定镀锌薄钢板进行盖缝，如图 11-26 所示。

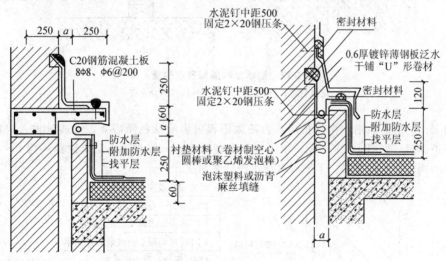

图 11-26　高低屋面变形缝

11.2.5　油料防水和粉剂防水屋面

除刚性防水和柔性卷材防水屋面外，还有正在发展中的涂料和粉剂防水屋面。

(1) 涂料防水屋面。涂料防水又称涂膜防水，是以可塑性和粘结力较强的高分子防水涂料，直接涂刷在屋面基层上，形成一层满铺的不透水薄膜层，来达到屋面防水的目的。一般有乳化沥青类、氯丁橡胶类、丙烯酸树脂类、聚氨酯类和酸性焦油类等，种类繁多。通常分两大类，一类是用水或溶剂溶解后在基层上涂刷，通过水或溶剂蒸发而干燥硬化；另一类是通过材料的化学反应而硬化。这些材料多数具有：防水性好、粘结力强、延伸性大和耐腐蚀、耐老化、无毒、不延燃、冷作业、施工方便等优点，但涂膜防水价格较贵，且是以"堵"为主的防水方式，成膜后要加保护，以防硬杂物碰坏。

涂膜的基层为混凝土或水泥砂浆，应平整干燥，含水率在8%～9%以下方可施工。空鼓、缺陷和表面裂缝应修整后用聚合物砂浆修补。在转角、雨水口四周、贯通管道和接缝处等，易产生裂缝，修整后须用纤维性的增强材料加固。涂刷防水材料须分多次进行。乳剂型防水材料，采用网状织布层如玻璃布等可使涂膜均匀，一般手涂三遍可做成1.2 mm的厚度。溶剂型防水材料，首涂一次可涂0.2～0.3 mm，干后重复涂4～5次，可做成1.2 mm以上的厚度。其节点构造如图11-27所示。

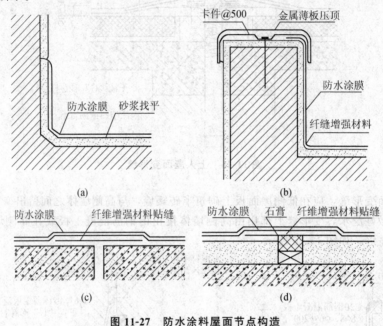

图 11-27 防水涂料屋面节点构造
(a)泛水构造；(b)女儿墙；(c)接缝；(d)分仓缝

涂膜的表面一般须撒细砂作保护层，为防太阳辐射影响及色泽需要，可适量加入银粉或颜料作着色保护涂料，如图11-28所示。上人屋顶和楼地面，一般在防水层上涂抹一层5～10 mm厚粘接性好的聚合物水泥砂浆，干燥后再抹水泥砂浆面层。

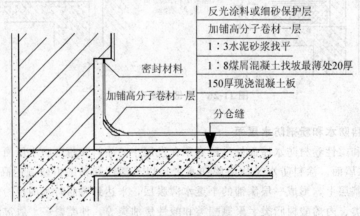

图 11-28 涂膜防水屋面节点构造

涂膜防水只能提高表面的防水能力，而对温度和结构引起的较为严重的结构或基层开裂、仍无能为力。因此，在预制屋面板或大面积钢筋混凝土现浇屋面基层中，前述分仓缝、浮筑层和滑动支座对涂料防水屋面仍是三种必要的辅助措施。

（2）粉剂防水屋面。粉剂防水又称拒水粉防水，是以硬脂酸为主要原料的憎水性粉末防水屋面。一般在平屋顶的基层结构上先抹水泥砂浆或细石混凝土找平层，铺上3～5 mm厚的建筑拒水粉，再覆盖保护层即成，如图11-29所示。保护层不起防水作用，主要为了防止风雨地吹散和冲刷，一般可抹20～30 mm厚的水泥砂浆或浇30～40 mm厚的细石混凝土层，也可用预制混凝土板或大阶砖铺盖。

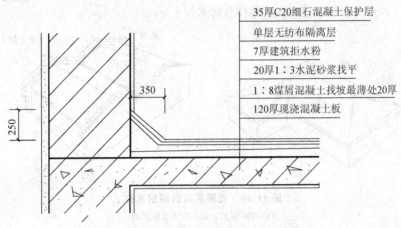

图 11-29　建筑拒水粉防水屋面节点构造

11.3　坡屋顶构造

坡屋顶是排水坡度较大的屋顶，由各类屋面防水材料覆盖。根据坡面组织的不同，主要有双坡顶，四坡顶及其他形式屋顶数种。

（1）双坡顶。根据檐口和山墙处理的不同可分为以下几项：

1）硬山屋顶，即山墙不出檐的双坡屋顶。北方少雨地区采用较广，如图11-2(b)所示。

2）悬山屋顶，即山墙挑檐的双坡屋顶。挑檐可保护墙身，有利于排水，并有一定遮阳作用，常用于南方多雨地区，如图11-2(c)所示。

3）出山屋顶，即山墙超出屋顶，作为防火墙或装饰之用(防火规范规定，山墙超出屋顶500 mm以上，易燃体不砌入墙内者，可作为防火墙)。

（2）四坡顶。四坡顶也称四落水屋顶，古代宫殿庙宇中的四坡顶称为庑殿，如图11-2(d)、(f)所示。四面挑檐有利于保护墙身。

四坡顶两面形成两个小山尖，古代称为歇山，如图11-2(g)所示。山尖处可设百叶窗，有利于屋顶通风。

（3）坡屋顶的坡面组织和名称。屋顶的坡面组织是由房屋平面和屋顶形式决定的，对屋顶的结构布置和排水方式均有一定的影响。在坡面组织中，由于屋顶坡面交接的不同而形成屋脊(正脊)、斜脊、斜沟、檐口、内天沟和泛水等不同部位和名称(斜面相交的阳角称脊，斜面相交的阴角称沟)，如图11-30所示。水平的内天沟构造复杂，处理不慎，容易漏水，一般应尽量避免。

（4）坡屋顶的组成。坡屋顶一般由承重结构和屋面两部分所组成，必要时还有保温层、隔热层及顶棚等，如图11-31所示。

1）承重结构：主要是承受屋面荷载并将它传递到墙或柱上，一般有椽子、檩条、屋架或大梁、山墙等。

2）屋面：是屋顶上的覆盖层，直接承受风雨，冰冻和太阳辐射等大自然气候的作用；它包括屋面盖料和基层，如挂瓦条、屋面板等。

3）顶棚：是屋顶下面的遮盖部分，可使室内上部平整，有一定光线反射，起保温隔热和装饰作用。

4）保温或隔热层：是屋顶对气温变化的围护部分，可设在屋面层或顶棚屋，视需要决定。

(5) 坡屋顶的屋面盖料。坡屋顶的屋面防水盖料种类较多，我国目前采用的有弧形瓦（或称小青瓦）、平瓦、波形瓦、平板金属皮、构件自防水等。

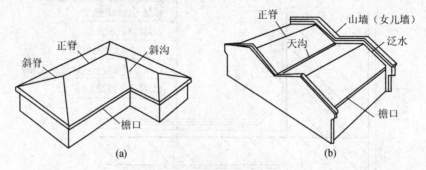

图 11-30　坡屋顶坡面组织名称
(a) 四坡屋顶；(b) 并立双坡屋顶

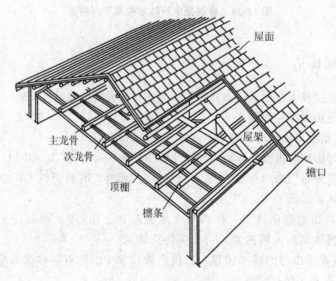

图 11-31　坡屋顶的组成

11.4　屋顶保温与隔热构造

11.4.1　屋顶的保温

冬季室内采暖时，气温较室外高，热量通过围护结构向外散失。为了防止室内热量散失过多、过快，须在围护结构中设置保温层，以使室内有一个适宜于人们生活和工作的环境。保温层的材料和构造方案是根据使用要求、气候条件、屋顶的结构形式、防水处理方法、材料种类、施工条件等综合考虑确定的。

(1)屋顶保温体系。按照结构层、防水层和保温层在屋顶中所处的地位不同,可归纳为以下三种体系:

1)防水层直接设置在保温层上面的屋面。其从上到下的构造层次为防水层、保温层、结构层。在采暖房屋中,它直接受到室内升温的影响,因此有的国家把这种做法叫作"热屋顶保温体系"。

热屋顶保温体系多数用于平屋顶的保温。保温材料必须是空隙多、密度小,导热系数小的材料,一般有散料、现场浇筑的混合料、板块料三大类。

①散料保温层,如炉渣、矿渣之类工业废料,如果上面做卷材防水层,就必须在散状材料上先抹水泥砂浆找平层,再铺卷材,如图11-32(a)所示;为了有一过渡层,可用石灰或水泥胶结成轻料混凝土层,其上再抹找平层铺油毡防水层,如图11-32(b)所示。

②现浇轻质混凝土保温层一般为轻骨料如炉渣、矿渣、陶粒、蛭石、珍珠岩与石灰或水泥胶结的轻质混凝土或烧泡沫混凝土。上面抹水泥砂浆找平层再铺卷材防水层,如图11-33(c)所示。以上两种保温层可与找坡层结合处理。

③板块保温层,常见的有水泥、沥青、水玻璃等胶结的预制膨胀珍珠岩、膨胀蛭石板、加气混凝土块、泡沫塑料等块材或板材。上面做找平层再铺卷材防水层、屋面排水可用结构搁置坡度,也可用轻混凝土在保温层的下面先作找坡层,如图11-32(d)所示。

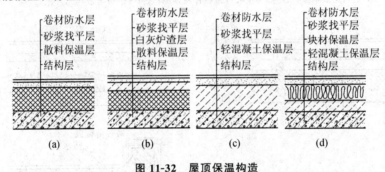

图 11-32 屋顶保温构造
(a)散粒保温屋面;(b)散粒炉渣抹灰保温层屋面;(c)轻混凝土保温层;(d)块材保温层

刚性防水屋面的保温层构造原则同上,只需将找平层以上的卷材防水层改为刚性防水层即可。

2)防水层与保温层之间设置空气间层的保温屋面。由于室内采暖的热量不能直接影响屋面防水层,故把它称为"冷屋顶保温体系"。这种体系的保温屋顶,无论平屋顶或坡屋顶均可采用。坡屋顶的保温层一般做在顶棚层上面,有些用散料,较为经济但不方便,如图11-33(d)、(f)所示。近来多采用松质纤维板或纤维毯成品铺在顶棚的上面,如图11-33(e)所示。为了使用上部空间,也有把保温层设置在斜屋面的底层,如果内部不通风极易产生内部凝结水,如图11-33(b)所示。因此需要在屋面板和保温层之间设通风层,并在檐口及屋脊设通风口,如图11-33(c)所示。平屋顶的冷屋面保温体系常用垫块架立预制小板,再在上面做找平层和防水层(图11-34)。

3)保温层在防水层上面的保温屋面。其构造层次从上到下依次为保温层、防水层、结构层,如图11-35所示。

由于它与传统的铺设层次相反,故名"倒铺保温屋面体系"。其优点是防水层不受太阳辐射和剧烈气候变化的直接影响,全年热温差小(图11-35),不易受外来的损伤;缺点是须选用吸湿性低、耐气候性强的保温材料。一般须进行耐日晒、雨雪、风力、温度变化和冻融循环的试验。经实践,聚氨酯和聚苯乙烯发泡材料可作为倒铺屋面的保温层,但须作较重的覆盖层压住(图11-35)。图11-36倒铺屋面与普通屋面的防水层全年温度变化的比较。

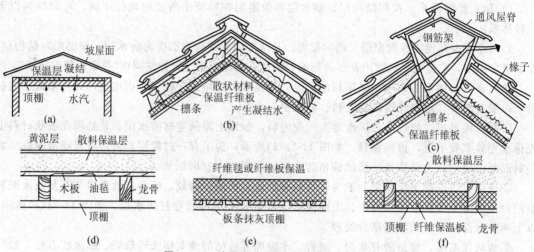

图 11-33 坡屋顶冷屋面保温体系和构造
(a)冷屋面保温体系；(b)非通风屋顶的水汽凝结；(c)屋顶层通风；
(d)散料保温顶棚；(e)纤维毯或纤维板保温顶棚；(f)纤维板与散料结合保温顶棚

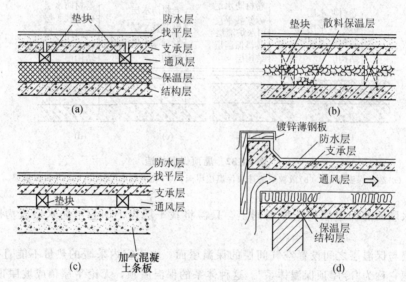

图 11-34 平屋顶冷屋面保温体系构造
(a)带通风层平屋顶保温屋；(b)散料保温；(c)加气混凝土通风保温平屋顶；(d)檐口进风口

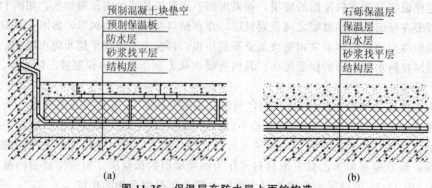

图 11-35 保温层在防水层上面的构造
(a)上人倒铺保温层屋面；(b)倒铺保温层屋面的构造层次

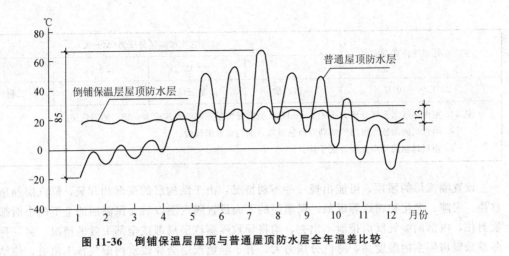

图 11-36 倒铺保温层屋顶与普通屋顶防水层全年温差比较

(2)屋顶层的蒸汽渗透。从热工原理可知,建筑物的室内外的空气中都含有一定量的水蒸气,当室内外空气中的水蒸气含量不相等时,水蒸气分子就会从高的一侧通过围护结构向低的一侧渗透。空气中含气量的多少可用蒸汽分压力来表示。当构件内部某处的蒸汽分压力(也叫作实际蒸汽压力)超过了该处最大蒸汽分压力(也叫作饱和蒸汽压力)时,就会产生内部凝结。从而会使保温材料受潮而降低保温效果,严重的甚至会出现保温层冻结而使屋面破坏。图 11-37 是热屋顶保温体系中以室外气温为 $-20\ ℃$,室内气温为 $+20\ ℃$,室内外相对湿度均为 70% 为例子的示意图,从图中保温平屋顶中的蒸汽压力曲线的变化中可以看出,出现露点的位置,以及保温层在露点以上部位形成凝结水的区域部位。

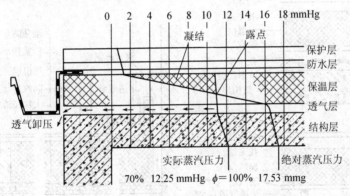

图 11-37 保温平屋顶内部蒸汽凝结示意图

为了防止室内湿气进入屋面保温层,可在保温层下结构层上做一层隔汽层。隔汽层的做法一般为在结构层上先做找平层,根据不同需要,可以只涂沥青层,也可以铺一毡二油或二毡三油,表 11-4 可供选用隔汽层的参考。

表 11-4 保温屋面隔蒸汽层的设置

冬季室外空气计算温度	室内空气水蒸气分压力(Min 大)			
	<9	9~12	12~14	>14
$>-20\ ℃$	不做隔汽层	玛琋脂二道	一毡二油	二毡三油
$-20\ ℃\sim-30\ ℃$	玛琋脂二道	一毡二油	一毡二油	二毡三油

续表

冬季室外空气计算温度	室内空气水蒸气分压力(Min 大)			
	<9	9～12	12～14	>14
-30 ℃～-40 ℃	一毡二油	二毡三油	二毡三油	二毡三油

注：1. 室内空气水蒸气分压力小于 9 mmHg，会散发大量蒸汽的建筑应做一毡二油隔汽层。
　　2. 隔汽层的油毡也可用焦油沥青油毡或以石油沥青油纸代替。
　　3. 刷玛琋脂前均应先刷冷底子油。

设置隔汽层的屋顶，可能出现一些不利情况：由于结构层的变形和开裂，隔汽层油毡会出现移位、裂隙、老化和腐烂等现象；保温层的下面设置隔汽层以后，保温层的上下两个面都被绝缘层封住，内部的湿气反而排泄不出去，均将导致隔蒸汽层局部或全部失效的情况。另一种情况是冬季采暖房屋室内湿度高，蒸汽分压力大，有了隔蒸汽层会导致室内湿气排不出去，使结构层产生凝结现象。要解决这两种情况凝结水的产生，有以下几种方法：

1) 隔蒸汽层下设透气层。就是在结构层和隔蒸汽层之间，设一透气层，使室内透过结构层的蒸汽得以流通扩散，压力得以平衡，并设有出口，把余压排泄出去。透气层的构造方法可同前面讲的油毡与层基结合构造，如花油法及带石砾油毡等，也可在找平层中做透气道，如图 11-38 (a)、(b) 所示。

透气层的出入口一般设在檐口或靠女儿墙根部处。房屋进深大于 10 m 者，中间也要设透气口，如图 11-38(c) 所示。但是透气口不能太大，否则冷空气渗入，失去保温作用，更不允许由此把雨水引入。

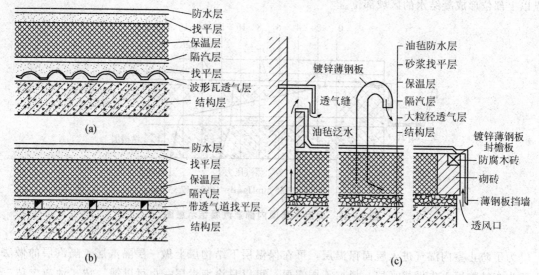

图 11-38　隔蒸汽层下透气层及出气口构造
(a) 隔蒸汽层下找平层设波瓦透气层；(b) 隔蒸汽层下找平层内设透气墙；(c) 檐口，中间和墙边设透气口

2) 保温层设透气层。在保温层中设透气层是为了把保温层内湿气排泄出去。简单的处理方法也可和以前讲过的一样，把防水层的基层油毡用花油法铺贴或做带砂砾油毡基层。讲究一些，可在保温层上加一砾石或陶粒透气层，如图 11-39(d) 所示。在保温层中设透气层也要做通风口，一般在檐口和屋脊需设通风口。有的隔蒸汽层下和保温层可共用通风口。

3) 保温层上设架空通风透气层。即上述冷屋顶保温体系，这种体系是把设在保温层上面的透气层扩大成为一个有一定空间的架空通风隔层，这样就有助于把保温层和室内透入保温层的水蒸气通过这层通风的透气层排泄出去。通风层在夏季还可以作为隔热降温层把屋面传下来的热量排走。这种体系在坡屋顶和平屋顶均可采用。在坡屋顶一般都是将保温层设置在顶棚层上面，如图11-33(d)、(e)、(f)所示。

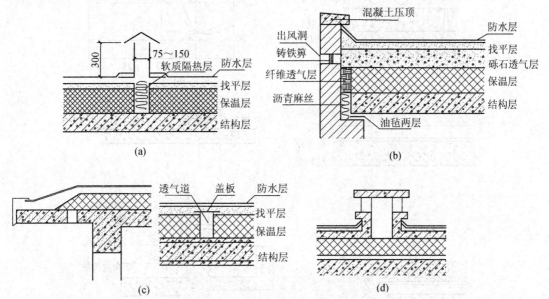

图 11-39 保温层内设透气层及通风口构造
(a)保温层设透气道；(b)砾石透气层及女儿墙出风口；(c)保温层射透气道及檐下出风口；(d)中间透气层

11.4.2 屋顶的隔热和降温

夏季，特别在我国南方炎热地区，太阳的辐射热使得屋顶的温度剧烈升高，影响室内的生活和工作的条件。因此，要求对屋顶进行构造处理，以降低屋顶的热量对室内的影响。

隔热降温的形式如下：

(1)实体材料隔热屋面。利用实体材料的蓄热性能及热稳定性、传导过程中的时间延迟、材料中热量的散发等性能，可以使实体材料的隔热屋顶在太阳辐射下，内表面温度比外表面温度有一定的降低。内表面出现高温的时间常会延迟3~5 h，如图11-40(a)、(b)所示。一般材料密度越大，蓄热系数越大，这类实体材料的热稳定性也较好，但自重较大。晚间室内气温降低时，屋顶的蓄热又要向室内散发，故只适合于夜间不使用的房间。否则，到晚间，由实体材料所蓄存的热量将向室内散发出来，使得室内温度大大超过室外气温，反而不如没有设置这层隔热层的房子。因此，需要晚间使用的建筑如住宅等，是万万不可以采用实体材料隔热层的。

实体材料隔热屋面的做法有以下几种：

1)大阶砖或混凝土板实铺屋顶，可作上人屋面，如图11-40(c)所示；

2)种植屋面，植草后散热较好，如图11-40(d)所示；

3)砾石层屋面，如图11-40(e)所示；

4)蓄水屋顶，对太阳辐射有一定反射作用，热稳定性和蒸发散热也较好，如图11-40(f)所示。另外，还有砾石层内灌水者。

(2)通风层降温屋顶。在屋顶中设置通风的空气间层，利用间层通风，散发一部分热量，使屋顶变成两次传热以减少传至屋面内表面的热量，如图11-41(a)所示；实测表明，通风屋顶比实体屋顶的降温效果有显著提高，如图11-41(b)所示。通风隔热屋顶根据结构层的地位不同分为以下两类：

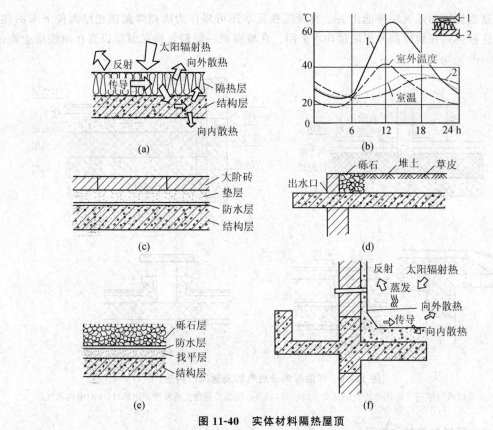

图 11-40 实体材料隔热屋顶

(a)实体隔热屋顶的传热示意图;(b)实体屋顶的温度变化曲线;
(c)大阶砖实铺屋顶;(d)堆土屋面;(e)砾石屋面;(f)蓄水屋面传热示意

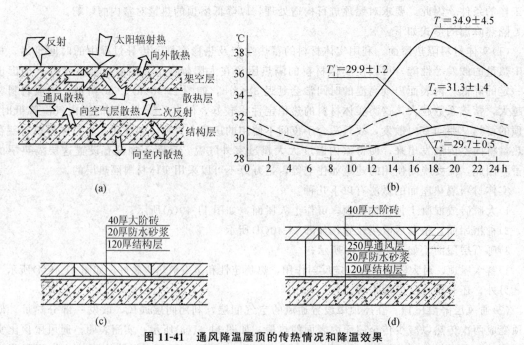

图 11-41 通风降温屋顶的传热情况和降温效果

(a)通风散热屋顶传热示意图;(b)通风降温效果比较曲线;(c)1屋通风层的降温屋顶;(d)2屋通风层的降温屋顶

T_1、T_1'—内表面平均温度;T_2、T_2'—空气平均温度

1)通风层设在结构层下面。通风层在结构层下面的降温屋顶,如图 11-42 所示。即吊顶棚,檐墙须设通风口。平屋顶坡屋顶均可采用。其优点是防水层可直接坐在结构层上面;缺点是防水层与结构层均易受气候影响而变形。

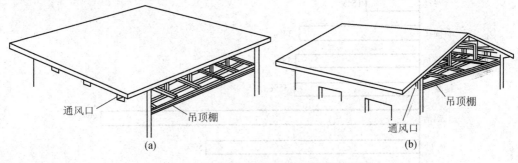

图 11-42　通风层在结构层下面的降温屋顶
(a)平屋顶吊顶棚；(b)坡屋顶吊顶棚

2)通风层在结构层上面。瓦屋面可做成双层,屋檐设进风口,屋脊设出风口,可以把屋面的夏季太阳辐射热从通风层中带走一些,使瓦底面的温度有所降低,如图 11-42(a)所示。

采用槽板上设置弧形大瓦,室内可得到较平整的平面,又可利用槽板空挡通风,而且槽板还可把瓦间渗入的雨水排泄出屋面,如图 11-42(b)所示。采用椽子或檩条下钉纤维板的隔热层顶,如图 11-42(c)所示。以上均须做通风屋脊方能有效。

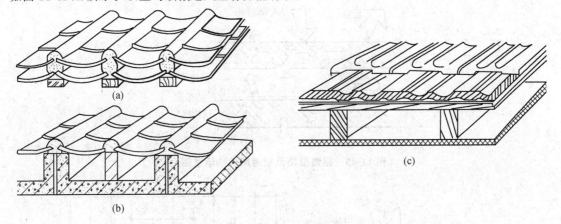

图 11-43　瓦屋顶通风隔热构造
(a)双层瓦通风屋顶；(b)槽形板大瓦通风屋顶；(c)椽子或檩下钉纤维板通风屋顶

(3)反射降温屋顶。利用表面材料的颜色和光滑度对热辐射的反射作用,对平屋顶的隔热降温也有一定的效果,如图 11-44 所示。例如屋面采用淡色砾石铺面或用石灰水刷白对反射降温都有一定效果。如果在通风屋顶中的基层加一层铝箔,则可利用其第二次反射作用,对屋顶的隔热效果将有进一步的改善,如图 11-45 所示。

(4)蒸发散热降温屋顶。

1)淋水屋面。屋脊处装水管在白天温度高时向屋面上浇水,形成一层流水层,利用流水层的反射吸收和蒸发,以及流水的排泄可降低屋面温度,如图 11-46 所示。

2)喷雾屋面。在屋面上系统地安装排水管和喷嘴,夏日喷出的水在屋面上空形成细小水雾层,雾结成水滴落下又在屋面上形成一层流水层,水滴落下时,从周围的空气中吸取热量进行蒸发,因而降低了屋面上空的气温和提高了它的相对湿度,另外,雾状水滴也吸收和反射一部分太阳辐射热；水滴落到屋面后，与淋水屋顶一样，再从屋面上吸取热量流走，进一步降低了表面温度，因此它的隔热效果更高。

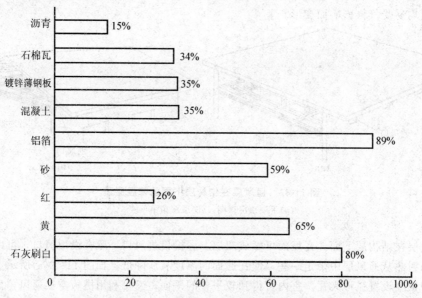

图 11-44　屋面对太阳辐射热反射程度

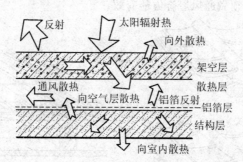

图 11-45　铝箔屋顶反射通风散热示意图

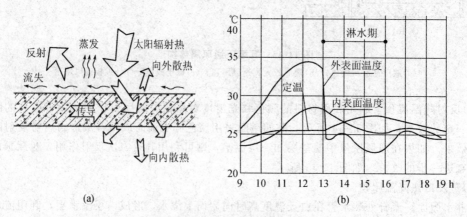

图 11-46　淋水屋顶的降温情况
(a)淋水屋顶散热示意；(b)淋水屋顶温度变化曲线

小 结

1. 屋顶是建筑物顶部的覆盖构件，起承重和围护等作用，它由屋面、承重结构、保温隔热层和顶棚等部分组成。

2. 屋顶按其外形分为平屋顶、坡屋顶和其他形式的屋顶。平屋顶坡度小于5%，坡屋顶坡度一般大于10%，其他形式的屋顶的坡度随外形变化，形式多样。平屋顶的防水方式根据所有材料及施工方法的不同分柔性防水和刚性防水。柔性防水是将柔性的防水卷材或片材用胶结材料粘贴而成的。这类屋面主要要处理好泛水、檐口、变形缝和雨水口等细部构造。刚性防水是指用配筋现浇细石混凝土做成的。这类屋面因热胀冷缩或弯曲变形的影响，常使刚性防水层出现裂缝，使屋面产生漏水，所以构造上要求对这种屋面做隔离层或分隔层。

3. 平屋顶的保温材料常用多孔、轻质的材料，如苯板、膨胀珍珠岩、加气混凝土块等，其位置一般布置在结构层之上。平屋顶的隔热措施主要有通风隔热、蓄水隔热、植被隔热、反射隔热等。

4. 平屋顶的排水方式分无组织排水和有组织排水两类。有组织排水又分内排水和外排水，平屋顶的屋面坡度主要采用材料找坡。

5. 坡屋顶的屋面坡度主要采用结构找坡，它的承重结构形式有墙体承重、梁架承重，屋架承重、钢筋混凝土斜板承重等。屋面防水层常采用平瓦、琉璃瓦、波形瓦等。坡屋顶的保温材料可以铺设在屋面板与屋面面层之间，也可以铺设在吊顶棚上。它的隔热常采用通风隔热等方式。坡屋顶的檐口、山墙、烟囱等应做好细部构造处理。

复习思考题

11.1 屋顶由哪几部分组成？各组成部分的作用是什么？

11.2 平屋顶有哪些特点？

11.3 平屋顶的排水方式有哪些？各自的适用范围是什么？

11.4 画出卷材防水屋面的构造层次图？并说明其构造上有什么要求？

11.5 画出刚性防水屋面的构造层次图？并说明其构造上有什么要求？

11.6 提高刚性防水层防水性能的措施有哪些？

11.7 双坡屋顶在檐口和山墙处理不同分为哪些形式？

第12章 门　　窗

认识门窗的类型，了解门窗的设计要求和特殊门窗的用途，重点掌握门窗的尺寸及木门窗、各种金属门窗、塑钢门窗、特殊门窗的基本组成、构造特点和安装要求。

12.1 门窗的作用、类型及设计要求

12.1.1 门窗的作用

门和窗是房屋建筑中不可缺少的围护构件。门的主要作用是交通联系，并兼顾采光和通风；窗的主要作用是采光、通风和眺望。在不同的情况下，门和窗还有分隔、保温、隔热、隔声、防水、防火、防尘、防辐射及防盗等功能。对门窗的基本要求是功能合理、坚固耐用、开启方便、关闭紧密、便于维修。

门窗对建筑立面构图及室内装饰效果的影响也较大，它的尺度、比例、形状、位置、数量、组合，以及材料和造型的运用，都影响着建筑的艺术效果。

12.1.2 门窗的类型

(1)门的类型。

1)按开启方式分类。门的开启方式是由使用方式要求决定的，通常有以下几种方式：

①平开门——水平方向开启的门，如图12-1(a)所示。铰链安在侧边，有单扇、双扇，有向内开、向外开之分。特点：构造简单、开关灵活，制作安装和维修均较方便。用途：它是建筑中使用最广泛的门。

微课：门的开启方式及尺度

②弹簧门——形式同平开门，稍有不同的是，弹簧门的侧边用弹簧铰链或下面用地弹簧转动，开启后能自动关闭。如图12-1(b)所示。多数为双扇玻璃门，能内外弹动。少数为单扇或单向弹动的，如纱门。特点：制作简单，开启灵活、使用方便(弹簧门的构造和安装比平开门稍复杂)。用途：适用于人流出入较频繁或有自动关闭要求的场所。此时，门上一般都安装玻璃，以免相互碰撞。

③推拉门——可以在上下轨道上滑行的门。如图12-1(c)所示。推拉门有单扇和双扇之分，可以藏在夹墙内或贴在墙面外，占地少，受力合理，不易变形。特点：制作简单、开启时所占空间较少，但构造较复杂。用途：适用于内部两个空间需要扩大联系的有多种大小洞口的民用及工业建筑。在人流众多的地方，还可以采用光电管或触动式设施使推拉门自动启闭。

④折叠门——为多扇折叠，可以拼合折叠推移到侧边的门，如图12-1(d)所示。传动方式简单者可以同平开门一样，只在门的侧边装铰链；复杂者在门的上边或下边需装轨道及转动五金配件。特点：开启时所占空间少，五金较复杂，安装要求高。用途：适用于内部两个空间需要扩大联系的有多种大小洞口的民用及工业建筑。由于其结构复杂，目前已少用。

⑤转门——为三或四扇连成风车形，在两个固定弧形门套内旋转的门，如图12-1(e)所示。特点：使用时可以减少室内冷气或暖气的损失，但制作复杂，造价较高。用途：常作为公共建筑

及有空气调节器房屋的外门。同时，在转门的两旁应另设平开门或弹簧门，以作为不需要空气调节器的季节或有大量人流疏散之用。北方地区公共建筑常用。

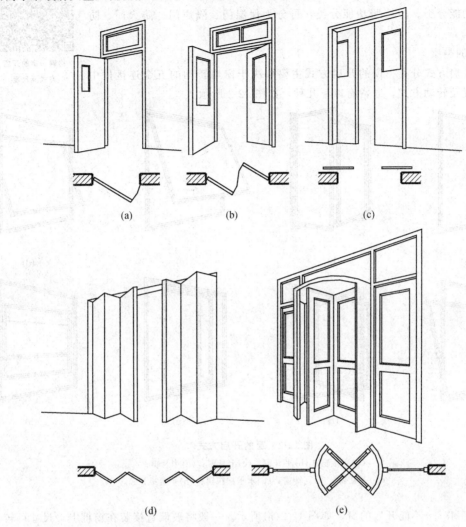

图 12-1 门的开启方式
(a)平开门；(b)弹簧门；(c)推拉门；(d)折叠门；(e)转门

2)按使用材料分类。门按其使用材料可以分为木门、钢门、铝合金门、塑钢门、玻璃门等。

①木门——常采用松木、杉木制作，为防止变形，所用材料需要干燥处理(潮湿房间不宜用木门，也不应采用胶合板或纤维板制作)。住宅内门可采用钢框木门(纤维板门芯)以节约木材。大于 5 m^2 的木门应采用钢框加斜撑的钢木组合门。

②钢门——强度高，防火性能好，断面小，挡光少，是广泛采用的形式之一。但普通钢门易生锈，散热快，维修费用高。由于运输、安装产生的变形又很难调直，致使关闭不严。目前推广使用的彩板钢门、镀塑钢门、渗铝钢门可大大改善钢门的防蚀性。

③铝合金门——自重轻，密闭性能好，耐腐蚀，坚固耐用，色泽美观，但保温性差，造价偏高。如果使用绝缘性能好的材料作隔离层(如塑料)，则能大大改善其热工性能。

④塑钢门——热工性能好，耐腐蚀，耐老化，具有很大潜能。目前塑钢门采用较广，具有广泛的市场。

3)按构造分类。门按照构造分类,可分为镶板门、夹板门、拼板门、百叶门等。

4)按功能分类。门按照功能分类,可分为保温门、隔声门、防火门、防护门等。

(2)窗的类型。

微课:窗的开启方式及尺度

1)按开启方式分类。窗的开启方式主要取决于窗扇转动的五金连接件中铰链的位置及转动方式,通常有以下几种,如图 12-2 所示。

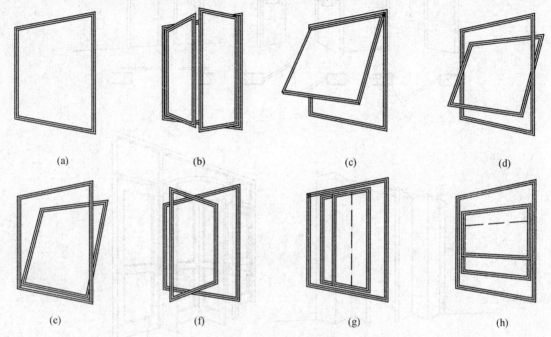

图 12-2　窗的开启方式
(a)固定窗;(b)平开窗;(c)上悬窗;(d)中悬窗;
(e)下悬窗;(f)立转窗;(g)水平推拉窗;(h)垂直推拉窗

①固定窗——不能开启的窗,如图 12-2(a)所示。一般将玻璃直接装在窗框上,尺寸可较大。特点:构造简单,制作方便。用途:只能用作做采光或装饰。

②平开窗——一种可以水平开启的窗,有外开、内开之分,如图 12-2(b)所示。特点:构造简单,制作、安装和维修均较方便。用途:在一般建筑中使用最为广泛。外开窗的特点是不占空间,有利于家具布置,防水性好;内开窗的特点是防水性差。下窗框需做成披水,并设置排水孔。若做成双层,能起到较好的保温、隔声、洁净的作用。

③悬窗——按转动铰链或转轴的位置不同可以分为上悬窗、中悬窗和下悬窗,如图 12-2(c)、(d)、(e)所示。上悬窗一般向外开启,铰链安装在窗扇的上边,防雨效果好,常用于高窗和门上的亮子。中悬窗的铰链安装在窗扇中部,上下两部分设置裁口——止水条。窗扇开启时,上部向内,下部向外,有利于防雨通风,常用于高窗。下悬窗铰链安装在窗扇的下边,一般向内开。

④立转窗——一种可以绕竖轴转动的窗,如图 12-2(f)所示。特点是竖轴沿窗扇的中心垂线而设,或略偏于窗扇的一侧。通风效果好,但不够严密,防雨防寒性能差。

⑤推拉窗——分可以左右或垂直推拉的窗,如图 12-2(g)、(h)所示。水平推拉窗需上下设轨槽,垂直推拉窗需设滑轮和平衡重。推拉窗开关时不占室内空间,但推拉窗不能全部同时开启,可开面积最大不超过 1/2 的窗面积。水平推拉窗扇受力均匀,所以窗扇尺寸可以做得较大,但五

金件较贵。特点是开启时不占室内空间,窗扇和玻璃的尺寸均可较平开窗大,但推拉窗不能全部开启,通风效果受到影响。在实际工程中大量采用。

⑥百叶窗——可用金属、木材等制作,有固定式和活动式两种。叶片常倾斜45°或60°,主要用于遮阳和通风。

2) 按使用材料分类。窗按使用材料可分为木窗、钢窗、铝合金窗、塑钢窗、玻璃窗等。

12.1.3 门窗的设计要求

(1) 开启灵活,关闭紧密。

(2) 便于清洁和维修。

(3) 坚固、耐用。

(4) 符合《建筑模数协调标准》(GB/T 50002—2013)的要求。

(5) 建筑的窗地比是在建筑设计中涉及的,不同的建筑空间为了保证室内的明亮程度,照度标准是不一样的。具体来说窗地比是对一个单一房间而言,即窗的净面积和地面净面积的比值。例如,在住宅设计中客厅的窗地比一般是1/6~1/4,卧室的窗地比一般为1/8~1/6。

(6) 建筑的窗墙比是指窗洞面积与房间立面单元面积(层高与开间定位线围成的面积)的比值。《民用建筑热工设计规范》(GB 50176—2016)中规定,居住建筑各朝向的窗墙面积比,北向不大于0.25,东西向不大于0.30,南向不大于0.35。

(7) 玻地比为玻璃的透光面积与室内地面面积之比。采用玻地比确定洞口大小时还需要除以窗子的透光率。透光率是窗玻璃面积与窗洞口面积之比。钢窗的透光率为80%~85%,木窗的透光率为70%~75%。采用玻地比决定窗洞口面积的只有中小学校,其普通教室、美术教室、书法教室、语言教室、音乐教室、史地教室、合班教室、阅览教室、实验室、自然教室、计算机教室、琴房、办公室、保健室的玻地比最小数值均为1:6。

门窗在制作生产上,已基本走上标准化、规格化的道路,各地都有大量的标准图可供选用。窗的基本代号为木窗C、钢窗GC、内开窗NC、阳台钢连门窗GY,铝合金窗LC、塑料窗SC。本章重点介绍木门(木窗近年来使用较少,本书仅简略介绍)、金属门窗和特殊门窗。

12.2 木门窗构造

12.2.1 木窗构造

木窗主要由窗框(又称窗樘)和窗扇组成,在窗扇和窗框间,为了开启和固定,常设有铰链、风钩、插销、拉手、铁三角等五金构件。根据不同的装修要求,需要在窗框和墙连接处增加窗台板、贴脸、压缝条、披水条、筒子板、窗帘盒等附件,如图12-3所示。传统的安装方式有立口和塞口两种,现常用塞口,其具体施工方法可参考后面木门的安装方法。立口是先立窗口,后砌墙体。为使窗框与墙连接牢固,应在窗口的上、下槛各伸出120 mm左右的端头,俗称"羊角头"。这种连接的优点是结合紧密;缺点是影响砖墙砌筑速度。塞口是先砌墙,预留窗洞口,同时预埋木砖。木砖的尺寸为120 mm×120 mm×60 mm,木砖表面应进行防腐处理。防腐处理,一种方法是刷煤焦油;另一种方法是表面刷氟化钠溶液。氟化钠溶液是无色液体,施工时常增加少量氧化铁红(俗称"红土子"),以辨认木砖是否进行过防腐处理。木砖沿窗高每600 mm预留一块,但无论窗高尺寸大小,每侧均应预留两块;超过1 200 mm时,再按600 mm递增。为保证窗框与墙洞之间的严密,其缝隙应用沥青浸透的麻丝或毛毡塞严。

窗的尺寸选择必须符合采光通风、结构构造、建筑造型及模数制作的要求,使用时按标准图选用。

由于木窗透光面积小、防火性差、耐久性能低,易变形损坏,所以现在应用得很少,并逐渐被铝合金窗和塑钢窗所取代,所以本书对木窗仅做大概的介绍。

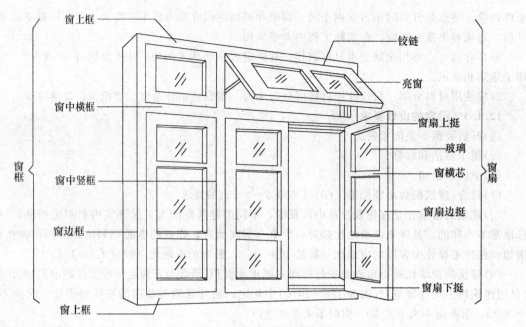

图 12-3 木窗的组成

12.2.2 木门构造

(1)门的组成及尺寸。

1)门的组成。门主要由门框、门扇、亮窗(有些平开门未设亮窗)、五金零件及附件组成,如图 12-4 所示。

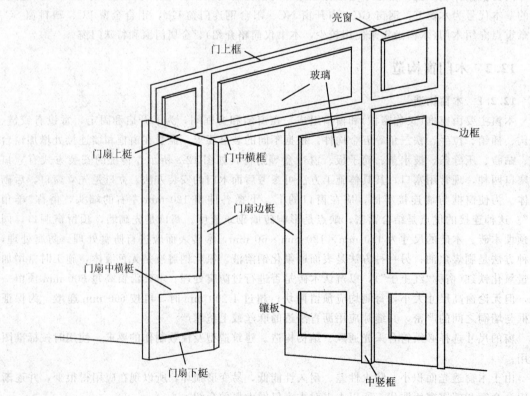

图 12-4 木门的组成

门框又称门樘,是门扇及亮窗与墙洞之间的连系构件,由两根竖直的左右边框和上边框组成。当门带亮窗时,有中横框,多扇门还有中竖框。外门及特种需要的门有些设下框,作为防风、防水、防尘、保温及隔声用。门框的断面尺寸与窗框类似,只是门的自重较大,故门框断面尺寸比窗框略大。

门扇通常有玻璃门、镶板门、夹板门、百叶门和纱门等。亮窗又称幺头窗(简称幺窗或亮子),它位于门上方,为辅助采光和通风用,其开启方式有平开、上悬、中悬、下悬及固定五种。

五金零件通常包括铰链、门锁、插销、风钩、拉手、停门器等。另外,常用一些附加件,如贴脸、筒子板、木压条等。

2)门的尺度。门的尺寸通常是指门洞的高宽尺寸。根据交通运输和安全疏散要求,按照《建筑门窗洞口尺寸系列》(GB/T 5824—2008)规范要求进行设计。具体而言,门的高度和宽度是按照人体尺度确定的。按一股人流的宽度为550 mm(人的肩宽加上衣服和必要的间隙),根据人流量大小,一般宽度:单扇门为800~1 000 mm,双扇门为1 200~1 800 mm,>2 100 mm做成三扇或四扇。辅助房间如浴厕、贮藏室的门可为700~800 mm。高度常用在2 400~2 700 mm。根据需要,门高度很大时,上部应做亮窗(幺窗),亮窗高度一般为300~600 mm,以免门窗过高过重,使用不便。

当门窗洞口的宽度超过1 000 mm,高度超过2 000 mm时,常采用300 mm扩大模数的倍数,如门的尺寸有900 mm×2 400 mm、1 500 mm×2 400 mm等。公共建筑和工业建筑的门洞口尺寸可按需要适当提高,具体尺寸应根据标准图选用。

(2)平开木门构造——门框。

1)门框的断面形状及尺寸。门框的断面形状取决于门扇的开启方式和门扇的层数。为了使门扇能关闭紧密、牢固,门框需设裁口——门框上的缺口。

门框应接榫牢固,就要有一定的刚度。门窗断面尺寸应根据木材的性能及门框的尺度来确定,一般为经验尺寸,各地都有标准详图供设计时选用。

门框的断面形状与窗框的断面形状相似,但断面尺寸较大。普通住宅的单扇门框约为60 mm×90 mm,双扇为60 mm×100 mm等,如图12-5所示。

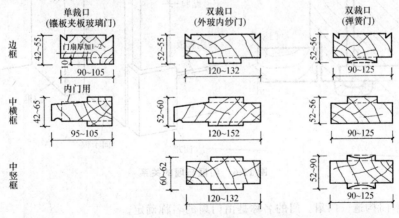

图12-5 门框的断面形状及尺寸

2)门框的安装。施工时门框的传统安装方式分为立框法和塞框法(即立口和塞口)两种,立框法现已较少采用,多采用塞框法安装。

在砌筑墙体门窗洞口时先安装门框,然后再砌墙体的方法称为立框法。采用这种方法的优点是门框与墙体连接紧密、牢固,但是由于其施工安装时和墙体施工互相影响,如施工组织不当，会妨碍墙体施工的速度，且门框及其临时支撑易被碰撞，有时还会产生移位或破损，所以现已较少采用。

在墙体施工时预留孔洞，然后再安装门框的方法称为塞框法。其施工时需注意：为了加强门框与墙的联系，砌墙时需在洞口两侧每隔500～700 mm高砌入一半砖大小的防腐木砖（门洞每侧应不小于两块），安装门框时用长钉或螺钉将门框钉在木砖上。为了施工方便，也可在门框上钉铁脚，再用膨胀螺栓钉在墙上；也可用膨胀螺钉直接把门框固定于墙上。

塞框法的优点：墙体施工与门窗安装分开进行，避免相互干扰，墙体施工时窗框未到施工现场，也不影响施工进度；缺点：为了安装方便，一般门洞净尺寸应大于门框外包尺寸至少20～30 mm，故墙体与窗框之间的缝隙较大。若洞口较小，则会使门框安装不上。因此，要求施工时洞口尺寸须留准确。

3）门框与墙的关系。一般门的悬吊重力和碰撞力均比窗户大，门框四周的抹灰极易裂开，甚至振落，因此抹灰要嵌入门框铲口内，并做贴脸木条盖缝。贴脸一般15～25 mm厚，30～75 mm宽，为了避免木条挠曲，在木条背后开槽可使其较为平服。贴脸木条与地板踢脚线收头处，一般做有比贴脸木放大的木块，称为门蹬。要求高的建筑，墙洞上、左、右三个面用筒子板包住。

门框在墙洞中的位置与窗框类似，一般多做在开门方向的一边，与抹灰面平齐，使门的开启角度较大，对较大尺寸的门多居中设置，如图12-6所示。门框口应该装修处理。一般装修采用贴脸板（厚15～20 mm×宽30～75 mm）或密封木压条盖缝（厚宽均为10～15 mm），高级装修则在门洞两侧和上方做筒子板。

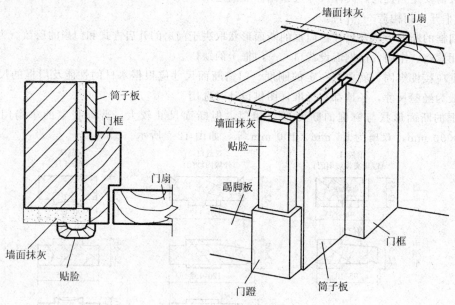

图12-6 门框与墙的关系

(3)平开木门构造—门扇。门的名称是由门扇的名称确定。

1）镶板门、玻璃门、百叶门和纱门。这几种是常用的门，其特点是，门的骨架是由上下冒头和边梃组成，有时中间还有门扇中梃或竖向中梃，在其中镶装门芯板、玻璃或百叶板等，组成各种门扇，如图12-7所示。

门扇骨架（框架）的厚度一般为40～45 mm，宽度为100～120 mm。纱门骨架的厚度多为30～35 mm。下边梃的宽度习惯上同踢脚线的高度相同，一般为200 mm左右，以防门芯板被人踢坏。为了弥补装锁开槽对材料的削弱，门扇中梃宽度可适当加大。

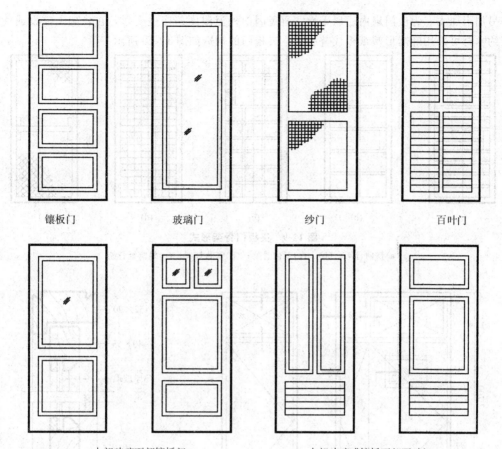

图 12-7 镶板门、玻璃门、纱门和百叶门的立面形式

门芯板可用 10~15 mm 厚木板拼装成整块，板缝要结合严密，以防木板干缩而漏缝。一般为平缝胶结，如做成高低缝或企口缝则效果更好；也可采用胶合板、硬质纤维板、塑料板、玻璃或塑料纱等。当采用玻璃时，可以是半玻门或全玻门；若采用塑料纱或铁纱，即为纱门。门芯板与框的镶嵌可用暗槽、单面槽和双边压条做法。玻璃的嵌固用油灰或木压条，塑料纱则用木条嵌缝，如图 12-8 所示。

2) 夹板门。夹板门采用小规格龙骨做骨架，在骨架两面粘贴面板而成。门扇面板可用胶合板、塑料面板和硬质纤维板，面板和骨架形成一个整体，共同抵抗变形。夹板门的形式可以是全夹板门、带玻璃和带百叶夹板门，如图 12-9 所示。

夹板门的骨架一般用厚约为 30 mm、宽为 30~60 mm 的木料做边框，内为单向或双向排列的肋条，肋的宽同框料，厚为 10~25 mm，视肋距而定，肋距为 200~400 mm，安装门锁

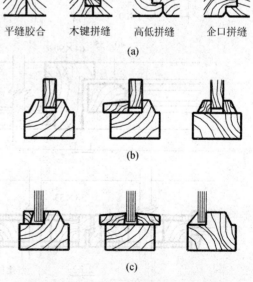

图 12-8 门芯板、玻璃的镶嵌结合构造
(a) 门芯板的拼缝处理；(b) 门芯板与骨架的镶嵌；
(c) 玻璃与骨架的镶嵌

处需另加附加木。为使门扇内通风干燥,避免因内外温湿度差产生变形,在骨架上需设通气孔。为节约木材可采用蜂窝形塑纸板代替肋条。夹板门的构造如图12-10所示。

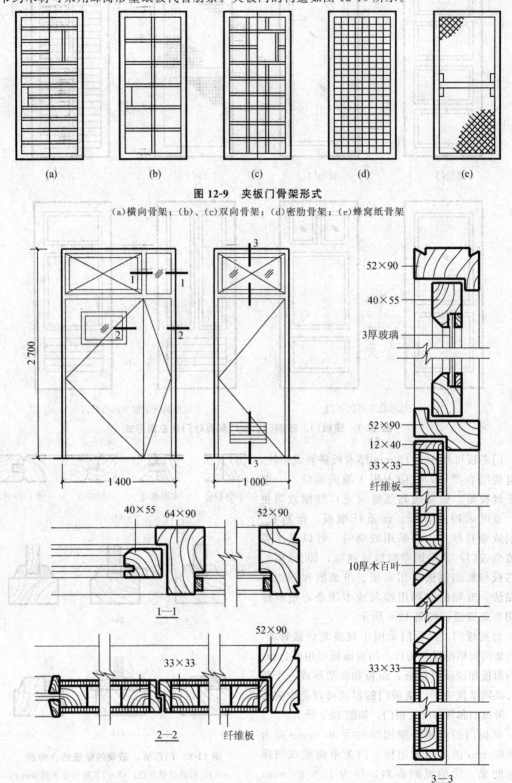

图 12-9 夹板门骨架形式
(a)横向骨架;(b)、(c)双向骨架;(d)密肋骨架;(e)蜂窝纸骨架

图 12-10 夹板门的构造

12.3 金属门窗构造

随着现代建筑技术的发展，木门窗已不能满足要求，取而代之的是钢门窗、铝合金门窗及塑钢门窗。其特点是轻质高强，节约木材，耐腐蚀及密闭性能好，外观美，以及长期维修费用低等，因此，在建筑中的应用日趋广泛。

窗的散热量为围护结构散热量的 2~3 倍。如 240 墙体的 $K_0=1.8$ W/(m²·K)，365 墙体的 $K_0=1.34$ W/(m²·K)，而单层窗的 $K_0=5.0$ W/(m²·K)，双层窗的 $K_0=2.3$ W/(m²·K)，不难看出，窗口面积越大，散热量也随之加大。

12.3.1 钢门窗

用钢材加工制作而成的门窗称为钢门窗。由于现在铝合金门窗和塑钢窗的兴起，钢门窗已使用的很少，本章主要介绍钢门窗的构造。

(1) 钢门窗的特点。

1) 优点：坚固、耐久、耐火、外形美观大方；标准钢门窗可工厂预制，现场安装，符合建筑工业化的要求，如图 12-11 和图 12-12 所示。非标准钢门窗可自行设计；委托加工，但费用大，工期长；钢料断面较小，有效采光面比木窗大 15% 左右，即透光系数大。

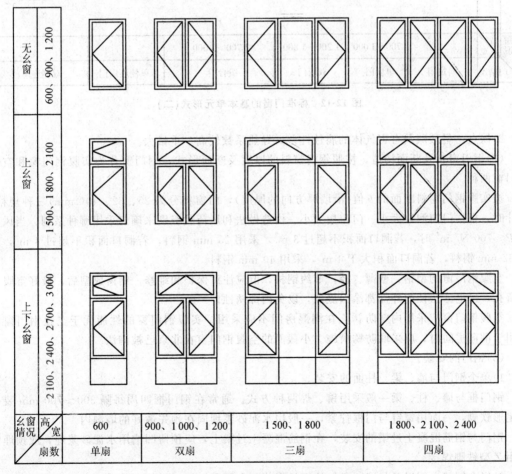

图 12-11 标准门窗的基本单元形式(一)

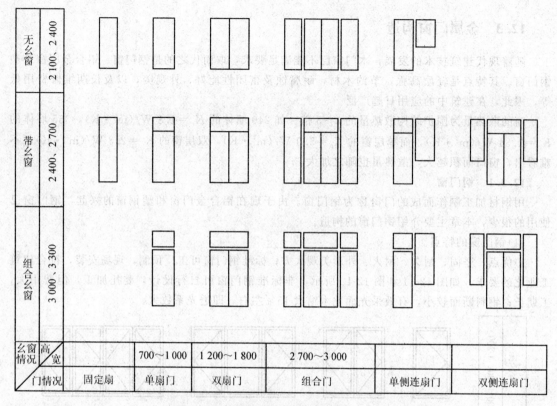

图12-12 标准门窗的基本单元形式(二)

2)缺点:耐酸碱及有害气体的腐蚀性差,导热系数较高,重量大。

(2)钢门窗料及断面构造。按照钢门窗料的厚度及断面形式,钢门窗分为实腹钢门窗和空腹钢门窗两种。

按实腹钢门窗料断面的 b 值(沿墙厚方向的厚度),门窗料分为25、32、40(mm)三种规格。设计时,根据门窗洞口大小、门窗扇大小、构造做法和风荷载级别来确定采用哪种系列。当风荷载 $P \leqslant 700 \ N/m^2$ 时,若洞口面积不超过 $3 \ m^2$,采用25 mm 钢料;若洞口面积不超过 $4 \ m^2$,采用32 mm 钢料,若洞口面积大于 $4 \ m^2$,采用40 mm 钢料。

空腹钢门窗的型钢,壁薄、轻,节约钢材,但应注意保护和维修。钢窗成型后,最好空腹上下留孔,经电泳法使内外部都涂涡底漆,以免内部锈蚀。

空腹钢门窗应采用内壁防锈,在潮湿房间不应采用。实腹钢门窗的性能优于空腹钢门窗但应用于潮湿房间时,应采取防锈措施。小截面的空腹钢门窗在北京已被淘汰。

(3)钢门的安装。

1)单个钢门与墙、梁、柱面的安装。

钢门框与墙、柱、梁一般采用铆、焊两种方式。通常在钢门框四周每隔 500~700 mm 装一燕尾形铁脚,一面用螺钉与门框拧紧,一般用水泥砂浆埋固在预先凿好的墙洞内。

钢门与钢筋混凝土过梁的安装,在钢筋混凝土过梁上,应预留凹槽用水泥砂浆埋,或预埋钢板用Z型铁脚焊接。

2)组合钢门之间以及与墙、梁、柱面的安装。大面积钢门可用基本单元进行组合。其组合节点构造,如图12-13所示。

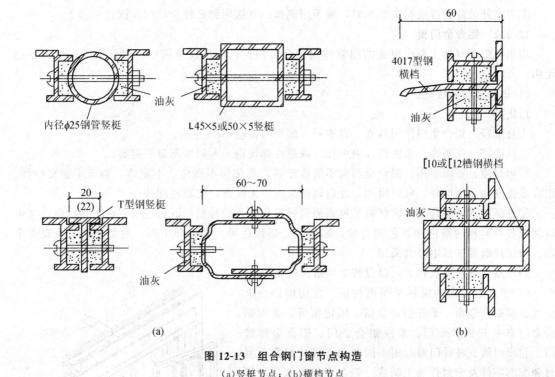

图 12-13 组合钢门窗节点构造
(a)竖梃节点；(b)横档节点

组合时，须插入 T 形钢、管钢、角钢或槽钢等能够发挥支承、联系作用的构件，这些构件须与墙、梁、柱牢固连接，然后各门窗基本单元再和它们用螺栓拧紧，缝隙用油灰嵌实。

3)钢门玻璃的安装。在钢门上镶嵌玻璃，须用钢卡或钢夹卡住，再嵌油灰固定，也可用木条，塑料条压固，如图 12-14 所示。

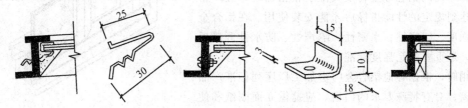

图 12-14 钢门窗玻璃安装

(4)钢门窗的应用。针对普通钢门窗，尤其是空腹钢门窗耐腐蚀性差的问题，国内外专家经过长期研究，已找到以下几种新型钢门窗：渗铝空腹钢门窗、彩板钢门窗、镀塑钢门窗，以提高钢门窗防蚀性，并已在许多国家广泛应用。

1)渗铝空腹钢门窗——将普通空腹钢门窗表面经渗铝处理。其特点是提高了钢门窗的耐蚀性，使钢门窗的寿命提高一倍以上，且具有铝合金门窗的装饰效果。其安装方法与普通钢门窗的安装方式相同。

2)彩板钢门窗——以冷轧钢门窗或镀锌钢门窗为基材，通过连续式表面涂层或压膜处理，从而得到的新型钢门窗。其特点是耐腐蚀性好、与基材结合能力好、装饰性好。其安装方式根据室外装饰面层不同而不同。

①当外墙为花岗岩、大理石、面砖等贴面材料时，应先安装副框，待室外粉刷工程完工后，再将彩板门窗用自攻螺钉固定在副框上，并用密封胶将洞口与副框之间的缝隙进行密封。

②当室外装修为普通粉刷墙面时，可不用副框，直接用膨胀螺栓将门窗固定在墙上。

12.3.2 铝合金门窗

用铝合金钢材加工制作而成的门窗称为铝合金门窗。在现代建筑中，铝合金门窗被广泛地使用。

(1)铝合金门窗特点。

1)优点。

①自重轻。铝合金门窗用料省、自重轻，较钢门窗轻50%左右。

②性能好。气密性、水密性、隔声性、隔热性都较钢、木门窗有显著提高。

③耐腐蚀、坚固耐用。铝合金门窗不需涂涂料，氧化层不褪色，不脱落，表面不需要维修。铝合金强度高，刚性好，坚固耐用，开启轻便灵活，无噪声，安装速度快。

④色泽美观。铝合金门窗框料型材表面经过氧化着色处理后，既可保持铝材的银白色，又可以制成各种柔和的颜色和带色的花纹，如黑色、暗红色等。在涉外工程、重要建筑、美观要求高、精密仪器等建筑中经常采用。

2)缺点。导热系数较大，保温较差，造价较高。

(2)铝合金门窗的窗料及断面构造。常用的铝合金窗有推拉铝合金窗、平开铝合金窗、固定窗等，常用铝合金门有平开铝合金门、推拉铝合金门、铝合金弹簧门、卷帘门等。各种门窗都用不同断面型号的铝合金型材和配套零件及密封件加工制成。铝合金门窗都是以其窗框或门框的断面尺寸进行分类，例如，平开铝合金窗分为50系列、70系列，推拉铝合金窗分为55系列、60系列、70系列、90系列及90-1系列。在制作加工时应根据门窗的尺寸、用途、开启方式和环境条件选择不同型号和序列的铝合金型材及其配套精密加工，经严格检验，达到规定的性能指标后才能安装使用。在铝合金门窗的强度、气密性、水密性、隔声性、防水性等诸项标准中，最重要的是强度标准。

应用时，根据各地铝合金门窗加工厂序列标准产品选用门窗；对有特殊要求的门窗，应提供立面图纸和使用要求，进行委托加工。图12-15所示为一种推拉式铝合金窗示意图。

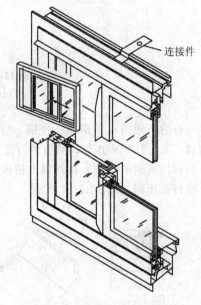

图12-15 铝合金推拉窗构造

(3)铝合金门窗的安装。

1)门窗框与墙体的安装。门窗框外则用螺栓固定着钢质锚固件，安装时与墙、柱中的预埋件焊接或铆固，最后填入砂浆或其他密封材料封固。门窗框的连接点每边不得少于两点，且距离不得大于0.7 m。在基本风压大于0.7 kPa的地区，不得大于0.5 m；边框端部第一固定点距端部的距离，不得大于0.2 m，如图12-16所示。

2)活动窗扇窗框之间的安装活动扇四周都有橡胶或尼龙密封条与固定窗保持密封，并避免金属框料之间的碰撞。

3)窗扇边框与玻璃的安装。铝合金门窗玻璃视面积大小和抗风强度及隔声、遮光、热工等要求可选3~8 mm厚平板玻璃、镀膜玻璃、钢化玻璃或中空玻璃，用橡皮压条密封固定。

(4)铝合金门窗的应用。铝合金门窗适用于有隔声、保温、隔热、防尘等特殊要求的建筑，以及多风沙、多暴雨、多腐蚀性气体的建筑物。铝合金材料的导热系数大，为改善铝合金门窗的热工性能，已开发出一种采用塑料绝缘夹层复合材料门窗。

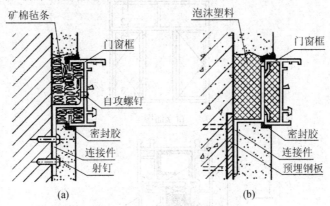

图 12-16 铝合金门窗框与墙体的链接
(a)射灯连接；(b)预埋件焊接

12.4 塑钢门窗构造

12.4.1 塑钢门窗的特点

塑料门窗是以聚氯乙烯（PVC）及钙性聚氯乙烯树脂等为主要原料、轻质碳酸钙为填料，添加助剂和改性剂，经挤压机挤压成各种截面的空腹门窗异型材，再根据不同的品种规格选用不同截面的异型材料组装而成。其优点是强度好，耐冲击、耐腐蚀性强、耐老化、隔音好、气密性好、水密性好、保温隔热性能好、使用寿命长且外观精美；缺点是变形大、刚度差。

塑料门窗具有质轻、刚度好、美观光洁、不需油漆、质感亲切等优点，但造价偏高，最适合严重潮湿房间和海洋气候地带使用及室内玻璃隔断。为延长寿命，也可在塑料型材中加入型钢或铝材，使之成为塑钢断面或塑铝断面。

12.4.2 塑钢门窗的构造及安装

塑钢门窗的安装方式同铝合金门窗相似。玻璃安装前，先以窗扇异型材一侧凹槽内嵌入密封条，并在玻璃四周安放橡塑垫块或底座，待玻璃安装到位后，再将密封条的塑料压玻条嵌装固定压紧。

门窗框与洞口之间的缝隙内腔采用发泡聚氨酯、闭孔泡沫塑料等弹性材料分层填塞，填塞不宜过紧。对于保温、隔声要求较高的工程，应采用相应的隔热、隔声材料填塞。填塞后，撤掉临时固定用的垫块，其空隙也应用闭孔弹性材料填塞。

门窗与墙体通过窗附框和连接件与墙体连接；连接件焊接连接，适用于钢结构；连接件射钉连接，适用于钢筋混凝土墙体；连接件金属膨胀螺栓连接，适用于钢筋混凝土墙体或砖墙；连接件与预埋件连接，适用于钢筋混凝土和轻质墙体。

塑钢窗的构造如图 12-17 所示。

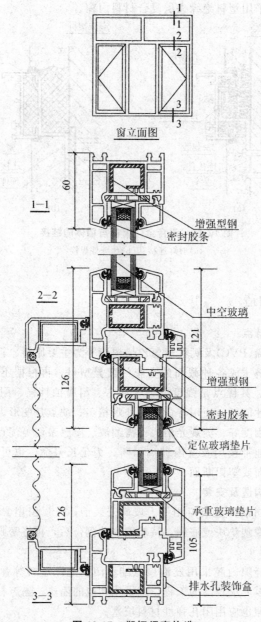

图 12-17 塑钢门窗构造

12.5 特殊门窗构造

当普通门窗不能满足室内保温、隔热、隔声等要求时，在构造设计时，需做特殊门窗。如一些生产厂家研制了一种综合门，集防盗、防火、防尘、隔热于一身，被称为"四防门"，体现了门正在向综合方向发展。

12.5.1 防火门

防火门用于加工易燃品的仓库或车间。根据车间或仓库的耐火等级，防火材料可选用钢板、木板外贴石棉板再包镀锌铁皮或木板外直接包镀锌薄钢板等构造方式。由于木材高温炭化会释放出大量气体，因此必须在门扇上设泄气孔。防火门常采用自重下滑关闭门，其原理是上轨道有

7‰～8‰的坡度，火灾发生时，易熔金属片熔化后，在自重作用下，门扇下滑关闭。

12.5.2 保温门和隔声门

若室内需保温和隔热时，常在门扇两层面板之间填以保温材料做成保温门。隔声门的做法与保温门类似，即在两层面板之间填吸音材料，如玻璃棉、玻璃纤维等。保温门和隔声门的门缝密闭性对其功能有很大的影响。通常采取的措施是注意裁口形式（斜面裁口密闭性能较好），可避免门扇热胀冷缩造成的关闭不严密；采用嵌缝条，如泡沫塑料条、海绵橡胶条和橡皮管等。

12.5.3 隔声窗

隔声窗由双层或三层不同厚度的玻璃与窗框组成，使用经特别加工的隔声层，隔声层玻璃使用的是夹PVB膜经高温高压牢固粘合而成的隔音玻璃；或在隔声层之间，夹有充填了干燥剂（分子筛）的铝合金隔框，边部再用密封胶（丁基胶、聚硫胶、结构胶）粘结合成的玻璃组件。另一种是利用保温瓶原理，制作透明可采光的均衡抗压的平板型玻璃构件，可以有效地抑制"吻合效应"和形成的隔声低谷，在窗架内填充吸声材料，充分吸收透明玻璃的声波，最大限度隔离各频段噪声，如图12-18所示。

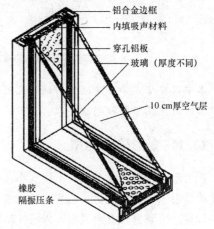

图 12-18 隔声窗构造

1. 门窗的种类。常用的门的分类有按开启方式分的平开门、弹簧门、推拉门、折叠门、转门，有按其使用材料分的木门、钢门、铝合金门、塑钢门、玻璃门等。常用的窗的分类有按开启方式分类的固定窗、平开窗、悬窗、立转窗、推拉窗、百叶窗。

2. 木门窗的构造，主要介绍平开木门的构造及其安装方式，门框的两种安装方式——立框法和塞框法、门扇的种类等。

3. 介绍了几种常用的金属门窗的特点、构造和安装方式，主要有钢门窗、铝合金门窗和塑钢门窗。其优势将不断扩大其应用范围。

4. 了解防火门、隔声门、保温门和隔声窗的特点。

12.1 门窗的作用有哪些？

12.2 门窗的设计应满足哪些要求？

12.3 门和窗各有哪几种开启方式？并用图表示。

12.4 简述门框的安装方式及其优点、缺点。

12.5 简述钢门窗的特点及应用方式。

12.6 简述铝合金门窗和塑钢门窗的特点。

第 13 章 变形缝

本章的目标是学习建筑变形缝的设置条件、设置原则,以及构造处理方案等问题。重点应掌握变形缝的设置原则和构造要求。

13.1 变形缝的类型

在工程实践中,常会遇到不同大小、不同体型、不同层高,建在不同地质条件上的建筑物。某些建筑由于受温度变化、地基不均匀沉降以及地震等因素影响,结构内部产生附加应力和变形,轻则产生裂缝,重则倒塌,影响使用安全,为避免这种情况的发生,除加强房屋的整体刚度外,在设计时有意在建筑物的敏感部位留出一定的缝隙,把它分成若干独立的单元,允许其自由变形而不造成建筑物的破损,这些人为的构造缝称为变形缝。

根据变形缝功能的不同,变形缝可分为伸缩缝、沉降缝和防震缝。

在变形缝内不应敷设电缆、可燃气体管道和易燃、可燃液体管道,如必须穿过变形缝时,应在穿过处加设不燃烧材料套管,并应采用不燃烧材料将套管两端空隙紧密填塞。

13.2 伸缩缝构造

13.2.1 伸缩缝的设置

当建筑物的长度或宽度较大时,为避免由于温度变化引起材料的热胀冷缩导致建筑构件开裂,而沿建筑的高度方向设置在基础以上的缝隙,称为伸缩缝。

伸缩缝要求基础以上的建筑构件全部断开,并在两个建筑构件之间留出适当的缝隙,以保证伸缩缝两侧的建筑构件能在水平方向自由伸缩,然而基础部分因受温度变化影响较小,不需断开。伸缩缝宽度一般为 20~40 mm。

1. 伸缩缝的设置原则

伸缩缝的设置间距与结构所用材料、结构类型、施工方式,以及建筑所处环境和位置有关。伸缩缝应设在因温度和收缩变形可能引起应力集中、结构产生裂缝可能性最大的地方。表 13-1 和表 13-2 对砌体结构和钢筋混凝土结构建筑的伸缩缝最大设置间距做出了规定。

表 13-1 砌体房屋伸缩缝的最大间距

屋盖或楼盖类别	屋盖和楼盖类别	间距/m
整体式或装配整体式钢筋混凝土结构	有保温层或隔热层的屋盖、楼盖	50
	无保温层或隔热层的屋盖	40
装配式无檩体系钢筋混凝土结构	有保温层或隔热层的屋盖、楼盖	60
	无保温层或隔热层的屋盖	50

续表

屋盖或楼盖类别	屋盖和楼盖类别	间距/m
装配式有檩体系钢筋混凝土结构	有保温层或隔热层的屋盖	75
	无保温层或隔热层的屋盖	60
瓦材屋盖、木无盖或楼盖、轻钢屋盖		100

注：1. 本表摘自《砌体结构设计规范》(GB 50003—2011)第6.5.1条；
    2. 对烧结普通砖、烧结多孔砖、配筋砌块砌体房屋，取表中数值；对石砌体、蒸压灰砂普通砖、蒸压粉煤灰普通砖、混凝土砌块、混凝土普通砖和混凝土多孔砖房屋，取表中数值乘以0.8的系数，当墙体有可靠外保温措施时，其间距可取表中数值；
    3. 在钢筋混凝土屋面上挂瓦的屋盖应按钢筋混凝土屋盖采用；
    4. 层高大于5 m的烧结普通砖、烧结多孔砖、配筋砌块砌体结构简单房屋，其伸缩缝间距可按表中数值乘以1.3；
    5. 温差较大且变化频繁地区和严寒地区不采暖的房屋及构筑物墙体的伸缩缝的最大间距，应按表中数值予以适当减小；
    6. 墙体的伸缩缝应与结构的其他变形缝重合，缝宽度应满足各种变形缝的变形要求；在进行立面处理时，必须保证缝隙的变形作用。

表13-2　钢筋混凝土结构伸缩缝最大间距

结构类别		室内或土中/m	露天/m
排架结构	装配式	100	70
框架结构	装配式	75	50
	现浇式	55	35
剪力墙结构	装配式	65	40
	现浇式	45	30
挡土墙、地下室墙壁等类结构	装配式	40	30
	现浇式	30	20

注：1. 本表摘自《混凝土结构设计规范(2015年版)》(GB 50010—2010)第8.1.1条；
    2. 装配整体式结构房屋的伸缩缝间距，可根据结构的具体情况取表中装配式结构与现浇式结构之间的数值；
    3. 框架-剪力墙结构或框架-核心筒结构房屋的伸缩缝间距，可根据结构的具体情况取表中框架结构与剪力墙结构之间的数值；
    4. 当屋面无保温或隔热措施时，框架结构、剪力墙结构的伸缩缝间距宜按表中露天栏的数值取用；
    5. 现浇挑檐、雨罩等外露结构的伸缩缝间距不宜大于12 m。

2. 伸缩缝的结构处理

(1)砖混结构。砖混结构的墙、楼板和屋顶的伸缩缝布置可采用单墙也可采用双墙承重方案，如图13-1所示。

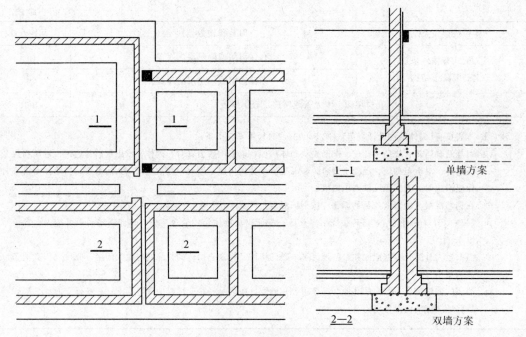

图 13-1 砖墙承重方案

(2)框架结构。框架结构的墙和楼板和屋顶的伸缩缝结构一般采用悬臂梁方案[图 13-2(a)]，也可采用双梁双柱方式[图 13-2(b)]，但施工较复杂。

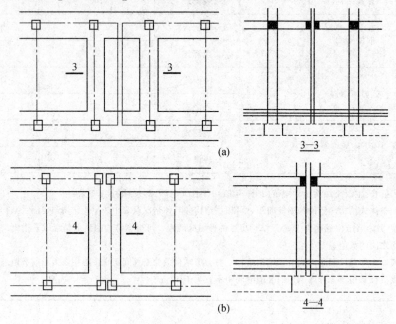

图 13-2 框架结构
(a)框架悬臂梁方案；(b)框架双梁双柱方案

13.2.2 伸缩缝的构造

1. 砖墙伸缩缝的构造

伸缩缝因墙厚的不同，可做成平缝、错口缝和凹凸缝，如图 13-3 所示。

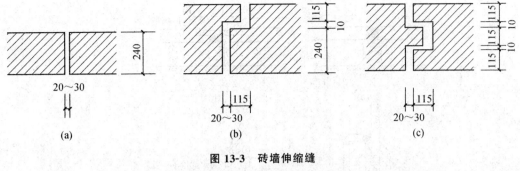

图 13-3 砖墙伸缩缝
(a)平缝；(b)错口缝；(c)凹凸缝

外墙伸缩缝位于露天，为保证其可沿水平方向自由伸缩，并防止雨雪对室内的渗透，需对伸缩缝进行嵌缝和盖缝处理。伸缩缝内应填具有防水、防腐蚀性的弹性材料，如沥青麻丝、橡胶条、塑料条或金属调节片等。缝口可用镀锌薄钢板、彩色薄钢板、铅皮等金属调节片做盖缝处理。对内墙或外墙内侧的伸缩缝，应尽量从室内美观角度考虑，通常以装饰性木板或金属调节盖板予以遮挡，通常盖缝板条一侧固定，以保证结构在水平方向的自由伸缩。内墙和外墙的伸缩缝构造如图 13-4 所示。

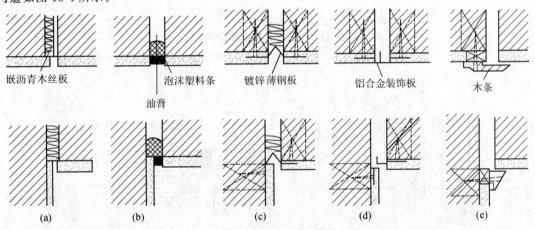

图 13-4 砖墙伸缩缝构造
(a)沥青纤维；(b)油膏；(c)金属皮；(d)塑铝或铝合金装饰板；(e)木条

2. 楼地板层伸缩缝构造（图 13-5）

楼地板伸缩缝的位置和缝宽的大小应与墙体、屋顶伸缩缝一致。缝内常用可压缩变形的材料(如油膏、沥青麻丝、橡胶、金属或塑料调节片等)做封缝处理，上铺活动盖板或橡、塑地板等地面材料，以满足地面平整、光洁、防滑、防水及防尘等功能。顶棚的盖缝条只能固定一端，以保证两端构件能自由伸缩变形。

3. 屋面伸缩缝构造

屋面伸缩缝构造的基本要求是既要做好屋面防水或泛水处理，又要于盖缝处能自由收缩而不造成渗漏。在屋面防水中，采用镀锌薄钢板和防腐木砖时，其使用寿命有限(一般为 10～30 年)，过期就会腐烂。故近年来逐步采用涂层、涂塑薄钢板、铅皮、不锈钢皮和射钉、膨胀螺钉等代替。常见柔性防水屋面伸缩缝、刚性防水屋面伸缩缝和涂膜防水屋面伸缩缝如图 13-6～图 13-8 所示。

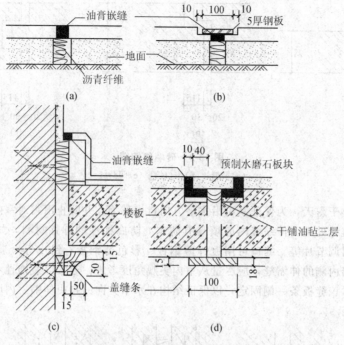

图 13-5 楼地板层伸缩缝构造
(a)池面油膏嵌缝；(b)地面钢板盖缝；(c)楼板靠墙处变形缝；(d)楼板变形缝

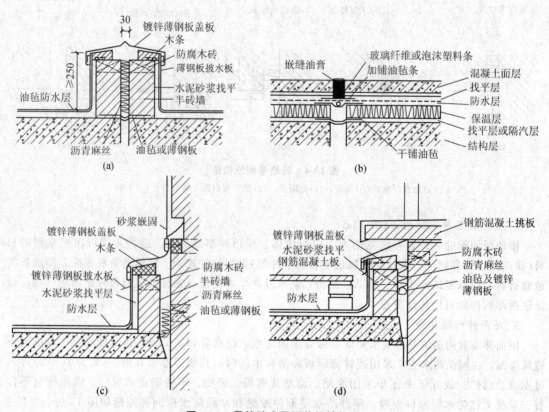

图 13-6 柔性防水屋面伸缩缝构造
(a)一般平接屋面变形缝；(b)上人屋面变形缝；(c)高低缝处变形缝；(d)进出口处变形缝

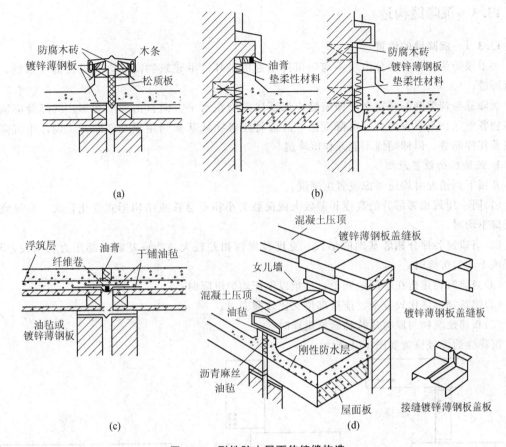

图 13-7 刚性防水屋面伸缩缝构造
(a)刚性屋面变形缝；(b)高低缝处变形缝；(c)上人屋面变形缝；(d)变形缝立面图

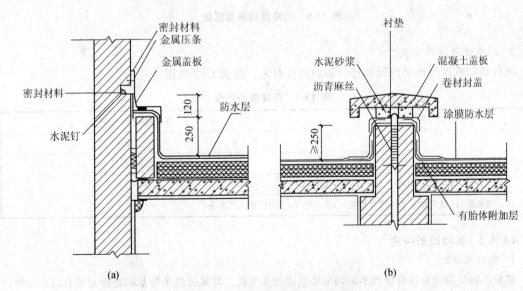

图 13-8 涂膜防水屋面伸缩缝构造
(a)高低跨变形缝；(b)变形缝防水构造

13.3 沉降缝构造

13.3.1 沉降缝的设置

为了预防建筑物各部分由于不均匀沉降引起的破坏，沿建筑物高度方向设置的变形缝，称为沉降缝。

沉降缝与伸缩缝的区别在于伸缩缝应保证建筑物在水平方向自由伸缩变形。沉降缝应满足建筑物各单元在垂直方向自由沉降变形，故应将建筑物从基础到屋顶全部断开。设计中沉降缝可以兼作伸缩缝，但伸缩缝不能兼作沉降缝。

1. 沉降缝的设置原则

凡属下列情况时均应考虑设置沉降缝：

(1) 同一建筑相邻部分的高度相差较大或荷载大小相差悬殊或结构形式变化较大，易导致地基沉降不均时；

(2) 当建筑各部分相邻基础的形式、宽度及埋深相差较大，造成基础底部压力有很大差异，易形成不均匀沉降时；

(3) 当建筑物建造在不同地基上，且难以保证均匀沉降时；

(4) 建筑物形体比较复杂，连接部位又比较薄弱时；

(5) 新建建筑物与原有建筑物紧紧毗连时。

沉降缝的设置位置如图 13-9 所示。

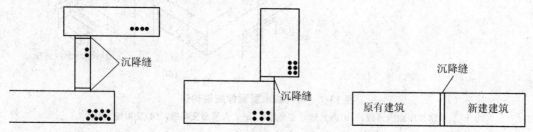

图 13-9　沉降缝的设置部位

2. 沉降缝的设置宽度

沉降缝的宽度与地基情况和建筑物的高度有关，按表 13-3 选用。

表 13-3　沉降缝的宽度

房屋层数	沉降缝宽度/mm
二～三层	50～80
四～五层	80～120
五层以上	不小于 120

注：本表摘自《建筑地基基础设计规范》(GB 50007—2011)第 7.3.2 条。

13.3.2 沉降缝的构造

1. 基础沉降缝

基础沉降缝应断开以避免因不均匀沉降造成相互干扰。常见砖墙条形基础处理方案有以下三种：

(1) 双墙偏心基础，如图 13-10(a) 所示，此法使基础整体刚度大，但基础偏心受力，在沉降时产生一定的挤压力。

(2) 挑梁基础，如图 13-10(b) 所示，对沉降量大的一侧墙基不做处理，而另一侧用悬挑基础梁，梁上做轻质隔墙。挑梁两端设构造柱。当沉降缝两侧基础埋深相差较大或新旧建筑毗连时，宜用该方案。

(3) 双墙交叉基础，如图13-10(c)所示，基础不偏心受力，因而地基受力与双墙偏心基础和挑梁基础相比较，地基受力大有改进。

2. 墙身、楼底层、屋顶沉降缝

墙身沉降缝与相应基础沉降缝方案有关。

(1) 采用偏心基础时，其上为双承重墙，如图13-10(a)所示；
(2) 采用挑梁基础时，其上为一承重墙和一轻质隔墙，如图13-10(b)所示；
(3) 采用交叉基础时，墙体为承重或非承重双墙，如图13-10(c)所示。

墙身及楼底层沉降缝构造与伸缩缝构造基本相同，如图13-11所示，不同之处在于建筑物的两个独立单元能自由沉降，所以金属盖缝调节片不同于伸缩缝。

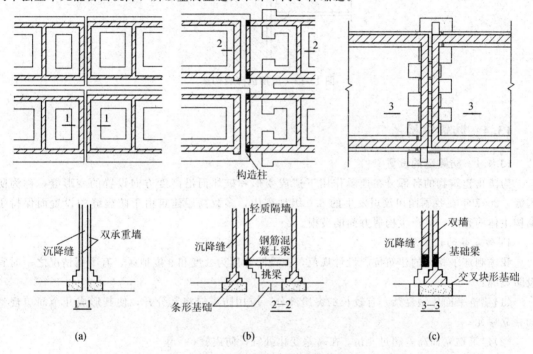

图 13-10 基础沉降缝示意图
(a) 双墙方案沉降缝；(b) 悬挑基础方案沉降缝；(c) 双墙基础交叉排列方案沉降缝

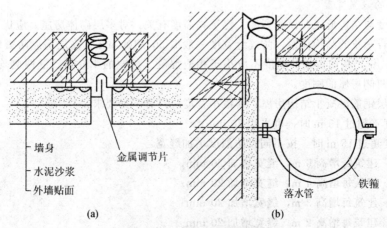

图 13-11 墙体沉降缝构造

屋顶沉降缝的构造应充分考虑屋顶沉降对屋面防水材料及泛水的影响(图13-12)。

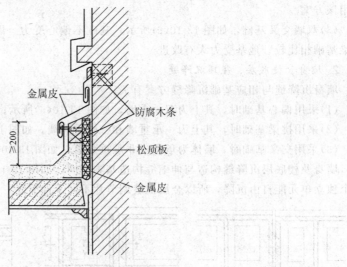

图13-12 屋顶沉降缝构造

13.4 防震缝构造

13.4.1 防震缝的设置

为防止建筑物的各部分在地震作用下造成变形和破坏而沿高度方向设置的变形缝，称为防震缝。2008年在我国四川汶川发生的8.0级地震中，多数高层建筑由于防震缝的设置而保持了结构主体的完好，只产生构造方面的破损。

1. 防震缝的设置原则

我国制定了相应的建筑抗震设计规范，在设防烈度为8度和9度地区，有下列情况之一时宜设防震缝：

(1)建筑平面体型复杂，有较长的突出部分，应用防震缝将其分开，使其形成几个简单规整的独立单元；

(2)建筑物立面高差超过6 m，在高差变化处宜设防震缝；

(3)建筑物相邻部分结构的刚度、重量相差悬殊，须用防震缝分开；

(4)建筑物有错层且楼板高差较大时，须在高度变化处设防震缝。

2. 防震缝的设置宽度

防震缝宽度与结构形式、设防烈度、建筑物高度有关，对多层砌体房屋，应优先采用横墙承重或纵横墙混合承重的结构体系，防震缝宽度一般取50～100 mm；高层房屋防震缝宽度可采用100～150 mm；钢结构防震缝的宽度不应小于相应混凝土缝宽的1.5倍。缝两侧均需设置墙体，以加强防震缝两侧房屋的刚度。

对多(高)层钢筋混凝土结构房屋，其最小宽度应符合下列要求：

(1)当高度不超过15 m时，可采用70 mm；

(2)当高度超过15 m时，按不同设防烈度增加缝宽：

6度地区：建筑每增高5 m，缝宽增加20 mm；

7度地区：建筑每增高4 m，缝宽增加20 mm；

8度地区：建筑每增高3 m，缝宽增加20 mm；

9度地区：建筑每增高2 m，缝宽增加20 mm。

13.4.2 防震缝的构造

防震缝的构造及要求与伸缩缝相似，防震缝比伸缩缝缝宽，如图 13-13 和图 13-14 所示。在施工时，必须确保缝宽符合要求。防震缝应与伸缩缝、沉降缝统一布置，并满足防震缝的设计要求。要充分考虑盖缝条的牢固性以及适应变形的能力。

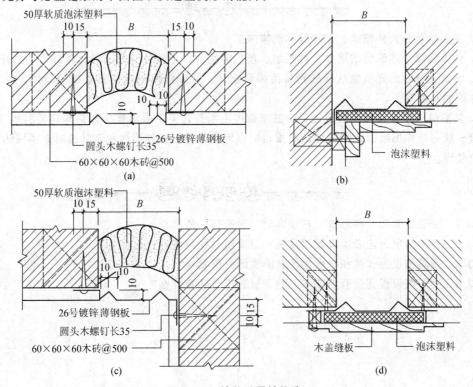

图 13-13 墙体防震缝构造
(a)外墙平缝处；(b)内墙转角处；(c)外墙转角处；(d)内墙平缝处

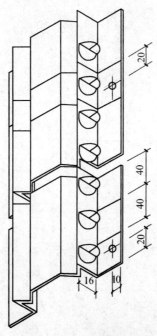

图 13-14 墙体防震缝盖缝板

在施工过程中不能让砂浆、碎砖或其他硬杂物掉入防震缝内,不能将墙缝做成错口或凹凸口。外墙变形缝应做到不透风、不渗水、其嵌缝材料必须具有防水、防腐、耐久等性能以及一定的弹性。

1. 变形缝可分为伸缩缝、沉降缝和防震缝。
2. 伸缩缝要求建筑物的墙体、楼板层、屋顶等地面以上构件全部断开,基础可不分开。
3. 设置沉降缝的建筑物从基础到屋顶都要断开,沉降缝两侧应各有基础和墙体,以满足沉降和伸缩的双重需要。
4. 防震缝应沿建筑物全高设置,一般基础可不断开,但平面较复杂或结构需要时也可断开。防震缝一般应与伸缩缝、沉降缝协调布置,但当地震区需设置伸缩缝和沉降缝时,须按防震缝构造要求处理。

13.1 变形缝有哪几种形式?在设置时三者有何一般要求?
13.2 何种情况时应考虑设置沉降缝?沉降缝与伸缩缝有什么区别?
13.3 设防烈度为 8 度和 9 度地区设防震缝有何要求?
13.4 变形缝设置宽度有何要求?施工过程中应注意什么?

第 14 章 低碳住宅与外墙保温

认识低碳建筑与低碳住宅的概念，了解建设低碳住宅建筑的必要性和发展趋势，熟悉低碳住宅的技术体系，重点应掌握低碳节能的重要措施特别是外墙外保温系统的知识。

低碳建筑是指在建筑材料与设备制造、建筑物建造与使用的整个生命周期内，减少化石能源的使用，提高能效，降低二氧化碳排放量的建筑。而低碳住宅指低碳建筑中住宅这一子类，即人居建筑。与绿色住宅、节能住宅等相比，低碳住宅更注重于减少由建筑能耗所产生的二氧化碳排放量。此外，低碳住宅的概念还应涵盖前期的土地规划以及后期的物业管理等，不仅新建住宅可以追求低碳目标，老社区也可以通过改造，实现绿色节能，减少二氧化碳的排放。

根据国际能源署和联合国环境规划署发布的《2019 年全球建筑和建筑业状况报告》，建筑业占全球能源和过程相关二氧化碳排放的近 40%。中国建筑业规模位居世界第一，现有城镇总建筑存量约 650 亿平方米，这些建筑在使用过程中排放了约 21 亿吨二氧化碳，约占中国碳排放总量的 20%，也占全球建筑总排放量的 20%。中国每年新增建筑面积约 20 亿平方米，相当于全球新增建筑总量的近三分之一，建设活动每年产生的碳排放约占全球总排放量的 11%，主要来源于钢铁、水泥、玻璃等建筑材料的生产运输以及现场施工。

习近平总书记在 2020 年 9 月 22 日第 75 届联合国大会一般性辩论的讲话提出："中国将提高国家自主贡献力度，采取更加有力的政策和措施，二氧化碳排放力争于 2030 年前达到峰值，努力争取 2060 年前实现碳中和。"围绕碳中和的规划目标，国家出台了一系列的文件，2020 年 10 月《关于完整准确全面贯彻新发展理念做好碳达峰碳中和工作的意见》提出，提升城乡建设绿色低碳发展质量，推进城乡建设和管理模式低碳转型，大力发展节能低碳建筑，加快优化建筑用能结构；2020 年 10 月《关于推动城乡建设绿色发展的意见》总体目标指出，到 2035 年，城乡建设全面实现绿色发展，碳减排水平快速提升，城市和乡村品质全面提升，人居环境更加美好；2021 年 11 月《关于印发 2030 年前碳达峰行动方案的通知》城乡建设碳达峰行动中指出，加快推进城乡建设绿色低碳发展，城市更新和乡村振兴都要落实绿色低碳要求。

因此，大力发展低碳住宅建设，是我国发展低碳经济、实现产业升级的必然要求和趋势。

14.1 低碳住宅的建设模式

既然低碳住宅具有如此大的开发必要性，那么具备什么条件的住宅才算是低碳住宅？
2010 年 1 月 19 日，中国房地产研究会住宅产业发展和技术委员会在北京正式发布"低碳住宅技术体系"。整个体系分为八个部分：低碳设计、低碳用能、低碳构造、低碳运营、低碳排放、低碳营造、低碳用材、增加碳汇，其体系框架如图 14-1～图 14-8 所示。

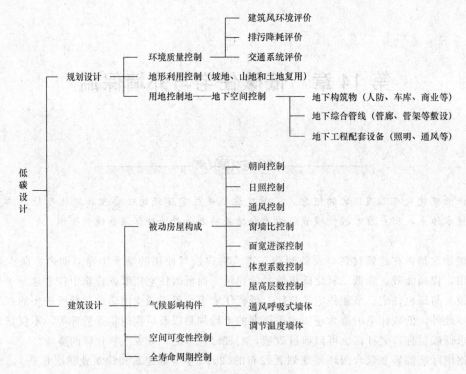

图 14-1　低碳设计

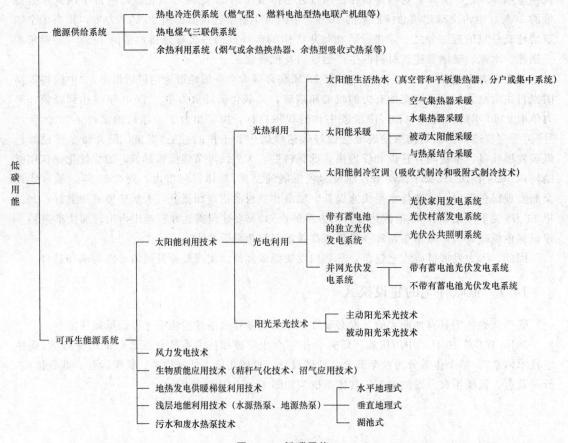

图 14-2　低碳用能

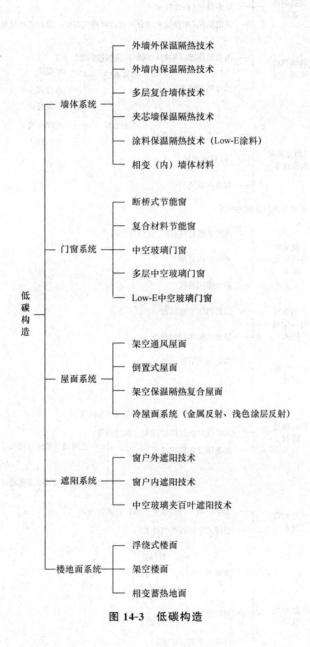

图 14-3 低碳构造

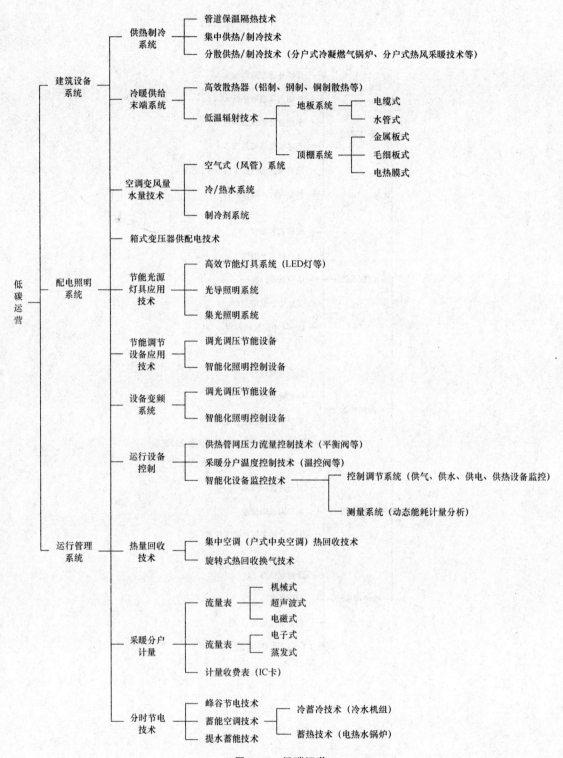

图 14-4 低碳运营

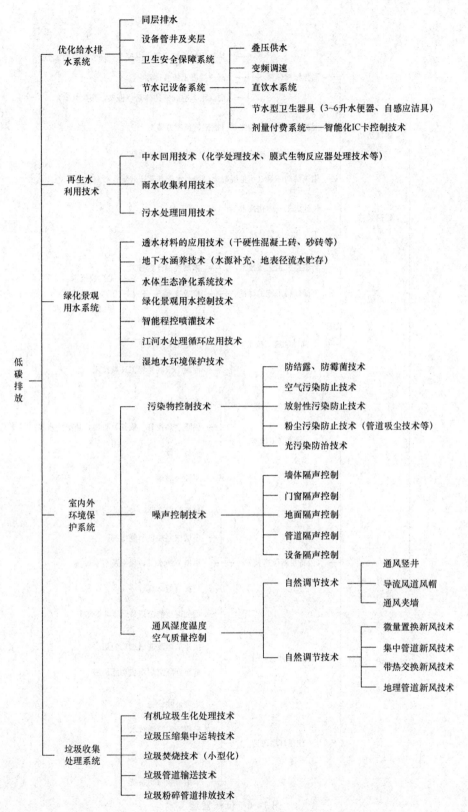

图 14-5 低碳排放

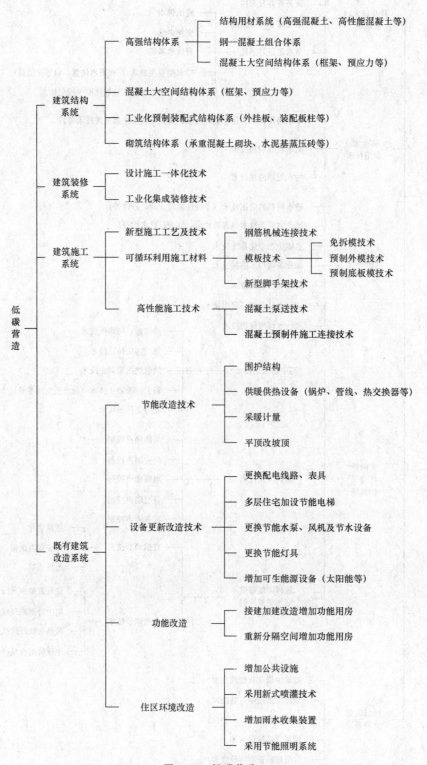

图 14-6 低碳营造

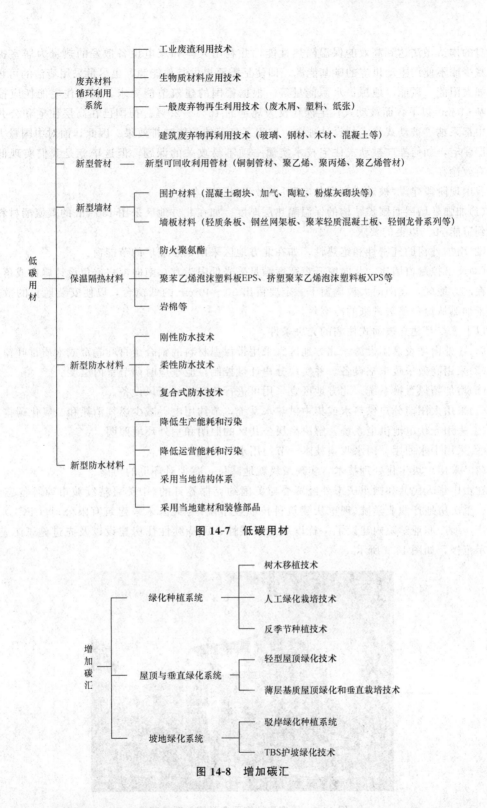

图 14-7 低碳用材

图 14-8 增加碳汇

14.2 低碳住宅的发展趋势

低碳住宅的发展源于欧洲近年流行的"被动节能建筑"。

被动式住宅起源于 20 世纪 90 年代的德国著名金融中心城市法兰克福。这类住宅主要通过住宅本身的构造做法达到高效的保温隔热性能，并利用人体和家电设备散发的热量为居室提供热源，减少或不使用主动供应的碳基能源，即使是需要提供其他能源，也尽量采用清洁的可再生能源，如太阳能、风能、地源、水源能量等。根据德国的建筑节能要求，新建住宅能耗应控制在 90 kW·h/m² 以下，而被动式住宅能耗仅为规定的 15%～20%。德国已在高层住宅和公共建筑改造中都采纳了被动式住宅的设计理念，取得了显著的节能减排效果。因此，面对中国量大面广的高层住宅，如何推广被动式住宅技术实属一项不易攻关的课题，但这毕竟是我们实现低碳居住的有效途径。

我国现阶段建设"被动式高层住宅"可以做到以下几点：

(1) 加强外墙屋面围护结构的保温隔热层厚度。如在北方地区采用 150 cm 的聚氨酯材料，一步达到节能 75% 以上的要求。

(2) 增加外窗的气密性和绝热性。如在北方地区采用三层玻璃的节能窗。

(3) 严格控制窗墙比。北向窗开窗宽度满足采光低限为宜；南向窗户避免设计飘窗或落地窗。尤其在北方地区，在南向大玻璃窗下一定要留出 30～40 cm 的低窗台，以便安装通长的散热器，有利于加热从窗户渗透进来的冷空气。

以上三点是建立被动式住宅的先决条件。

(4) 在外窗增设遮阳设施。北方地区宜采用带保温材料的铝合金百叶卷帘或木质百叶窗。

(5) 采用高效采暖末端设备，并实现分户计量控制，应季应时调节室内温度。

(6) 增加新风置换系统。北方地区宜采用可进行热交换的新风设备。

(7) 采用太阳能分户供热水或集中供热水系统，节约用电，减少燃气消耗和二氧化碳排放。

(8) 采用光伏电池供电系统，解决高层公共区的照明和室外环境照明。

(9) 采用中水回用、雨水收集技术，节约用水。

(10) 采用垃圾生化处理技术，实现垃圾就地减量，减少对环境的污染。

在由中华人民共和国重庆市外经贸委与英国约克郡签订的《中英可持续城市谅解备忘录》指导下，重庆房地产职业学院（现重庆建筑科技职业学院）与英国未来建筑有限公司（CFCL）合作，在重庆房地产职业学院内建设了一栋以展示低碳性、可持续性住房建设以及先进施工工艺和技术的示范楼，如图 14-9 所示。

图 14-9　重庆房地产职业学院低碳示范楼

示范楼的结构体系采用轻钢结构，而轻型钢材是可以重复使用的可持续发展材料。另外，示范楼还采用了最新的被动式节能技术，包括太阳能热水器、能限制热岛效应的绿色屋顶、从厨房和浴室的空气中提取热能的收集系统、拔风烟囱、太阳能遮阳板、雨水回收系统、可冷却和加热的地源热泵等,不仅有效降低了住宅的二氧化碳排放量、节约了能源,还为环境带来更有益的生物多样性(图14-10)。

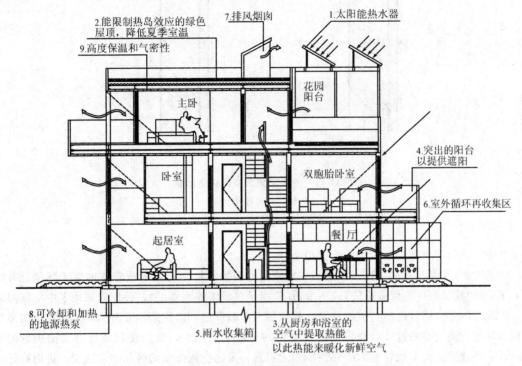

图14-10 重庆房地产职业学院低碳示范楼低碳技术示意图

14.3 低碳节能的重要措施

我国的能源问题正日益突出,必须通过各项措施节约能耗。在国家大力提倡"节能减排"的浪潮中,建筑节能设计已被纳入国家强制性规范,"低碳"的理念也在逐渐被国人所接受。降低建筑能耗,减少室内环境对空调和采暖设备的依赖,就是实现"低碳建筑"有效途径之一,这就要求建筑最主要的维护构件——墙体,具有良好的保温与隔热性能。

目前,建筑节能最主要的措施是采用"外墙外保温系统"(external thermal insulation system),是指由保温层、保护层和固定材料(胶粘剂、锚固件等)构成并且安装在外墙外表面的非承重保温构造的总称。

14.3.1 外墙外保温系统的组成与应用

(1)外墙外保温系统的组成。设有外保温系统的墙体称为外保温复合墙体,如图14-11所示,具体组成如下:

1)基层:即外保温系统所依附的外墙。

2)保温层:由保温材料组成,在外保温系统中起保温作用的构造层。

3)抹面层:抹在保温层上,中间夹有增强网,保护保温层,并起防裂、防水和抗冲击作用的构造层。抹面层可分为薄抹面层和厚抹面层。用于EPS板和胶粉EPS颗粒保温浆料时为薄抹面层,用于EPS钢丝网架板时为厚抹面层。

4)饰面层:外保温系统外装饰层。

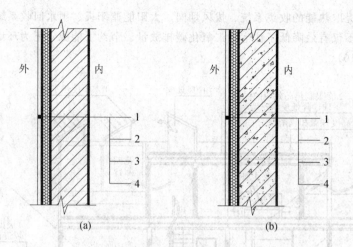

图 14-11 外保温复合墙体构造示意
(a)砖墙；(b)混凝土墙
1—饰面层；2—抹面层(纤维增强层)；3—保温层；4—基层

其中，抹面层和饰面层可统称为保护层。

(2)外墙外保温技术的应用。节能型住宅采用的围护结构能有效地改善室内热工环境，外墙穿上了一件"棉袄"(外墙保温系统)，头上戴了"帽子"(增强屋面保温)，外门窗采用了中空保温玻璃。因此，冬季会明显地感到节能住宅比普通住宅温暖舒适，即使采用设备供暖，能耗也明显低于普通住宅；而夏季通过外墙和屋面进入室内的热量大大减少，窗户使用能反射太阳热量的玻璃或设有外遮阳，使节能住宅的隔热性能大大提高，采用空调降温的时间相应减少，进而降低了能耗和住户的电费支出。

另外，节能住宅的中空玻璃窗还可减少外界噪声对室内的影响，而建筑所穿的节能"衣帽"，还能有效地保护住宅的围护结构，使外界温度变化、雨水侵蚀对建筑物的破坏大大降低，从而解决了屋面渗水、墙体开裂等住宅顽症，延长了建筑物寿命，也降低了维修费用。

(3)建筑外墙外保温技术特点。

1)适用范围大。外保温不但适用于北方采暖建筑，而且适用于南方空调建筑；低层建筑适用，高层建筑同样适用；新建建筑可以使用，需要进行节能改造的建筑也可以使用。

2)减少热桥问题的发生。由于外墙外侧设计了保温层，这大大减少了热桥问题的发生，不但能减少热桥问题造成的热损失，还能有效地防止热桥部位产生结露。所以，外保温既节约了采暖费用，又不会使外墙因为热桥问题而受潮。

3)改善室内环境。因为主墙外有一层保温层，这在很大程度上阻止了雨水进入墙体，提高了墙体防潮性能。由于相对很大的温度梯度变化发生在外保温层内，且内部主墙体的热容量大，使得太阳辐射或间歇采暖造成的室内温度变化减缓；同时，当室内受到不稳定热作用时，室内的空气温度会变化，主墙体能够吸收或释放热量，故有利于室温保持稳定。

4)增强建筑外表面的装饰效果。在进行外保温施工时，可以把聚苯板做成各种线条或者形状各异的装饰物，从而丰富了建筑物外表面，大大增强建筑外表面的装饰美感。

14.3.2 外墙外保温系统的材料、性能要求与施工要求

(1)外墙外保温体系的材料。

1)EPS 板(expanded polystyrene board)由可发性聚苯乙烯珠粒经加热预发泡后在模具中加热成型而制得的具有闭孔结构的聚苯乙烯泡沫塑料板材。

2)胶粉 EPS 颗粒保温浆料(insulating mortar consisting of gelatinous powder and expanded polystyrene pellets)由胶粉料和 EPS 颗粒集料组成,并且 EPS 颗粒体积比不小于 80% 的保温灰浆。

3)EPS 钢丝网架板(EPS board with metal network)由 EPS 板内插腹丝,外侧焊接钢丝构成的三维空间网架芯板。

4)胶粘剂(adhesive)用于 EPS 板与基层以及 EPS 板之间粘结的材料。

5)抹面胶浆(rendering coat mortar)在 EPS 板薄抹灰外墙外保温系统中用于做薄抹面层的材料。

6)抗裂砂浆(anti-crack mortar)以由聚合物乳液和外加剂制成的抗裂剂、水泥和砂按一定比例制成的能满足一定变形而保持不开裂的砂浆。

7)界面砂浆(interface treating mortar)用以改善基层或保温层表面粘结性能的聚合物砂浆。

8)机械固定件(mechanical fastener)用于将系统固定于基层上的专用固定件。

(2)外墙外保温体系的性能要求。我国外墙外保温技术正在迅速发展,已出现了多种外墙外保温体系。采用不同材料、不同做法的体系之间的竞争,有利于建筑技术的进步和建筑质量的提高。但只有满足了基本要求,工程质量才能有基本保证。以膨胀聚苯乙烯为保温材料、带抹灰层的外墙外保温体系是应用非常广泛的一种外墙外保温体系,根据国外介绍的经验和国内取得的成果,提出了对外墙外保温体系的基本要求,主要包括对体系的性能要求,对工程的要求,特别是常见质量缺陷地避免,以及对材料和配件的要求等,以供研究、设计和施工参考。

1)保温性能。保温性能是外墙外保温质量的一个关键性指标。为此,应按所用材料的实际热工性能,经过热工计算得出足够的厚度,以满足节能设计标准对当地建筑的要求。与此同时,还应采取适当的建筑构造措施,避免某些局部产生热桥问题。一般来说,永久性的机械锚固、临时性的固定以至于穿墙管道,或者外墙上的附着物的固定,往往会造成局部热桥。在设计和施工中,应力求使此种热桥对外墙的保温性能不会产生明显的影响,也不致之后产生影响墙面外观的痕迹(如锈斑)。

当外墙外保温体系采用钢丝网架与聚苯乙烯或岩棉板组合的保温板材时,其保温性能应根据实际构造及组成材料的热工性能参数经计算或测试确定。保温层厚度,应考虑穿过的钢丝及其他热桥的影响。

常见热桥还包括梁柱等钢筋混凝土部位,因其导热性能较加气混凝土和节能保温砌块等填充墙体强,所以在自保温体系的节能系统中,会强制要求对梁、柱等热桥部位作外保温处理,一般采用外敷保温浆料等形式。

2)稳定性。与基层墙体牢固结合,是保证外保温层稳定性的基本环节。对于新建墙体,其表面处理工作一般较易做好,但对于既有建筑,必须对其面层状况进行认真的检查,如果面层存在疏松、空鼓情况,则必须认真清理,以确保保温层与墙体紧密结合。

外保温体系应能抵抗下列因素综合作用的影响,如在当地最不利的温度与湿度条件下,承受风力、自重以及正常碰撞等各种内外力相结合的负载,在如此严酷的条件下,保温层仍不致与基底分离、脱落。

保温板用胶粘剂或机械锚固件固定时,必须满足所在地区、所处高度及方位的最大风力,以及在潮湿状态下保持稳定性。胶粘剂必须是耐水的,机械锚固件应不致被腐蚀。

外墙因为不同材料收缩率的不同,常常会产生裂缝等问题,所以会在不同材料交界处挂网以解决,常见的加气混凝土自保温体系会要求内外满挂网。

当外饰面为涂料时,一般使用耐碱玻纤布,为面砖时,一般使用镀锌钢丝网。

一般当保温板材厚度大于 40 mm 时,由于其厚度太厚,导致固定锚栓固定不稳,所以在此种情况下,会被禁止使用面砖外饰面。

3）防火处理。尽管保温层处于外墙外侧，防火处理仍不容忽视。

在采用聚苯乙烯泡沫板作外保温材料时，必须采用阻燃型板材；其表面及窗口等侧面，必须全部用防火材料严密包覆，不得有敞露部位；在建筑物超过一定高度时，需有专门的防火构造处理，例如，每隔一层设一防火隔离带；在每个防火隔断处或门窗口，网布及覆面层砂浆应折转至砖石或混凝土墙体处并予以固定，以保护聚苯乙烯泡沫板，避免在着火时蔓延；采用厚型抹灰面层有利于提高保温层的耐火性能。

4）热湿性能。

①水密性。外保温墙体的表面，其中包括面层、接缝处、孔洞周边、门窗洞口周围等处，应采取密闭措施，使其具有良好的防水性能，避免雨水进入内部造成损坏。

国外许多工程实践证明，多孔面层或者面层中存在缝隙，在雨水渗入和严寒受冻的情况下，容易遭受冻坏。

②墙内凝结。在墙体内部或者在保温层内部凝结都是有害的，应采取适当的技术措施加以避免。

在新建墙体干燥过程中，或者在冬季条件下，当室内温度较高一侧的水蒸气向室外迁移时墙内可能凝结。在室内湿度较低，以及室内墙面隔汽状况良好时，可以避免由于墙内水蒸气湿迁移所产生的凝结。

通过凝结计算，可以得出在一定气候条件下（室内外空气温度及湿度），某种构造的墙体在不同层次处的水蒸气渗透状况。

③温度效应。外保温墙体应能耐受当地最严酷的气候及其变化。无论是高温还是严寒的气候，都不应使外保温体系产生不可逆的损害或变形。外墙外表面温度的剧烈变化（可达 50 ℃），例如在经过较长时间的曝晒后突然降下阵雨，或者在曝晒后进行遮阴，产生类似上述温差时，对外墙表面都不应造成损害。为避免表面温度变化产生的变形使表面出现裂缝，应设置伸缩缝。伸缩缝的设置，可根据建筑物立面情况，按 7 m×7 m 以内安排。

应采取措施，避免墙体的变形缝及抹灰接缝的边缘（如门窗洞口、边角处、穿墙管道周边等）产生裂缝。

5）耐撞击性能。外墙外保温体系应能耐受正常的交通往来的人体及搬运物品产生的碰撞。在经受一般性的属于偶然或者故意的碰撞时，不致对外保温体系造成损害。在其上安装空调器或用常规方法放置维修设施时，面层不致开裂或者穿孔。

6）受主体结构变形的影响。当所附着的主体结构产生正常变形，诸如发生收缩、徐变、膨胀等情况时，外保温体系不致产生任何裂缝或者脱开。

7）耐久性。外墙外保温构造的平均寿命，在正常使用与维修的条件下，应达到 25 年以上，这就要求：

①外墙外保温体系的各种组成材料，应该具有化学的与物理的稳定性，其中包括保温材料、胶粘剂、固定件、加强材料、面层材料、隔汽材料、密封膏等。

②所有材料所具有的性能，或通过防护、处理，应做到在结构的寿命期内，在正常使用条件下，由于干燥潮湿或电化腐蚀，以及由于昆虫、真菌或藻类生长，或者由于啮齿动物的破坏等种种侵袭，都不致造成损害。

③所有材料相互间应该是彼此相容的；所用材料与面层抹灰质量，均应符合有关国家标准的质量要求。

上述的各项性能，在受到各种内外力的作用下，在整个寿命期内均应得以保持，特别是在温度与湿度变化的反复作用下，对其性能不致造成损害。

当然，在外墙保温体系的寿命期内，应按照需要进行维修。

(3)外墙外保温系统的施工要求。

1)外墙外保温工程应能适应基层的正常变形而不产生裂缝或空鼓。

2)外墙外保温工程应能长期承受自重而不产生有害的变形。

3)外墙外保温工程应能承受风荷载的作用而不产生破坏。

4)外墙外保温工程应能耐受室外气候的长期反复作用而不产生破坏。

5)外墙外保温工程在罕遇地震发生时不应从基层上脱落。

6)高层建筑外墙外保温工程应采取防火构造措施。

7)外墙外保温工程应具有防水渗透性能。

8)外保温复合墙体的保温、隔热和防潮性能应符合国家现行标准《民用建筑热工设计规范》(GB 50176—2016)、《严寒和寒冷地区居住建筑节能设计标准》(JGJ 26—2018)、《夏热冬冷地区居住建筑节能设计标准》(JGJ 134—2010)和《夏热冬暖地区居住建筑节能设计标准》(JGJ 75—2012)的有关规定。

9)外墙外保温工程各组成部分应具有物理,化学稳定性。所有组成材料应彼此相容并应具有防腐性。在可能受到生物侵害(鼠害、虫害等)时,外墙外保温工程还应具有防生物侵害性能。

10)在正确使用和正常维护的条件下,外墙外保温工程的使用年限不应少于25年。

14.3.3 外墙外保温系统的检验与构造要求

(1)外墙外保温系统的检验。

1)外墙外保温系统的耐候性检验。

2)外墙外保温系统经耐候性试验后,不得出现饰面层起泡或剥落、保护层空鼓或脱落等破坏,不得产生渗水裂缝。具有薄抹面层的外保温系统,抹面层与保温层的拉伸粘结强度不得小于0.1 MPa,并且破坏部位应位于保温层内。

3)对胶粉EPS颗粒保温浆料外墙外保温系统进行湿密度、干密度、压缩性能进行检验。

4)EPS板现浇混凝土外墙外保温系统做抗拉强度检验,抗拉强度不得小于0.1 MPa,并且破坏部位不得位于各层界面。

5)EPS板现浇混凝土外墙外保温系统现场粘结强度不得小于0.1 MPa,并且破坏部位应位于EPS板内。

6)外墙外保温系统其他性能应符合表14-1的规定。

表14-1 外墙外保温系统的检验

检验项目	性能要求	试验方法
抗风荷载性能	系统抗风压值R_d不小于风荷载设计值。EPS板薄抹灰外墙外保温系统、胶粉EPS颗粒保温浆料外保温系统、EPS板现浇混凝土外墙外保温系统和EPS钢丝王家板现浇混凝土外墙外保温系统安全系数K应小于1.5,机械固定EPS钢丝网架板外墙外保温系统安全系数K应小于2	附录A第A.3节;由设计要求值降低1 kPa作为试验起点
抗冲击性	建筑物首层墙面以及门窗口等易受碰撞部位:10 J级;建筑物二层以上墙面等不易受碰撞部位:3 J级	附录A第A.5节
吸水量	水中浸泡1 h,只带有抹面层和带有全部保护层的系统的写哦水量均不得大于或等于1.0 kg/m²	附录A第A.6节
耐冻融性能	30次冻融循环后保护层无空破、脱落、无渗水裂缝;保护层与保温层的拉伸粘结强度不得小于0.1 MPa,破坏部位应位于保温层	附录A第A.4节

续表

检验项目	性能要求	试验方法
热阻	复合墙体热阻符合设计要求	附录A第A.9节
抹面层不透水性	2 h不透水	附录A第A.10节
保护层水蒸气渗透阻	符合设计要求	附录A第A.11节

注：水中浸泡24 h，只带有抹面层和带有全部保护层的系统的吸水量均小于0.5 kg/m² 时，不检验耐冻融性能。

7）对胶粘剂进行拉伸粘结强度检验。

8）胶粘剂与水泥砂浆的拉伸粘结强度在干燥状态下不得小于0.6 MPa，浸水48 h后不得小于0.4 MPa；与EPS板的拉伸粘结强度在干燥状态和浸水48 h后均不得小于0.1 MPa，并且破坏部位应位于EPS板内。

9）应按《外墙外保温工程技术规程》（JGJ 144—2004）附录A第A12.2条规定对玻纤网进行耐碱拉伸断裂强力检验。

10）玻纤网经向和纬向耐碱拉伸断裂强力均不得小于750 N/50 mm，耐碱拉伸断裂强力保留率均不得小于50%。

11）外保温系统其他主要组成材料性能应符合表14-2的规定。

表14-2 外墙外保温系统组成材料性能要求

检验项目		性能要求		试验方法
		EPS板	胶粉EPS颗粒保温浆料	
保温材料	密度/(kg·m⁻³)	18～22	—	GB/T 6343—1995
	干密度/(kg·m⁻³)	—	180～250	GB/T 6343—1995（70 ℃恒重）
	导热系数/[W·(m·K)⁻¹]	≤0.041	≤0.060	GB 10294—1988
	水蒸气渗透系数/[ng·(Pa·m·s)⁻¹]	符合设计要求	符合设计要求	附录A第A.11节
	压缩性能/MPa（形变10%）	≥0.10	≥0.25（养护28 d）	GB 8813—1988
	抗拉强度/MPa 干燥状态	≥0.10	≥0.10	附录A第A.7节
	抗拉强度/MPa 浸水48 h，取出后干燥7 d			
	线性收缩率/%		≤0.3	GBJ 82—1985
	尺寸稳定性/%	≤0.3		GB 8811—1988
	软化系数		≥0.5（养护28 d）	JGJ 51—2002
	燃烧性能		阻燃型	GB/T 10801.1—2002
	燃烧性能级别		B₁	GB 8624—1997
EPS钢丝网架板	热阻/(m²·K·W⁻¹) 腹丝穿透型	≥0.73（50 mm厚EPS板） ≥1.5（100 mm厚EPS板）		附录A第A.9节
	热阻/(m²·K·W⁻¹) 腹丝非穿透型	≥1.0（50 mm厚EPS板） ≥1.6（80 mm厚EPS板）		
	腹丝镀锌层	符合QB/T 3897—1999规定		
抹面胶浆、抗裂砂浆、界面砂浆	与EPS板或胶粉EPS颗粒保温浆料拉伸粘结强度/MPa	干燥状态和浸水48 h后≥0.10，破坏界面应位于EPS板或胶粉EPS颗粒保温浆料		附录A第A.8节

续表

检验项目	性能要求		试验方法
	EPS 板	胶粉 EPS 颗粒保温浆料	
饰面材料	必须与其他系统组成材料相容，应符合设计要求和相关标准规定		
锚栓	符合设计要求和相关标准规定		

按规程规定的检验项目应为型式检验项目，型式检验报告有效期为 2 年。

(2) 外墙外保温系统构造要求。

1) EPS 板薄抹灰外墙外保温系统（以下简称 EPS 板薄抹灰系统）由 EPS 板保温层、薄抹面层和饰面涂层构成，EPS 板用胶粘剂固定在基层上，薄抹面层中满铺玻纤网，如图 14-12 所示。

2) 建筑物高度在 20 m 以上时，在受负风压作用较大的部位宜使用锚栓辅助固定。

3) EPS 板宽度不宜大于 1 200 mm，高度不宜大于 600 mm。

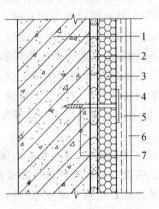

图 14-12 EPS 薄板抹灰系统
1—基层；2—胶粘剂；3—EPS 板；4—玻纤网；
5—薄抹面层；6—饰面涂层；7—锚栓

4) 必要时应设置抗裂分隔缝。

5) EPS 板薄抹灰系统的基层表面应清洁，无油污、脱模剂等妨碍粘结的附着物。凸起、空鼓和疏松部位应剔除并找平。找平层应与墙体粘结牢固，不得有脱层、空鼓、裂缝，面层不得有粉化、起皮、爆灰等现象。

6) 应按《外墙外保温工程技术规程》(JGJ 144—2004) 附录 B 第 B.1 节规定做基层与胶粘剂的拉伸粘结强度检验，粘结强度不应低于 0.3 MPa，并且粘结界面脱开面积不应大于 50%。

7) 粘贴 EPS 板时，应将胶粘剂涂在板背面，涂胶粘剂面积不得小于 EPS 板面积的 40%。

8) EPS 板应按顺砌方式粘贴，竖缝应逐行错缝。EPS 板应粘贴牢固，不得有松动和空鼓。

9) 墙角处 EPS 板应交错互锁，如图 14-13(a) 所示；门窗洞口四角处 EPS 板不得拼接，应采用整块 EPS 板切割成形，EPS 板接缝应离开角部至少 200 mm，如图 14-13(b) 所示。

10) 应做好系统在檐口、勒脚处的包边处理。装饰缝、门窗四角和阴阳角等处应做好局部加强网施工。变形缝处应做好防水和保温构造处理。

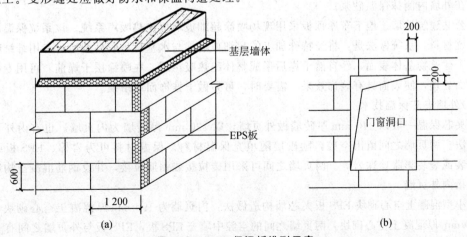

图 14-13 EPS 保温板排列示意
(a) EPS 板排板图；(b) 门窗洞口 EPS 板排列

14.3.4　外保温复合墙体的设计与施工

(1)设计选用外保温系统时,不得更改系统构造和组成材料。

(2)外保温复合墙体的热工和节能设计应符合下列规定(选自《外墙外保温工程技术规程》):

1)保温层内表面温度应高于 0 ℃;

2)外保温系统应包覆门窗框外侧洞口、女儿墙以及封闭阳台等热桥部位;

3)对于机械固定 EPS 钢丝网架板外墙外保温系统,应考虑固定件、承托件的热桥影响。

(3)对于具有薄抹面层的系统,保护层厚度应不小于 3 mm 并且不宜大于 6 mm。对于具有厚抹面层的系统,厚抹面层厚度应为 25~30 mm。

(4)应做好外保温工程的密封和防水构造设计,确保水不会渗入保温层及基层,重要部位应有详图。水平或倾斜的出挑部位以及延伸至地面以下的部位应做防水处理。在外墙外保温系统上安装的设备或管道应固定于基层上,并应做密封和防水设计。

(5)除采用现浇混凝土外墙外保温系统外,外保温工程的施工应在基层施工质量验收合格后进行。

(6)除采用现浇混凝土外墙外保温系统外,外保温工程施工前,外门窗洞口应通过验收,洞口尺寸、位置应符合设计要求和质量要求,门窗框或辅框应安装完毕。伸出墙面的消防梯、水落管、各种进户管线和空调器等的预埋件、连接件应安装完毕,并按外保温系统厚度留出间隙。

(7)外保温工程的施工应具备施工方案,施工人员应经过培训并经考核合格。

(8)基层应坚实、平整。保温层施工前,应进行基层处理。

(9)EPS 板表面不得长期裸露,EPS 板安装上墙后应及时做抹面层。

(10)薄抹面层施工时,玻纤网不得直接铺在保温层表面,不得干搭接,不得外露。

(11)外保温工程施工期间以及完工后 24 h 内,基层及环境空气温度不应低于 5 ℃。夏季应避免阳光暴晒在 5 级以上大风天气和雨天不得施工。

(12)外保温施工各分项工程和子分部工程完工后应做好成品保护。

14.3.5　外墙内保温

(1)外墙内保温技术。

1)在外墙内侧粘贴或砌筑块状保温板(如膨胀珍珠岩板、EPS 板和 XPS 板等),并在表面做保护层(如粉刷石膏或聚合物水泥砂浆等);

2)在外墙内侧拼装 GRC 聚苯复合板或石膏聚苯复合板,表面刮腻子;

3)在外墙内侧安装岩棉轻钢龙骨纸面石膏板(或其他板材);

4)在外墙内侧抹保温砂浆;

5)公共建筑外墙、地下车库顶板采用现场喷涂超细玻璃棉绝热吸声系统。该系统保温层属于 A 级不燃材料。系统做法是:将经特殊加工的超细玻璃棉与水基特种胶粘剂通过专用纤维喷涂设备喷涂于建筑物基体表面,经自然干燥后形成整体绝热吸声层。在喷涂层干燥前,可用专用工具进行表面处理,使表面具有装饰效果。需要时,可另做干挂饰面或吊顶。

(2)外墙夹芯保温技术。

1)夹芯保温一般以 240 mm 厚砖墙做外页墙,以 120 mm 厚砖墙为内页墙。也有内外页墙相反的做法。两页墙之间留出空腔,随砌墙随填充保温材料。保温材料可为岩棉、EPS 板或 XPS 板、散装或袋装膨胀珍珠岩等。两页墙之间可采用砖拉接或钢筋拉接,并设钢筋混凝土构造柱和圈梁连接内外页墙。

2)小型混凝土空心砌块 EPS 板夹芯墙构造做法:内页墙为 190 mm 厚混凝土空心砌块,外页墙为 90 mm 厚混凝土空心砌块,两页墙之间的空腔中填充 EPS 板,EPS 板与外页墙之间有 20 mm 厚空气层。在圈梁部位按一定间距用混凝土挑梁连接内外页墙。

14.3.6 楼地面

楼地面的节能技术，可根据底面是不接触室外空气的层间楼板、底面接触室外空气的架空或外挑楼板以及底层地面，采用不同的节能技术。保温系统组成材料的防火及卫生指标应符合现行相关标准的规定。

层间楼板可采取保温层直接设置在楼板上表面或楼板底面，也可采取铺设木龙骨（空铺）或无木龙骨的实铺木地板。

在楼板上面的保温层，宜采用硬质挤塑聚苯板、泡沫玻璃保温板等板材或强度符合地面要求的保温砂浆等材料，其厚度应满足建筑节能设计标准的要求。

在楼板底面的保温层，宜采用强度较高的保温砂浆抹灰，其厚度应满足建筑节能设计标准的要求。

铺设木龙骨的空铺木地板，宜在木龙骨间嵌填板状保温材料，使楼板层的保温和隔声性能更好。

14.3.7 屋面

屋面的节能设计措施有以下几项：

(1)保温隔热屋面适用于具有保温隔热要求的屋面工程。当屋面防水等级为Ⅰ级、Ⅱ级时，不宜采用蓄水屋面。屋面保温可采用板材、块材或整体现喷聚氨酯保温层，屋面隔热可采用架空、蓄水、种植等隔热层。

(2)保温屋面的天沟、檐沟，应铺设保温层；天沟、檐沟、檐口与屋面交接处，有挑檐的保温屋面保温层的铺设至少应延伸到墙内，其伸入的长度不应小于墙厚的1/2。

(3)封闭式保温层的含水率，应相当于该材料在当地自然风干状态下的平衡含水率。

(4)架空屋面宜在通风较好的建筑物上采用，不宜在寒冷地区采用。

(5)蓄水屋面不宜在寒冷地区、地震地区和振动较大的建筑物上采用。

(6)种植屋面应根据地域、气候、建筑环境、建筑功能等条件，选择相适应的屋面构造形式。

(7)屋面构造层可设置封闭空气间层或带有铝箔的空气间层。当为单面铝箔空气间层时，铝箔宜设在温度较高的一侧。

(8)设置通风屋顶时，通风屋顶的风道长度不宜大于10 m，间层高度以200 mm左右为宜，基层上面应有60 mm左右的隔热层。

(9)保温层的构造应符合下列规定：

1)保温层设置在防水层上部时，保温层的上面应做保护层；

2)保温层设置在防水层下部时，保温层的上面应做找平层；

3)屋面坡度较大时，保温层应采取防滑措施；

4)吸湿性保温材料不宜用于封闭式保温层。

14.3.8 门、窗、幕墙

建筑的外窗、玻璃幕墙面积不宜过大。空调建筑或空调房间应尽量避免在东、西朝向大面积采用外窗、玻璃幕墙。采暖建筑应尽量避免在北朝向大面积采用外窗、玻璃幕墙。空调建筑的向阳面，特别是东、西朝向的外窗、玻璃幕墙，应采取各种固定或活动式遮阳装置等有效的遮阳措施。

夏热冬暖地区、夏热冬冷地区的建筑及寒冷地区制冷负荷大的建筑，外窗宜设置外部遮阳，外部遮阳的遮阳系数应按《公共建筑节能设计标准》（GB 50189—2015）的规定执行。

严寒地区居住建筑不应设置凸窗。寒冷地区和夏热冬冷地区北向卧室、起居室不应设置凸窗。其他地区或其他朝向居住建筑不宜设置凸窗。如需设置时，凸窗从内墙面至凸窗内侧不应大于600 mm。

凸窗的传热系数比相应的平窗降低10%，其不透明的顶部、底部和侧面的传热系数不大于外墙的传热系数。

14.3.9 建筑遮阳

夏季，太阳辐射照度随朝向不同有较大差别。一般以水平面最高，东、西向次之，南向较低，北向最低。建筑遮阳设计依次考虑屋顶天窗、西向、东向、西南向、东南向、南向窗。遮阳可分为外遮阳、内遮阳和中间遮阳三种形式。

1. 低碳住宅是指在建筑材料与设备制造、施工建造和建筑物使用的整个生命周期内，减少化石能源的使用，提高能效，降低二氧化碳排放量的建筑。

2. 低碳住宅的技术体系。整个体系分为低碳设计、低碳用能、低碳构造、低碳运营、低碳排放、低碳营造、低碳用材、增加碳汇八个部分。

3. 低碳住宅的发展趋势："被动节能建筑"。

4. 实现低碳建筑的有效途径之一是提高外墙的隔热、保温性能，常采用外墙外保温系统，它由基层、保温层、抹面层与饰面层组成。EPS板类材料是外保温系统主要的保温层材料，安装时应满足相应施工要求。另外，外墙外保温系统也应满足相关的构造要求和性能要求；而对此具有指导性的规范文件是《外墙外保温工程技术规程》。

14.1 简述低碳住宅的特点。

14.2 低碳住宅的技术体系包含哪些主要内容？

14.3 在我国建设"被动式高层住宅"中可应用哪些技术手段？

14.4 简述外墙外保温系统的基本组成。

14.5 节能型住宅是如何改善室内热工环境的？

14.6 抄绘EPS板薄抹灰外墙外保温系统的剖面大样图。

第 15 章 装配式建筑简介

了解建筑工业化内涵及特点，装配式建筑的基本概念，熟悉装配式建筑的起源和发展，掌握装配式建筑的优缺点和分类，掌握我国装配式建筑面临的问题和发展前景。

15.1 建筑工业化

建筑工业化，指通过现代化的制造、运输、安装和科学管理的生产方式，来代替传统建筑业中分散的、低水平的、低效率的手工业生产方式。传统建筑生产方式是采用手工劳动来建造房屋，劳动强度大、工效低、工期长，质量也难保证。建筑工业化生产方式，可以加快建设速度，降低劳动强度，提高生产效率和施工质量。建筑工业化的内涵通常包含以下四点：

(1)建筑设计标准化。设计标准包括采用构件定型和房屋定型两大部分。构件定型又叫通用体系，它是将房屋的主要构配件按模数配套生产，从而提高构配件之间的互换性。房屋定型又叫专用体系，它主要是将各类不同的房屋进行定型，做成标准设计。

(2)构配件生产工厂化。构件工厂化是建立完整的预制加工企业，形成施工现场的技术后方，提高建筑物的施工速度。目前，建筑业的预制加工企业有混凝土预制构件厂、混凝土搅拌厂、门窗加工厂、模板工厂、钢筋加工厂等。

(3)施工机械化。施工机械化是建筑工业化的核心。施工机械应注意标准化、通用化、系列化，既注意发展大型机械，也注意发展中小型机械。

(4)组织管理科学化。现代工业生产的组织管理是一门科学，它包括采用指示图表法和网络法，并广泛采用信息技术。

我国的建筑工业化从 20 世纪 50 年代中期开始，迄今已走过近七十年的曲折发展历程，在提倡可持续发展和发展绿色建筑的背景下，以及信息技术在建筑中的广泛应用，原来的建筑工业化的内涵和特征已经发生了较大变化。目前，我国实现建筑工业化主要途径是发展预制装配式建筑体系。

15.2 装配式建筑

15.2.1 装配式建筑的概念

装配式建筑是通过工厂预制的各类构件，在工地上通过装配而形成的建筑。伴随着现代工业技术的发展，人们在建造房屋时，可以像机器生产零件那样，成批成套的制造建筑构件，再将这些构件运输到工地，由工人和器械装配，最终形成完整的建筑。

(1)装配式建筑的优点。

1)利于提高工程质量。我国建筑行业的中的大批务工人员，通常没有受过专业化和规范化的指导和训练，素质参差不齐，导致在传统的现场施工过程中，不能为建筑质量和安全提供保障，事故频频发生。但是，预制装配式施工方式可以最大限度地将人为因素带来的弊端，进行有效阻止和解决。预制构件在预制工厂加工和生产,因此,只需要规范现场结构的安装连接流程,采用专业的安装工作团队就能有效保证工程质量的稳定性。

2)利于缩短工期。当传统住宅工程的主体结构施工结束后,还要利用外脚手架对安装窗、粉刷、外墙饰面等工作进行施工。装配式住宅的外墙面砖、窗框材料等已经在工厂中做好,现场不需要进行安装外脚手架的工作,只需要通过对材料进行局部打胶、涂料等工作,再配合使用吊篮就可以进行施工,不占用总体施工工期。对10~18层的建筑物来说,凭借这一项施工措施的改进,就可以节约3~4个月的工期,还能够更加全面的实行结构、安装、装修等设计与加工的标准化,大大加快施工进程(图15-1)。

图15-1 装配式建筑具有较快的建造速度

3)利于环保节能。采用预制装配式建筑对周围环境影响小,噪声、烟尘、污染也远远低于现场施工,还会减少施工现场的湿作业量。建筑行业的能源消耗能力是十分巨大的,能耗量占到全国总体能源消耗的1/3左右,对周围环境也会造成相当严重的污染。预制装配式施工方式可以降低木材的使用量,省去施工现场不必要的脚手架和模板作业。这样做不仅能够降低施工工程总体造价,还能有效地保护我国宝贵的森林资源。其在建造阶段的节能、节水、节材效益明显,相比传统建筑,装配式建筑减少了很大一部分资源的消耗。另外,预制工厂车间的施工环境能够为外墙板保温层的质量提供安全保证,有效避免了现场施工易破坏保温层的情况,对实现建筑使用阶段的保温节能也非常有利(图15-2)。

图15-2 装配式建筑的生态建设模式

(2)装配式建筑的缺点。

本小节主要从我国装配式建筑发展面临的挑战角度来探讨。

1)工业化程度低。我国机械工业化水平较低,相比发达国家来说,生产的构配件产品形式单一,也较难达到规定的质量标准。装配式建筑在把控施工工序和施工技术流程方面,具有严格的要求(图15-3),迄今为止,我国在建筑施工管理、施工安装和检测手段方面,还未完全达标,导致构配件运输和现场的施工计划容易产生矛盾,较难发挥装配式建筑的优势。据统计,美国、加拿大、日本等发达国家的装配式建筑占比高达60%以上,而我国却不足10%,比较而言,我国装配式建筑面积占比远低于发达国家,有巨大发展空间。

 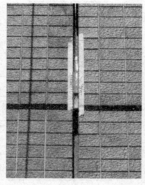 

图 15-3 装配式建筑具有较高的施工要求

2) 建造成本偏高。在大规模工业化的基础上，工业化生产能够提升劳动效率，同时节约经济成本。就目前我国工业化程度不高的现状来看，装配式建筑建造前期的一次性投入普遍较传统建筑高。第一，在工业化研究前期，需要投入大量的资金进行研究开发、流水线建设等项目；第二，按制造业纳税的情况来看，我国建筑工业化产品的增值税税率高达 17%，这与建筑企业按工程造价 3% 的纳税相比，相去甚远；第三，作为新事物，对于未来的收益存在不确定性，绝大多数的开发商认为对工业化的投入性价比偏低，见表 15-1。

表 15-1 某住宅楼装配式建筑与传统式建筑施工图预算造价对比表

序号	分项工程	装配式		传统式		装配式与传统式平方米差价
		造价/元	平方米造价元/m²	造价/元	平方米造价元/m²	
1	建筑工程	47 289 542.70	1 842.96	29 392 838.99	1 178.35	664.61
2	妆饰工程	12 210 358.22	475.86	15 403 209.58	617.51	−141.65
3	给水排水工程	1 103 361.08	43.00	1 128 220.06	45.23	−2.23
4	采暖工程	1 579 089.32	61.54	1 579 208.76	63.31	−1.77
5	电气工程	3 246 960.72	126.54	3 895 514.62	156.17	−29.63
6	人防工程	238 113.49	8.89	228 238.19	9.15	−0.26
	合计	65 657 425.53	2 558.79	51 627 230.21	2 069.72	489.07

3) 社会认可度低。由于装配式建筑相比传统现浇建筑高额的税负落差和其他相关因素，加大了企业的一次性投入成本，这使得建筑部品企业的生产积极性极大地降低，同时，在开发商心目中对装配式建筑的认可度比较低，不愿意开发装配式住宅。即便个别开发商愿意开发装配式住宅，消费者也会因为普及率不高，对装配式建筑的概念和优势含糊不清，大多对其采取保守态度，不愿意购入。研究发现，装配式建筑的各个相关因素是相互制约的关系，工业化程度低会影响装配式建筑的一次性投入成本，一次性投入成本又会制约装配式建筑的公众认可度。

15.2.2 装配式建筑的分类

装配式建筑体系根据不同的材料主要可分为三种结构体系，分别是木结构体系、钢结构体系、混凝土结构体系，如图 15-4 所示。

(1) 木结构体系。木结构体系是以木构件为主要受力体系。由于木材本身具有抗震、隔热保温、节能、隔声、舒适性等优点，环保且经济，因此木结构体系在欧美国家住宅建筑中得到广泛采用。构是一种常见并被广泛采用的建筑形式。但是由于我国人口众多，房地产业需求量大，森林资源和木材贮备稀缺，木结构并不适合我国的建筑发展需要。较之欧美国家把木结构住宅作

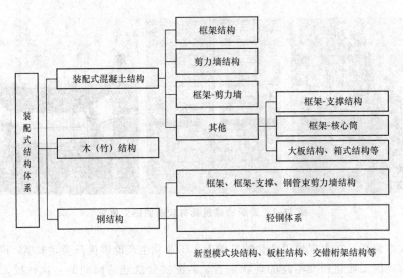

图 15-4 装配式建筑的现行结构体系

为普通低层住宅不同,中国现有的木结构低密度住宅是一种高端产品,木材大多依赖进口。

加拿大不列颠哥伦比亚大学一直处于振兴重型木结构建筑领域的前沿,它将工程木产品创新应用于教学和行政大楼。如图 15-5 所示,它是该校木结构建筑阵容的新成员,也是北美第一栋重型混合木结构高层公寓——53 m 高的 18 层 Brock Commons 一期大楼。它的独特之处在于采用重型混合木结构:底层是混凝土裙楼,其上是 17 层重型木结构,混凝土核心筒从底层贯穿至顶层。这栋大楼作为政府推动的示范项目,旨在证明混合结构的重型木结构建筑无论从技术上还是经济上都能够很好地满足建筑行业的需求。利用目前先进的工程木材和建筑科技,高层木结构建筑不仅安全经济,而且能够营造一个更加低碳的建筑行业。

图 15-5 北美首栋重型混合木结构高层公寓——Brock Commons 一期大楼

(2)轻钢结构体系。在美国,普遍认为木结构体系的优质替代品就是轻钢结构体系。轻钢结构体系的结构主体是采用薄片的压型材料,其中轻型钢材是用 0.5~1 mm 厚的薄钢板外表镀锌制成的,这个结构与木结构的"龙骨"类似,可以方便建造出不高于九层的建筑。它们的不同点在于二者的节点处理方式不同:木结构建筑的连接节点使用的是钉子,但是轻型钢结构的连接节点使用的是螺栓,如图 15-6 所示。

轻钢结构的优点:体系质量轻、强度高,可以使建筑结构自重减轻;扩大建筑开间,也能灵活进行功能分隔;具有良好的延展性、完好的整体性,具有良好的建筑抗震抗风性能;工程质量易于保证；具有较快的施工速度，较短的周期，天气和季节对施工作业产生的干扰不大；方便改造与迁拆，是可以回收再利用的材料。不过其也存在着不足：钢构件具有较小的热阻，在耐火性方面差，在传热方面较快，不利于墙体的保温隔热，耐腐蚀性差，抗剪力的刚度不够。我国虽然具有丰富的钢材品种及充足的钢材产量，但是由于钢结构住宅规范不完善，成熟的技术体系欠缺，造成了我国钢结构工业化水平、劳动生产率和住宅综合质量低的结果，致使装配式钢结构住宅的进程较为缓慢。我们在前一章讲到的坐落于重庆建筑科技职业学院的中英低碳楼，就是装配式轻钢结构建筑的一个典型案例，如图15-7所示。

图 15-6　轻钢结构体系的装配式建筑

图 15-7　中英低碳楼

(3)混凝土结构体系。目前，我国装配式建筑结构体系的选择主要集中在混凝土结构体系。因为预制混凝土结构(PC)有一定的优势，无论是在钢材量还是在经济性方面都具有更高的性价比。装配式混凝土建筑结构体系又分为以下四大类：

1)大板结构体系。20世纪70年代，我国主要采用装配式大板住宅体系的预制装配式混凝土结构，预制构件主要包括大型屋面板、预制圆孔板、楼梯、槽形板等。大板结构体系多用于低层、多层建筑。大板结构体系存在着很多不足：例如构件的生产、安装施工与结构的受力模型、构件的连接方式等方面存在难以克服的缺陷；再如建筑抗震性能、物理性能、建筑功能等方面也存在一定隐患；隔音性能差、裂缝、渗漏、外观单一、不方便二次装修等问题。同时，由于交通运输方式的不同、经营成本的不同、工厂用地的不同，都会对大板结构体系造成影响。因此，这种结构体系在二十世纪末已经逐步淘汰。

2)预制装配式框架结构体系。预制装配式框架结构的框架梁与柱是以预制构件的形式存在的,再按现浇结构要求对各个承重构件之间的节点与拼缝连接进行设计以及施工。装配式混凝土框架结构由多个预制部分组成:预制梁、预制柱、预制楼梯、预制楼板、外挂墙板等。具有清晰的结构传力路径,高效的装配效率,而且现场浇湿作业比较少,完全符合预制装配化的结构要求,也是最合适的结构形式。

这种结构形式有一定的适用范围,在需要开敞大空间的建筑中比较常见,如仓库、厂房、停车库、商场、教学楼、办公楼、商务楼、医务楼等,最近几年也开始在居民住宅中使用。根据梁柱节点的连接方式的不同,装配式混凝土框架结构可划分为等同现浇结构与不等同现浇结构。其中,等同现浇结构是节点刚性连接,不等同现浇结构是节点柔性连接。在结构性能和设计方法方面,等同现浇结构和现浇结构基本一样,区别在于前者的节点连接更加复杂,后者则快速简单。但是,不等同现浇结构的耗能机制、整体性能和设计方法具有不确定性,需要适当考虑节点的性能,如图15-8所示。

(a) (b)

图 15-8 南京上坊保障房项目—装配整体式框架结构
(a)整体式框架结构;(b)预制框架柱竖向连接—灌浆套筒

3)预制装配式剪力墙体系。目前,我国主要的装配式建筑结构形式是预制装配式剪力墙结构体系。它可以分为四种,第一种是部分或全预制剪力墙结构;第二种是多层剪力墙结构;第三种是叠合板式混凝土剪力墙结构;第四种是预制装配式框架-剪力墙结构体系。不同的体系优缺点及适用范围均不相同,见表15-2。

表 15-2 几种预制装配式剪力墙结构体系分析表

	类型	优缺点	技术成熟度	主体结构工业化程度	国内应用情况	适用范围
装配整体式剪力墙结构	竖向钢筋套筒灌浆连接	连接可靠;成本高、施工烦琐;不便质量检验	成熟,有规范依据	一般较高	较多	
	竖向钢筋浆铺搭接连接	成本较低;不宜用于动载、一级抗震结构;加工较难,不便质量检验	较成熟,规范依据尚不足	一般较高	较多	
	底部预留扣浇区竖向分布钢筋连接	连接可靠,检验方便,后浇混凝土量增加;构件制作难度增加	较成熟度,无规范依据	一般较高	试点	

续表

类型		优缺点	技术成熟度	主体结构工业化程度	国内应用情况	适用范围
装配整体式剪力墙结构	竖向钢筋在水平后浇带内采用环套搭接连接和机械连接等方式	钢筋连接性能研究不充分；施工较方便，质量检验方便	研发阶段，相关规范正在编制中	一般较高	试点	住宅高层建筑
风漂移外挂体系		安全可靠；施工难度较低，便于检验	较成熟，有规范依据	一般	较多	住宅高层建筑
叠合板剪力墙结构		适用高度低生产、施工效率高成本较低，检验方便	较成熟，有规范依据	较高	较少	住宅多层及高层建筑

①部分或全预制剪力墙结构。部分预制剪力墙结构主要指内墙采用现浇、外墙采用预制的形式。预制构件之间的连接采用现浇的方式。在北京万科的工程中采用了这种结构，并且已经成为试点工程。由于内墙现浇致使结构性能与现浇结构差异不大，因此适用范围较广，适用高度也较大。全预制剪力墙结构的剪力墙全由预制构件拼装而成，预制墙体之间的连接方式采取湿式连接。其结构性能小于或等于现浇结构。该结构体系具有较高的预制化率，但同时也存在一些缺点，例如，具有较大的施工难度、具有较复杂的拼缝连接构造。所以，至今全预制剪力墙结构不论是在研究方面还是工程实践方面都有所欠缺，还有待深入研究。

②多层装配式剪力墙结构。借鉴日本与我国二十世纪的实践经验，同时考虑到我国城镇化与新农村建设的发展，顺应各方需求可以适当地降低房屋的结构性能，开发一种新型多层预制装配剪力墙结构体系。这种结构对于预制墙体之间的连接也可以适当降低标准，只进行部分钢筋的连接。具有速度快、施工简单的优点，可以在各地区不超过6层的房屋中大量适用。但它作为一种新型的结构形式，还需要进一步深入研究与建造实践。

③叠合板式混凝土剪力墙结构。叠合板有两种，一种是叠合式墙板；另一种是叠合式楼板。装配整体式剪力墙结构由叠合板辅以必要的现浇混凝土剪力墙、边缘构件、板以及梁等构件组成。叠合式墙板可采用两种形式，一种是单面叠合；另一种是双面叠合剪力墙。双面叠合剪力墙是一种竖向墙体构件，它由中间后浇混凝土层与内外叶预制墙板组成。在受力性能及设计方法上，叠合板式剪力墙不同于现浇结构，其适用高度不高，一般要求控制在18层以下，抗震设防烈度要求不大于7度。要是在更高的建筑中使用该结构，还需要进一步研究与论证。

④预制装配式框架-剪力墙结构体系。装配式框架-剪力墙结构与装配式框架结构这两者对于框架的处理，基本是一样的，剪力墙部分可采用两种形式，一种是现浇；另一种是预制。如果布置形式是核心筒形式的剪力墙，则是装配式框架-核心筒结构。现阶段，在国内装配式框架-现浇剪力墙结构已经使用很广泛了，但是相比之下，装配式框架-装配剪力墙结构依然处在研究阶段，并没有投入实践。日本已经进行了很多类似研究和工程实践，他们有较为成熟的研究，尽管两者的体系略有不同，我国依然可以借鉴日本的经验，如图15-9所示。

4)盒子结构体系。工业化程度较高的一种装配式建筑形式是盒子结构，是整体装配式建筑结构体系的一种，预制程度能够达到90%之高。这种体系是在工厂中将房间的墙体和楼板连接起来，预制成箱型整体，其内部的部分或者全部设备的装修工作：门窗、卫浴、厨房、电器、暖通、家具等都已经在箱体内完成，外立面装修也可以完成。将这些箱形的整体构件运至施工现场，就像"搭建积木"一样拼装在一起，或与其他预制构件及现制构件相结合建成房屋。形象地

图 15-9　装配整体式框架-现浇剪力墙结构
(a)现浇剪力墙结构；(b)预制框架柱现浇剪力墙

说，在盒子结构建筑中一个"房间"类似于传统建筑中的砌块，在工厂预制以后，运抵现场进行垒砌施工，只不过这种"盒子式的房间"不再仅是一种建筑材料，而是一种空间模块。现场仅需要完成盒子就位，构件之间的连接，管线连接等总体工序。这样就能够把现场工作量控制在最低限度。单位面积混凝土的消耗量很少，与传统建筑相对比，不仅可以明显节省 20%的钢材与 22%的水泥，而且其自重也会减轻大半。

早在 20 世纪 50 年代，瑞士就形成盒子建筑结构体系。在 1967 年加拿大蒙特利尔市建成了一个由 354 个盒子构件组成的社区建筑，其中还包含了商店等公共功能配套。这座名为"Habitat 67"(67 号栖息地)的钢筋混凝土盒子建筑充分发挥了"盒子"作为一种结构形式和建筑造型手段的作用，创造出了前所未有的建筑形象，如图 15-10 所示。

 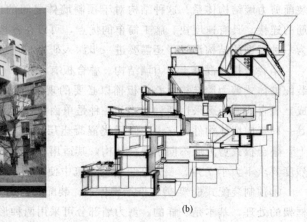

图 15-10　盒子结构体系
(a)"积木式搭建"；(b)加拿大的"67 号栖息地"

15.3　国内外装配式建筑的发展

15.3.1　国外装配式建筑的发展

欧洲的建筑工业化概念起步较早，二十世纪五六十年代开始全面建立工业化生产体系，经历了量、质、节能环保的发展过程。住宅产业化形成的萌芽期是 20 世纪 50 年代到 60 年代，以确定建筑工业化生产体系为核心，解决欧洲战后房荒的问题，这个过程是量变的过程。住宅产业化的发展期是20世纪80年代,这一时期以提升住宅的性能与质量为重点,是质变的过程。住宅产业化的成熟期是20世纪90年代,重点是循环利用资源和节能,使住宅对环境的负荷和物耗降低,探索一条生态与绿色的可持续发展之路。世界各国对工业化建筑的发展方向各有侧重,发展状况也各不相同。

(1)法国装配式建筑的发展。第二次世界大战后法国出现住房紧缺现象,为了解决这一问题,法国采用了大规模建设工业化住宅的方式,开发了成片住宅新区。建设的理论指导是功能主义等现代派建筑理论,口号是"又多、又快、又省地建设住宅",施工手段是以预制大板和工具式模板为主。法国的工业化住宅特点如下:

1)钢结构住宅产业化。法国在1949年生产建造了大量钢结构住宅,这类住宅采取产业化生产,成本控制严格。1985年,法国政府通过普查发现,这部分钢结构产业化住宅状况良好,如图15-11所示。

2)对节能环保建筑进行税收政策鼓励和引导。政府明确表示,不仅减少使用再生能源住宅的税收,而且减少使用隔热材料、暖气调节设备建筑的税收。达到条件的开发商能够得到政府适当地财政补贴。

图15-11 钢结构住宅
(a)法国建筑师Jean Prouvé的单层预制结构;(b)正在施工中的装配式混凝土围护结构

法国是世界上推行建筑工业化最早的国家之一,1891年,巴黎Ed. Coigent公司首次在Biarritz的俱乐部建筑中使用装配式混凝土梁,然后推广到美国、加拿大、日本等国。

(2)美国装配式建筑的发展。美国大规模推广装配式建筑源于20世纪50年代,第二次世界大战结束后,大量复员士兵催生出潜在的住房需求,传统住房成本高、生产速度和能力低,装配式建筑成本低、建设周期短、可大规模生产等特点满足了这些需求,实现了井喷式发展。1976年,美国国会通过了国家工业化住宅建造及安全法案(National Manufactured Housing Construction and Safety Act),同年颁布出台了一系列严格的行业规范标准,沿用至今。2007年,美国的装配式建筑生产总值达到118亿美元。现每16个人中就有1个人居住的是装配式建筑。在美国,装配式建筑偏好钢结构+PC挂板组合结构,广泛应用于低碳房屋,如住宅、公共建筑、养老居所、旅游度假酒店、会所、营房、农村住房等各类建筑,具有绿色低碳抗震节能等特点,满足高抗震设防要求。所有构件工厂化生产,现场安装快捷方便,比传统建筑施工节约了60%工时。建筑部件的大部分可通用互换,90年的房屋寿命结束后,90%的材料可以回收利用,避免了二次污染,如图15-12所示。

美国重视研究住宅的标准化、系列化、菜单式预制装配,美国住宅建筑市场发育完善,除工厂生产的活动房屋(mobilehome)和成套供应用的木框架结构的预制构配件外,其他混凝土构件与制品、轻质板材、室内外装修以及设备等产品十分丰富。厨房、卫生间、空调和电器等设备近年来逐渐趋向组件化,以提高功效、降低造价,便于非技术工人安装。

(a) (b)

图 15-12 美国整体装配式住宅

(a)Breezehouse 住宅；(b)打包式的北卡罗来纳州阿什维尔公寓

美国已经形成完善的标准化体系,不仅在住宅部品方面而且在构件生产方面都达到了很高的工业化生产水平。根据住宅开发商给的产品目录,用户不仅可以自由地选择住宅形式,而且可以委托专业承包商开发建设。美国的住宅产业化的特点如下：

(1)标准化程度高。对于工业住宅的各个方面,包括设计、施工、节能、防风、采暖制冷以及管道系统等,美国政府都制定了详细的标准。

(2)建筑市场具有完善的体系,同时具有较高的社会化与专业化程度。居民可以根据提供的住宅产品目录,对建筑房屋所需的材料与部品自定义进行采购,同时可以委托承包商建造。美国的住宅大多采用装配式木结构或轻钢结构,建造速度快,一般 3～4 层木结构两周完成。

(3)德国装配式建筑的发展。德国以及其他欧洲发达国家建筑工业化起源于 1920 年代,其推动因素主要有两个方面,社会经济因素：城市化发展需要以较低的造价迅速建设大量住宅、办公和厂房等建筑。建筑审美因素：建筑及设计界摒弃古典建筑形式及其复杂的装饰,崇尚极简的新型建筑美学,尝试新建筑材料(混凝土、钢材、玻璃)的表现力。在雅典宪章所推崇的城市功能分区思想指导下,建设大规模居住区,促进了建筑工业化的应用。

德国最早的预制混凝土板式建筑是 1926—1930 年间在柏林利希藤伯格—弗里德希菲尔德(Berlin-Lichtenberg,Friedrichsfelde)建造的战争伤残军人住宅区,如图 15-13 所示。该项目共有 138 套住宅,为 2～3 层楼建筑。如今该项目的名称是施普朗曼(Splanemann)居住区。该项目采用现场预制混凝土多层复合板材构件,构件最大质量达到 7 t。

目前,随着工业化进程的不断发展,BIM 技术的应用,建筑业工业化水平不断提升,德国在建筑上采用工厂预制、现场安装的建筑部品越来越多,占比也越来越大,各种建筑技术、建筑工具的精细化不断发展进步。小住宅建设方面,装配式建筑占比最高,2015 年达到 16%。2015 年 1～7 月开工建设的住宅中,预制装配式建筑为 8 934 套。这一期间独栋或双拼式住宅新开工建设总量较 2014 年同期增长 1.8%；而预制装配式住宅同比增长 7.5%,显示出在这一领域装配式建筑受到市场的认可和欢迎,如图 15-14 所示。

(a) (b)

图 15-13 德国早期的装配式建筑

(a)柏林施普朗曼居住小区；(b)早期的预制混凝土小住宅

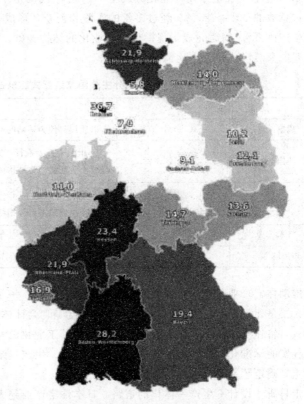

图 15-14 德国各州 2015 年装配式住宅(独栋和双拼)在新建建筑中所占比例

单层工业厂房采用预制钢结构或预制混凝土结构在造价和缩短施工周期方面有明显优势，因而一直得到较多应用。德国的公共建筑、商业建筑、集合住宅项目大都因地制宜、根据项目特点，选择现浇与预制构件混合建造体系或钢混结构体系建设实施，并不追求高装配率，而是通过策划、设计、施工各个环节的精细化优化过程，寻求项目的个性化、经济性、功能性和生态环保性能的综合平衡。

德国建筑业标准规范体系完整全面。在标准编制方面，对于装配式建筑首先要求满足通用建筑综合性技术要求,即无论采用何种装配式技术,其产品必须满足其应具备的相关技术性能:如结构安全性、防火性能,以及防水、防潮、气密性、透气性、隔声、保温隔热、耐久性、耐候性、耐腐蚀性、材料强度、环保无毒等。

(4)日本装配式建筑的发展。日本的住宅工业化始于20世纪60年代初期,通过十余年的探索使住宅产业走向成熟,产生了盒子住宅、单元住宅大型壁板式住宅等工业化住宅形式,90年代采用工业化方式生产的住宅已占竣工住宅总数的25%～28%,并通过产业化方式形成住宅通用部品,其中1 418类部件已取得"优良住宅部品认证"。

日本住宅工业化的发展很大程度上得益于住宅产业集团的发展。住宅产业集团(Housing Industrial Group,HIG)是应住宅工业化发展需要而产生出的新型住宅企业组织形式,是以专门生产住宅为最终产品,集住宅投资、产品研究开发、设计、配构件部品制造、施工和售后服务于一体的住宅生产企业,是一种智力、技术、资金密集型、能够承担全部住宅生产任务的大型企业集团。

日本通过立法和认定制度大力推广建筑产业化,20世纪60年代颁布了《建筑基准法》,成为大力推广住宅产业化的契机。70年代设立了"工业化建筑质量管理优质工厂认定制度",同时期占总数15%左右的住宅采用产业化方式生产。80年代确定了"工业化建筑性能认定制度",装配式住宅占总数的20%～25%。经过多年的实践和创新,形成了适应客户不同需求的"中高层装配式建筑生产体系",同时完成了规模化和产业化的结构调整,提高了建筑工业化水平与生产效率。国外主要国家装配式建筑占比情况见表15-3。

表15-3 国外主要国家装配式建筑占比情况

	装配式建筑占比	备注
瑞典	80%	以通用部件为基础的通用体系
法国	85%	19世纪末开始推行,第二次世界大战结束后普及主要采用预应力混凝土装配式框架结构体系
美国	90%	盛行于20世纪70年代,以混凝土装配式和钢结构装配式住宅为主,在小城镇多以轻钢结构、木结构住宅体系为主
日本	90%	预制混凝土结构,20世纪90年代普及开来
新加坡	70%	20世纪90年代开始普及,主要为15～30层的单元式高层住宅

在推动住宅产业化上,日本政府做了两个重要引导:一是从产业结构调整角度出发,在政策上引导;二是建立"住宅生产工业化促进补贴制度"和"会计体系生产技术开发补助金制度",引导生产方式,将住宅产业工业化和技术作为重点。其工业化的特点如下:

1)扎实的标准化工作。在对设备、材料、性能、生产、结构等各类标准进行调查研究与整合的基础上,确定了部品标准与行业标准。

2)走科研—设计—生产一体化的道路。日本住宅产业绝大部分的载体是大企业集团,它们不仅对科研投入十分重视,同时对家庭结构的演变、消费者的需求与住宅文化也十分注重,而且看中科技对住宅产生的影响,致力于在住宅的文化和科技含量上不断提高。

3)实行严格的质量认证制度。对质量进行全面的控制,再加上质量认证制度的严格性,保障了住宅产业化的良好发展。

4)国家层面的五年产业发展计划。五年计划为开发研究住宅产业技术的重点与目标指明了方向日本装配式建筑实例如图15-15所示。

(5)新加坡装配式建筑的发展。新加坡于20世纪80年代引进国外(澳大利亚、法国、日本)先进的装配式房屋建筑技术,并率先在保障房(组屋)领域大规模推广,目前结合本国特点,形成了具有本土特色的装配式建筑体系，如图 15-16 所示。

图 15-15　日本装配式建筑案例

图 15-16　新加坡的达士岭组屋（预制装配率达到 94%）

1）广泛地将新型工业化建筑结构体系付诸实践：目前形成以三大结构体系为主的新型建筑结构体系，分别是钢混凝土结构、木结构与钢筋混凝土结构。

2）标准化：《模数协调》系列标准由国际标准化组织（ISO）颁布，到目前为止，各个国家的模数协调标准也正在一步步地向其靠拢。

3）现场施工服务体系：发达国家已基本做到分工种、分专业施工；室内装修工业化。

4）住宅部品的开发、生产与供应，已逐步标准化、通用化与系列化。这是住宅产业化形成的核心标志。

5）广泛应用节能环保与技术集成技术，并进行大规模定制：定制整体厨房；定制整体卫浴；旋转大楼；新加坡立体绿化等。

15.3.2　国内装配式建筑的发展

(1) 我国装配式建筑的发展历程。我国建筑工业化已经走过了近 60 年的历程，在 20 世纪 50 年代，借鉴苏联的建设经验，初步建立了建筑工业化和机械化的技术基础。在改革开放初期，原国家建委提出了以"三化一改"（建筑设计标准化、构件生产工厂化、施工机械化和墙体改革）为重点发展的建筑工业化，并在全国大中城市大力推广大板建筑，实现了生产工艺的机械化和半自动化，全国陆续竣工完成大板建筑约 700 万平方米，受限于当时体制、技术、管理等方面的水平,使当时的建筑工业化水平不高、综合效益不明显,劳动生产率和建筑生产效益并未得到大幅度的提高。九十年代以后,国家取消福利分房政策,住宅建设从供给驱动转向需求驱动,从而对住宅的品质与质量提出了更高层次的要求,在总结和借鉴国内外经验的基础上,我国提出了新型"建筑工业化",并指明了发展住宅产业和推进住宅产业化的总体思路,并批准建立了多个国家级的住宅产业化试点城市、生产型基地以及以房地产开发商为龙头的企业联盟。目前,住宅产业作为国民经济中的支柱产业地位已经确立,住宅建筑工业化必将是今后住宅产业的发展方向,我国建筑工业化已经进入持续、健康发展的新时期,如图 15-17 所示。

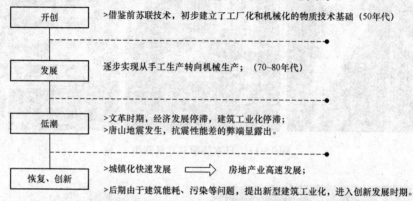

图 15-17 我国装配式建筑的发展经历的阶段

我国自 2000 年至今,关于住宅产业化和工业化的政策和措施相继出台。在政策方面,2006 年原建设部颁布了《国家住宅产业化基地实施大纲》,2008 年开始探索 SI 住宅技术研发和"中日技术集成示范工程";在装修方面,进一步倡导了全装修的推进。近年来,地方政府关于住宅工业化的政策也相继出台,其中,北京、上海、深圳、沈阳等城市也专门制定了规范。2013 年 1 月国家发改委和住建部联合发布了《绿色建筑行动方案》(国办发 2013—1 号),明确将推动建筑工业化作为十大重点任务之一。在大力推动转变经济发展方式,调整产业结构和大力推动节能减排工作的背景下,北京、上海、沈阳、深圳、济南、合肥等城市地方政府以保障性住房建设为抓手,陆续出台支持建筑工业化发展的地方政策并积极建设建筑产业化示范基地,如图 15-18 所示。国内的大型房地产开发企业、总承包企业和预制构件生产企业也纷纷行动起来,加大建筑工业化投入。从全国来看,以新型预制混凝土装配式结构快速发展为代表的建筑工业化进入了新一轮的高速发展期。这个时期是我国住宅产业真正进入全面推进的时期,工业化进程也在逐渐加快推进,但是总体来看与发达国家相比差距还很大。

图 15-18 济南、合肥等地积极建设建筑产业化示范基地

2016年，对于建筑业转型来说可谓是不平凡的一年，关于装配式建筑的政策利好，可谓接连不断，国务院给出了宏观层面的指导意见，通过顶层设计确定了装配式建筑的相关工作目标，并颁布了相关的扶持政策，装配式建筑项目如雨后春笋般在各地开建。蓝图已绘制，奋进正当时，针对装配式建筑出台的指导意见和相关配套措施已在全国各地推广，不少地方更是对装配式建筑的发展提出了明确要求。

另外，我国香港、台湾地区装配式建筑应用比较普遍，香港屋宇署制定了完善的预制建筑设计和施工规范，高层住宅多采用叠合楼板、预制楼梯和预制外墙等方式建造，厂房类建筑一般采用装配式框架结构或钢结构建造。台湾地区建筑体系与日本较为接近，装配式结构的节点连接构造和抗震、隔震技术的研究和应用都很成熟，装配框架梁柱、预制外墙挂板等构件应用较广泛，预制建筑专业化施工管理水平较高，装配式建筑质量好、工期短的优势得到了充分体现。

(2)我国装配式建筑发展中需要解决以下问题：

1)装配式建筑技术人员紧缺。2016年2月，中央城市工作会议中指出"力争用10年左右，使装配式建筑占新建建筑面积的比例达到30%"。如此庞大的建设量，对施工技术和施工人员都提出了新的要求。以上海为例，根据上海《绿色建筑发展三年行动计划》的规定，未来3年装配建筑所占的比例：2014年不少于25%；2015年不少于50%；2016年，符合条件的外环线以内新建民用建筑原则上都要使用装配式建筑。根据初步估计，上海将需要10万名熟悉并掌握装配式建筑施工技能的现场施工作业人员。

2)缺乏行业统一标准。经过数年发展，我国的住宅产业化取得了一定成绩，但与欧美、日本等发达国家相比，仍处于发展的初级阶段，存在各种各样的问题。首先，行业缺乏统一的标准，房地产企业参与其中的积极性较低，可参考性及可行性较高的现实案例及技术方案较少，住宅产业化在质量监管与追溯等方面也存在较多问题；其次，现在建筑设计与施工分别招标，建筑业又存在转包与分包的经营管理模式，使产业链上设计、施工、生产等环节脱节；最后，住宅产业化各个环节的标准都不尽完善，行业内企业无章可循，目前我们迫切需要建立一套符合我国国情的工业化建筑评价体系，解决标准缺失这个住宅产业化发展的瓶颈。

3)工业化与精细化程度低。目前，我国建筑施工行业存在的主要问题之一是工业化与精细化程度较低，建筑资源浪费极为严重。过去的技术无法满足九十年代开始的大规模建设需求，装配式建筑的各个环节严重脱钩，研发投入和技术成本控制过低，整体性差、使用功能不良，预制构件生产企业数量急剧减少，装配式建筑在住宅建设中的比例迅速降低并造成行业萎缩，错过了大规模推广装配化建筑的黄金时期，逐渐拉大了与欧美发达国家的差距。

4)装配式建筑职业教育欠缺。专业技术人才的培养与储备是实现建筑工业化，并使其健康持续发展的重要保障和关键要素。但是，据统计我国建筑产业化工人缺口已近100万人，而目前很多高校在建筑工业化所需人才的培养方面却是空白，相关的专业、课程以及教材也是少之又少。因此，我们必须引导高职院校为应对建筑工业化的发展，循序渐进，依据建筑工业化的内涵及实现方式，以传统培养模式为基础，积极开展教育教学改革，培养符合社会和行业发展需求的专业技术人才，更好地提升学习者的技术技能、就业质量，为全面建成小康社会提供有力的支撑，适应建筑行业转型升级对相关技术人才的需求。

(3)我国装配式建筑发展的前景。依据以上所说的几个方面问题，借鉴发达国家预制装配式混凝土建筑与住宅产业化发展的成功经验，结合我国行业基础和现状，对我国预制装配式混凝土建筑与住宅产业化发展的前景进行了预测，并总结如下：

1)形成领军的龙头企业。根据日本的产业化发展经验，在发展初期，在社会化程度不高、专业化分工尚未形成的条件下，只有通过培育龙头企业才能使技术体系和管理模式逐步成熟，发挥各种大型专业企业的领军作用，才能带动全行业的发展。我国建筑工业化也需要这样的龙头企业，比如，万科一直致力于装配式建筑的研发与实践。

2）确立工程总承包的发展模式 EPC。预制装配式混凝土建筑从设计、建造到施工的各个环节，都对从业人员提出了更高的专业技术要求，因此，成立一支专业化的、协作化的建筑工业化工程总承包队伍尤为重要。采用工程总承包的发展模式，在研发设计、构件生产、施工装配、运营管理等环节实行一体化的现代化的企业运营管理模式，可以最大限度地发挥企业在设计、生产、施工和管理等一体化方面的资源优化配置作用，实现整体效益的最大化。

3）形成多样化的技术体系。未来发展的趋势是在现有的装配式建筑结构体系基础上，逐步完善预制装配剪力墙结构体系关键技术，发展高强度混凝土技术和预应力技术，进一步研发预制/预应力框架结构体系和预制/预应力框架-剪力墙结构体系，形成系列化、多样化的技术体系支撑，保障整个行业的健康发展。

4）形成通用体系。通用体系是采用定型构件的方法，以部品构件及连接技术的标准化、通用性为基础，一个构件厂生产的构件能在各种类型的房屋之间互换通用。通用体系适合组织构配件生产的专业化和社会化，是更有利于高度机械化、自动化的工艺，是一种完美的工业化形式，必然是未来的发展趋势。

5）形成成熟的 SI 体系。SI 体系是将主体结构体系（skeleton）与室内装修及设备填充体系（infill）完全分离，在主体结构体系强调耐久与安全性能的同时，装修与设备则注重灵活性与更新改造的方便。这种理念是指通过将住宅骨架和基本设备与住户内的装修和设备等明确分离，从而延长住宅的可使用寿命。因为骨架寿命一般较长，而装修和住宅设备老化较快，如不能改装设备与更新装修，建筑将不能再继续使用。我国及一些发达国家近年来一直致力于 SI 体系的研发和推广，相信在不久的将来，一定会形成适合预制混凝土结构的成熟的 SI 体系住宅。

6）全面应用 BIM 信息化技术。在预制装配式混凝土建筑的"规划－设计－施工－运维"全生命期中应用 BIM 技术，以敏捷供应链理论、精益建造思想为指导，建立以 BIM 模型为基础，集成虚拟建造技术、RFID 质量追踪技术、物联网技术、云服务技术、远程监控技术、高端辅助工程设备（RTK/智能机器人放样/3D 打印机/3D 扫描等）等的数字化精益建造管理系统，实现对整个建筑产业链的管理，是未来发展的方向（图 15-19）。

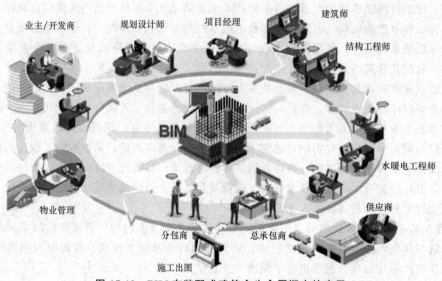

图 15-19　BIM 在装配式建筑全生命周期中的应用

小 结

综上所述，顺应建筑工业化发展的需要，未来几年，具有显著优势的装配式建筑将迎来重大突破，实现井喷式发展，国家层面的配套支持政策也在相继出台。但是，我们也要清楚地看到我国建筑产业化面临的问题：装配式建筑投入门槛较高，需要有较强技术、人才、资金的投入，缺乏行业统一标准，工业化与精细化程度低，缺乏相关的职业教育和技术工人。因此，我们鼓励相关的职业教育建设，以及设计、施工、监理单位积极参与建筑工业化的发展，大型住建类企业结合国家政策，走自主创新之路，加强产业配套，加强人才队伍建设，变革管理模式及商业模式，推动建筑产业现代化持续向前发展。

复习思考题

15.1 什么是建筑工业化？

15.2 建筑工业化有哪些特点？

15.3 什么是装配式建筑？它的优点、缺点有哪些？

15.4 装配式建筑体系根据不同的材料主要分为哪三种结构体系？

15.5 木结构的装配式建筑有什么优点、缺点？

15.6 轻钢结构的装配式建筑有什么优点、缺点？

15.7 装配式混凝土建筑结构体系分哪些类型？

15.8 简述我国装配式建筑的发展历程。

15.9 我国装配式建筑的发展面临着哪些问题？

15.10 请对我国预制装配式混凝土建筑与住宅产业化发展前景进行预测。

参 考 文 献

[1] 何培斌. 建筑制图与房屋建筑学[M]. 重庆：重庆大学出版社，2017.
[2] 何培斌. 建筑制图与识图[M]. 2版. 北京：北京理工大学出版社，2018.
[3] 李必瑜，魏宏杨，覃琳. 建筑构造(上册)[M]. 6版. 北京：中国建筑工业出版社，2019.
[4] 刘建荣，翁季，孔雁. 建筑构造(下册)[M]. 6版. 北京：中国建筑工业出版社，2019.